国家科学技术学术著作出版基金资助出版

移动云计算联盟
数据资源管理模式

翟丽丽　张　影　著

国家自然科学基金项目"大数据联盟云服务模式研究"
（项目编号：71672050）

国家自然科学基金项目"基于云环境的 IT 产业联盟知识转移与共享机制研究"（项目编号：71272191）

国家自然科学基金项目"跨界联盟协同创新资源整合机制研究"
（项目编号：71774044）

资助

黑龙江省哲学社会科学研究规划项目"黑龙江省大数据产业联盟云服务模式研究"（项目编号：16GLB01）

科　学　出　版　社
北　京

内 容 简 介

随着移动互联网与云计算两大产业的不断融合，为推动以云计算、大数据和移动网络等为核心技术的应用创新发展，实现以创新和提供产业整体竞争力为目的，以虚拟化、移动互联网等技术为手段，通过聚集云计算产业链上下游提供商，使分散的各种资源得到有效的整合，为成员提供更多的市场机遇，实现了更大范围的资源共享，形成一个拥有巨大资源和发展空间的新型产业组织。面对移动云计算联盟内海量、异构、多样的数据资源，如何对其进行组织管理，成为数据资源能否被成功利用和共享的关键问题。本书首先介绍移动云计算联盟的基本概念和产生机理及伙伴选择，然后介绍移动云计算联盟组织与运作模式，最后从移动云计算联盟数据资源的获取与存储、数据资源聚类、数据资产评估、数据资源整合、数据资源推荐五大方面介绍移动云计算联盟数据资源的管理模式。

本书可供从事移动互联网、云计算、大数据等相关企业的管理人员、研究人员和相关专业的研究生等阅读和参考。

图书在版编目（CIP）数据

移动云计算联盟数据资源管理模式 / 翟丽丽，张影著. —北京：科学出版社，2018.11

ISBN 978-7-03-056165-7

Ⅰ. ①移… Ⅱ. ①翟… ②张… Ⅲ. ①云计算–数据管理–管理模式
Ⅳ. ①TP393.027

中国版本图书馆 CIP 数据核字（2017）第 317954 号

责任编辑：李　莉　陈会迎 / 责任校对：孙婷婷
责任印制：吴兆东 / 封面设计：无极书装

科 学 出 版 社 出版
北京东黄城根北街 16 号
邮政编码：100717
http://www.sciencep.com

北京虎彩文化传播有限公司 印刷
科学出版社发行　各地新华书店经销
*
2018 年 11 月第 一 版　开本：720×1000　1/16
2019 年 11 月第二次印刷　印张：14
字数：282 000
定价：98.00 元
（如有印装质量问题，我社负责调换）

前　言

随着移动互联网与云计算两大产业的不断融合，基于手机等移动终端的云计算服务正在迅猛发展，消费市场已经进入极度精细化和全面化阶段，用户对数据服务的需求越来越无法由单独一家或几家企业来满足。解决这一问题的根本出路只有通过数据共享的方式，组建移动云计算联盟（mobile cloud computing alliance），通过构建多渠道、多层次、多角度的网络式联盟，促进移动互联网、云计算、大数据三大产业协同多主体深度合作，根据市场需要灵活整合数据资源，同时可以增加信用、减少风险、降低成本，进而增强联盟成员的竞争力，实现高效地为社会提供各种不同类别和不同层次的数据服务。本书揭示移动云计算联盟的产生机理和价值增值过程，构建移动云计算联盟组织和运作模式。同时，针对提高数据资源的使用效率，提供优质云服务问题，构建由数据资源获取、存储、聚类、评估、整合和推荐组成的移动云计算联盟数据资源管理体系。

全书共分为 8 章。第 1 章回顾云计算、云计算联盟、移动互联网的研究现状，界定了移动云计算联盟的内涵、特征和成员关系。第 2 章首先，分别从交易成本和产业运行两个视角分析移动云计算联盟产生动因。然后，基于资源配置理论揭示移动云计算联盟产生机理；基于价值网理论分析移动云计算联盟增值过程，即在数据资源合作与共享的前提下，从移动云计算联盟价值网形成、价值网协同运作、价值网增值三个环节阐述移动云计算联盟的增值过程。最后，在分析移动云计算联盟伙伴选择原则及过程的基础上，构建移动云计算联盟伙伴选择指标体系及评价方法。第 3 章基于移动云计算联盟节点复杂性、连接关系复杂性、组织结构复杂性的特性，建立基于复杂网络的移动云计算联盟组织运行框架，根据共享规则、择优连接规则、增长规则构建移动云计算联盟组织模式。在分析移动云计算联盟三层次业务特征、服务、运作原理的基础上，构建移动云计算联盟 IaaS（infrastructure as a service，基础设施即服务）、PaaS（platform as a service，平台即服务）、SaaS（software as a service，软件即服务）三种运行模式。第 4 章首先，基于移动云计算联盟小世界网络特性，构建相应的小世界网络模型，并对移动云计算联盟数据资源获取效果进行评价。然后，运用基于 MapReduce 改进的 PageRank 算法对移动云计算联盟数据资源进行抽取，并通过改进原有蚁群算法中的概率转移规则，增加蚂蚁在初始选择路径的多样性，优化移动云计算联盟数据传输路径，避免陷入局部最优，进而获取全局最优解。最后，运用本体描述语言 RDF（resource description framework，资源描述框架）和

HBase 技术对抽取到的数据资源进行转换与存储，从而实现联盟数据资源标准化存储。第 5 章首先，提出基于广度优先搜索改进的 FCM（fuzzy C-means，模糊 C-均值）算法，利用广度优先搜索算法的全局搜索能力和剔除噪声能力，克服 FCM 算法对噪声敏感、易陷入局部最优问题。在此基础上，通过引入变异系数赋权法改进 FCM 的目标函数，进一步提高 FCM 算法的抗噪性。然后，提出基于 MapReduce 改进的 CURE（clustering using representatires，层次聚类）算法，利用 MapReduce 函数对原始数据资源进行并行化处理，同时提出区间数的数据距离表示，使其更适用于联盟复杂的数据资源类型。接着，提出一种基于萤火虫改进的 K-means 聚类算法，该算法是利用萤火虫算法具有全局搜索能力，避免了 K-means 聚类方法由于本身对初始聚类中心极其敏感、易陷入局部最优问题，同时引入马氏距离作为距离度量，解决聚类结果不准确的问题。最后，提出基于改进 PCM（possibilistic C-means，可能性 C-均值）算法的移动云计算联盟数据资源聚类方法。第 6 章在分析移动云计算联盟数据资源具有数据资产特性的基础上，基于实物期权理论，设计联盟数据资产评估方法体系。通过分析移动云计算联盟数据资产实物期权特性，构建基于漏损率的 LSM（least square Monte Carlo simulation，最小二乘蒙特卡罗模拟）移动云计算联盟企业数据资产评估模型，以评估联盟成员企业数据资产价值，并将其作为联盟共享数据资产评估中联盟执行数据资产价值。在此基础上，构建基于 B-S 模型的移动云计算联盟共享数据资产评估方法体系。即通过联盟成员企业间信任差异度、相似度、贡献度、活跃度四个因素，运用密切值法确定移动云计算联盟成员企业间的权重，从而计算移动云计算联盟执行数据资产和标的数据资产价值。第 7 章通过联盟不同数据资源之间的优化配置与合理组合，可以提高联盟数据资源利用率，进而实现联盟共享数据资源增值。运用灰色关联综合评价分析法提取数据资源成本、响应时间、服务满意度作为研究指标，构建多目标移动云计算联盟数据资源优化配置模型，并采用遗传算法进行求解。在组合过程中，基于 Agent 技术，构建移动云计算联盟数据资源组合体系结构，在此基础上，建立面向多任务的移动云计算联盟数据资源组合优选模型，并采用量子多目标进化算法对模型进行求解，以满足用户的个性化需求。第 8 章根据移动云计算联盟数据资源的特点，建立由数据资源获取、预处理、存储、推送和资源推送效果检验构成的推荐模式。在数据资源获取中利用标签信息熵的方法提取残缺的数据资源，完善数据资源矩阵。在预处理阶段，为了剔除虚假信息的危害，建立移动云计算联盟成员行为数据的特征体系，构建基于互信息特征的移动云计算联盟成员行为数据托攻击检测算法，在此基础上，从移动云计算联盟成员的特征偏好出发，利用互信息特征加权改进移动云计算联盟成员相似度的计算方法，构建基于互信息特征的移动云计算联盟协同过滤推荐算法。在资源推送阶段，运用灰色关联度聚类和标签重叠因子相结合的方法，构建数据资源推送模型，并进行了推送效果检验。

　　本书由翟丽丽负责全书体系设计和统稿。第 1 章、第 4 章、第 7 章由张影负责撰写；第 2 章、第 6 章、第 8 章由翟丽丽负责撰写；第 3 章和第 5 章由翟丽丽和张影共同负责撰写，其中 3.1 节、5.1 节、5.2 节由张影负责撰写，其余部分由翟丽丽负责撰写。

　　本书得到科学出版社和诸多学者、专家的支持和帮助，在此表示衷心的感谢，同时感谢书中引用参考文献的作者。由于作者水平有限，书中不妥之处恳请广大读者批评指正。

作　者

2017 年 12 月

目　　录

第1章 移动云计算联盟概述

1.1 云 计 算

1.1.1 云计算产生背景

云计算（cloud computing）中的这个"云"字是有历史渊源的。起初，技术人员在画电话网络示意图时，凡涉及不必交代细节的部分，就会画一团云来搪塞。计算机网络的技术人员将这一偷懒的传统发扬光大，如果你还记得最早涉及网络的计算机课程，那你一定还对云的画法印象深刻。是的，在当时的教材中，只要涉及互联网这个关键词时，通常都是用一朵云来表示。这朵云表现的不仅是在互联网的那一端有着庞大的计算能力，其背后还隐含了更深一层的含义，它无疑表达了互联网后端复杂的计算结构和庞大的联结体系。

"云"，既是对那些网状分布的计算机的比喻，又指代数据的计算过程被隐匿起来，由服务器按你的需要，从大云中"雕刻"出你所需要的那一朵。它对应于互联网的某些"云深不知处"的部分，是云计算中"计算"的实现场所。而云计算中的"计算"为泛指，它几乎涵盖了计算机所能提供的一切资源。

云计算的思想雏形可以追溯到20世纪60年代，美国科学家约翰·麦卡锡（John McCarthy）就提出将计算能力作为一种公共设施提供给公众，使人们能够像使用水电那样使用计算资源。云计算概念的首次提出者是27岁的Google高级工程师克里斯托弗·比希利亚，他向Google董事长、前CEO（chief executive officer，首席执行官）施密特提出"云计算"的想法时，肯定没有想到，他的研究可能会影响一个时代经济的发展及商业模式的变革。

通过将所有的计算资源集中起来，采用类似"效用计算"和"软件即服务"的分布式计算技术为人们提供"随需随用"的计算资源。在此背景下，用户的使用观念发生了彻底的改变，即从"购买产品"到"购买服务"的转变，因为他们直接面对的不再是复杂的硬件和软件，而是最终的服务。用户不需要拥有看得见、摸得着的硬件设施，也不需要为机房配置专门维护人员等，只需要付钱给服务提供商，就会得到所需的服务。伴随着互联网技术的发展和普及，特别是Web 2.0的飞速发展，各种媒体数据呈现指数增长，逐步递增的海量异构媒体数据及数据和服务的Web化趋势使得传统的计算模式在进行大数据处理时，表现得有些力不从心，新的问题不断涌现。例如，传统计算模型至少在以下两个方面已经不能适应新的需求：一是计算速度受限于内核性能和个数；二是待处理数据量受限于内存和磁盘容量。对此，人们很容易想到，能否将数量可观的计算机连接起来以获得更快的计算速度、更强大的处理能力和存储能力。这种朴素的解决方案可以追踪到分布式计算模式出现之时，只是当时的应用领域仅限于科学计算。在 Google、Amazon 等著名 IT（information technology，信息技术）企业的大力推动下，为实现资源和计算能力的共享及应对互联网上各种媒体数据高速增长的势头，IBM 提出了一种以数据为中心的新的商业计算模式——云计算（IBM，2007）。

云计算并不是一个全新的概念，它是并行计算（parallel computing）、分布式计算（distributed computing）和网格计算（grid computing）的发展，或者说是这些计算机科学概念的商业实现。云计算是虚拟化（virtualization）、效用计算（utility computing）、IaaS（基础设施即服务）、PaaS（平台即服务）、SaaS（软件即服务）等概念混合演进并跃升的结果（刘鹏，2009）。云计算为人们描绘出了一幅诱人的蓝图。在云环境下，通过虚拟化技术建立的功能强大、具有可伸缩性的数据和服务中心，为用户提供了足够强的计算能力和足够大的存储空间。在任何时间和任何地点，用户只要拥有一个可以上网的终端如手机，就可以访问云，实现随需随用。

1.1.2 云计算发展驱动因素

云计算并不是简单的一项技术或一系列技术的组合，它所秉承的核心理念是"按需服务"，使用户能够通过网络以按需、易扩展的方式获得所需的基础设施、平台、软件（或应用）等信息通信技术（information communications technology，ICT）资源或信息服务。在技术、成本和产业链等多重因素的驱动下，渐入主流的云计算日趋成熟，移动云计算蓬勃发展。云计算未来将在 ICT 领域乃至人类社会发展中发挥更加重要的作用。

云计算的到来能够使 IT 资源乃至信息服务像水电一样进行商品化流通，而且取用方便、价格低廉。云计算发展的主要驱动因素包括以下几个方面。

1. 技术因素

云计算并不是一个颠覆性的技术新概念。云计算是随着 ICT 的计算、传输、存储等能力的增强而产生的，是在宽带网络、互联网应用服务、并行计算与分布式计算，以及负载均衡、虚拟化技术日趋成熟的基础上发展而来的。随着 ICT 相互渗透力度不断加大，技术融合演进程度不断加深，数据处理和信息服务的应用效果逐步显现，云计算也从一个技术理念逐步落地，成为今天人们关注的焦点。

2. 成本因素

网络时代的经济具有明显的长尾特征，长尾中聚集了大量的中小企业和个人用户，他们构成了无数个利基市场。ICT 的需求与使用同样具有长尾特征，特别是维护成本占总成本的 50%、60%甚至 80%以上，大大限制了 ICT 的应用广度与深度，不仅处于尾部的中小企业和个人用户难以真正享受到 ICT 带来的好处，就连占据头部的大型企业也由于实施难度、技术更新及受金融危机影响而压缩 ICT 开支，这将从总体上压缩 ICT 的需求。在 ICT 日益普及的今天，用户需要的是简单、方便、廉价和个性化的 ICT 解决方案。如果能够为聚集在尾部的用户提供更好的定制化服务，则将有效地促进 ICT 资源和信息服务向需求曲线的尾部移动，对提供商产生足够的经济吸引力。云计算通过集中化的运营管理与维护能够大幅度降低 ICT 的总拥有成本，并为用户提供"按需服务"，使得解决这一问题成为可能。长尾经济中降低定制成本需要依靠三种力量：第一是实现普及的廉价生产工具，降低生产成本；第二是实现普及的传播工具，降低营销成本；第三是实现将供求双方进行连接和服务匹配的媒介工具，降低搜索成本。云计算的发展则为这三种力量的实现提供了来源。

以 Google 为例，它基于云计算平台开发和完善的搜索工具及以关键词为基础的搜索方式可以提供无数的搜索点，从而实现边际成本近乎为零的生产成本；它提供的自助式拍卖程序几乎可以使任何人都能够通过轻松点击成为 Google 的广告商，大幅度降低了接触市场的成本；它不仅提供了先进的搜索工具，而且提供了广告自定义和检验工具，可以帮助用户实现最高的"点进"率，从而将供求双方之间的"鸿沟"填平。不仅仅是 Google，以 SaaS 起家并推出云计算平台 Force.com 的 Salesforce.com 公司，以"智慧的地球"为口号在国内联手地方政府共同建立多个云计算中心的"蓝云"创立者 IBM，以及其他众多积极建立或使用公共云、私有云或混合云的企业、个人乃至政府机构，都充分认识到了云计算对于降低成本、提高效率的重要作用，享受着云计算带来的种种便利。由于采用了"以用户为中心"的按需服务方式，云计算以标准化的 ICT 资源满足了用户差异化的信息服务需求，提供了个性化的 ICT 解决方案，其结果如下：第一，ICT 更为普及，"生产者"队伍不断扩大，使社会获得了更丰富的应用与服务——长尾更长；第二，降低了 ICT 的应用门槛和信息服务的消费成本，利基产品的获得更为方便，用户数量增加——长尾抬高；第三，为 ICT 资源的供给和需求双方建立了易于"沟通"的平台，扩大了对利基市场的需求，推动需求曲线向尾部移动——长尾更扁，如图 1-1 所示。

从图 1-1 中可以看到，无论是为外部客户提供服务的公共云，还是企业内部的私有云，都取得了长足的发展，市场分析机构也都对云计算的发展持乐观态度。

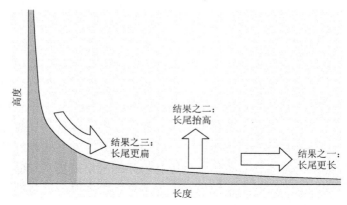

图 1-1　长尾理论分析图

资料来源：刘越，2010

3. 产业链因素

硬件设备制造商、云平台开发商、系统集成商、云应用开发商、云资源服务提供商、云平台服务提供商、云应用服务提供商、网络运营商、终端供应商、最终用户构成了云计算产业链的主要部分，各家企业为在云计算时代获得领先优势不断进行着资源优化，在竞争中不乏合作。上游的芯片厂商如英特尔顺应云计算的发展，积极推出运算速度更快、功率消耗更低的芯片；下游的用户则在反复权衡风险与收益的过程中不断地向云计算靠拢。此外，云计算的标准化已经启动并取得了初步成果，一个分工明确、结构完善、更加开放的云计算产业链正逐渐变得清晰起来，用户则根据自身的需求和可支付能力选择最适宜的云计算提供商和其提供的云计算服务。

1.1.3　云计算定义

不同的行业和学者从不同的视角对云计算进行了定义，分别如下所述。

维基百科对云计算的定义：云计算将 IT 相关的能力以服务的方式提供给用户，允许用户在不了解提供服务的技术、没有相关数据资源及设备操作能力的情况下，通过互联网获取需要的服务。

美国国家标准与技术研究院对云计算的定义：云计算是一种资源利用模式，它能以方便、友好、按需访问的方式通过网络访问可配置的计算机资源池（如网络、服务器、存储、应用程序和服务），在这种模式中，可以快速供应并以最小的管理代价提供服务。

《伯克利云计算白皮书》对云计算的定义：云计算包括互联网上各种服务形式的应用及应用所依托的数据中心的软硬件设施。应用服务即 SaaS，而数据中心的软硬件设施即云。通过量入为出的方式提供给公众的云称为公共云，如 Amazon

S3、Google App Engine 和 Microsoft Azure 等，而不对公众开放的组织内部数据中心的云称为私有云。

刘鹏对云计算的定义：云计算是一种商业计算模型，它将计算任务分布在大量的计算机构成的资源池上，用户能够按需获取计算力、存储空间和信息服务。这种资源池称为云，是一些可以自我维护和管理的虚拟计算资源，通常是一些大型的服务器集群，包括计算服务器、存储服务器和宽带资源等。

Sun Microsystems 公司认为，云的类型有很多种，而且有很多不同的应用程序可以使用云来构建。云计算有助于提高应用程序部署速度、加快创新步伐，因而云计算可能还会出现我们现在无法想象的形式。作为创造"网络就是计算机"（the network is the computer™）这一短语的公司，Sun Microsystems 公司认为云计算就是下一代的网络计算。

以上对于云计算的定义各有侧重，从根本上说，云计算是以虚拟技术为核心技术，以规模经济为驱动，以互联网为载体，以由大量的计算资源组成的 IT 资源池为支撑，按照用户需求动态地提供虚拟化、可伸缩的 IT 服务。在云计算模式下，不同种类的 IT 服务按照用户的需求规模和要求动态地构建、运营和维护，用户一般以量入为出的方式支付其使用资源的费用。

1.1.4　云计算特点

（1）一切皆服务。在云计算的模式下，用户基本上不再拥有使用 IT 所需的基础设施，而仅仅是租用并访问云服务供应商所提供的服务（尹小明，2009）。云计算的体系中，每个层面集成的部分都可以作为服务提供给具有不同需求的用户。这就是一切即服务的概念，也可以称为一切皆服务。它体现了云计算这种模式的重要特征，是用户选择的最终结果。用户越少地关注服务的实现细节，供应商就可以越多地关注服务的提供方面，这样供应商就可以根据用户的需求调整成本、系统质量，进而实现最为有效的系统模型，这是提供服务的本质。这种模式确立以后，IT 服务的供应商就会尽可能地将更多应用以服务的方式提供给用户。企业和个人将能完全定制他们自己需要的云计算环境和云服务类型。个人可以按需寻找个性化的云服务；各类企业也会不断采用基于动态云服务的产品，用以满足市场竞争最苛刻的按需计算的需求。

（2）以互联网为核心。首先，云计算的服务与操作系统平台无关。基于云计算的应用存在于互联网上，而用户通过网络终端访问这些应用；互联网具有基于 IP（Internet protocol，网络之间互连的协议）标准化的协议，如 HTTP（hypertext transfer protocol，超文本传输协议）、REST（representational state transfer，表述性状态转移）、SOAP（simple object access protocol，简单对象访问协议）等。因此，用户可以在任何时间、任何地方使用安装了任何符合标准的网络浏览器的电脑，通过互联网访问，而不管这些电脑使用何种操作系统。这不像传统的软件应用，往往需要运行在特定的操作系统的环境中，而且只能使用特定的电脑来运行。其次，云计算的服务是永远可用、安全可靠的。云计算服务由服务提供商统一运营和管理，这些提供商通过专业的技术和管理手段，保证他们所提供的服务可以安全可靠地运行。最后，云计算的服务具有网络化的操作界面或编程接口。互联网上的网站具有友好丰富的人机交互界面，而且随着互联网技术的快速发展，互联网用户界面的形式越来越丰富、功能越来越强大。

（3）超大规模。云计算将计算任务分布在大量的计算机构成的资源池上执行，具有大规模性。目前，Google 云计算已经具有 100 多万台服务器，Amazon、IBM、Microsoft、Yahoo 等的云计算均拥有几十万台服务器。企业私有云一般拥有成百上千台服务器。云计算能赋予用户前所未有的计算能力。

（4）虚拟化。虚拟化是云计算的技术基础，它将底层的硬件，包括服务器、存储与网络设备全面虚拟化。在虚拟化技术之上，建立一个随需而选的资源共享、分配、管控平台。该平台可以根据业务的不同需求，搭配出各种互相隔离的应用，形成一个以服务为导向、可伸缩的 IT 基础架构，从而为用户提供以出租 IT 基础设施资源为形式的云计算服务。云计算支持用户在任意位置，使用各种终端获取应用服务。所请求的资源来自云，而不是固定的有形实体，应用在云中某处运行，用户无须了解应用运行的具体位置。每一个应用部署的环境和物理平台是没有关系的。通过虚拟平台进行管理达到对应用进行扩展、迁移、备份的目的，操作均通过虚拟化层次完成（刘晓乐，2009）。

（5）高可靠性。"云"具有超大的计算和存储能力。"云"使用了数据多副本容错、计算节点同构可互换等措施来保障服务的高可靠性。具体来说，就是虚拟化技术使得用户的应用和计算分布在不同的物理服务器上，即使单点服务器崩溃，仍然可以通过动态扩展功能部署新的服务器作为资源和计算能力添加进来，以保证应用和计算的正常运转。单纯从技术实现上讲，使用云计算比使用本地计算可靠。

（6）通用性。云计算不针对特定的应用，在"云"的支撑下可以构造出千变万化的应用，同一个"云"可以同时支撑不同的应用运行。

（7）动态可扩展性。云计算动态分配资源，需供给软硬件服务。"云"的规模可以动态伸缩，以满足应用和用户规模增长的需要。通过动态扩展虚拟化的层次达到对应用进行扩展的目的，可以实时将服务器加入现有的服务器集群中，增加"云"的计算能力。系统是易伸缩的，关键系统可以自由地向上支持数百万的用户，也可以向下支持几个用户甚至一个用户，然而这种改变并不会影响系统的经济性。通常，企业级的系统规模很大，需要支持成千上万的用户，在这种情况下运营这种系统的单位成本比较低，这是很容易想象的。然而，在某些情况下，系统只需要支持少量的用户（甚至只有一两个用户），这时维护系统的软件、硬件所支出的成本均摊于单个用户时非常昂贵。但是，全球性的服务提供商（如 Google 公司、eBay 公司和 Zoho 公司等）的运营模式使得单位成本不依赖于硬件设施的支出或软件的购买和维护。服务提供商按用户需求向用户提供服务，并通过按使用付费或依靠广告支持等方式获取收入。这种机制的本质是云计算规模经济性的体现，但同时带来了云计算的易伸缩性，使用户的数量和服务的经济性变得不再相关。用户可以真正地做到对所使用服务的关注和按需求调整使用系统的规模。

（8）按需部署。用户运行不同的应用需要不同的资源和计算能力，云计算平台可以按照用户的需求部署资源和计算能力。云是一个庞大的资源池，用户按需计费购买。

（9）高性价比。由于云的特殊容错措施可以采用极其廉价的节点来构成云，云的自动化集中式管理使大量企业无须负担日益高昂的数据中心管理成本，云的通用性使资源的利用率较传统系统大幅度提升，用户可以充分享受云的低成本优势。也就是说，云计算采用虚拟资源池的方法管理所有资源，对物理资源的要求较低，可以使用廉价的 PC（personal computer，个人计算机）组成云，而计算性能却可超过大型主机，经常只要花费几百美元、几天时间，就能完成以前需要数万美元、数月时间才能完成的任务。

1.1.5　云计算的商业服务模式

云服务指通过网络以按需、易扩展的方式获取所需服务。这种服务可以是 IT 和软件、互联网相关的服务，也可以是其他服务。它意味着计算能力也可以作为一种商品通过互联网进行流通。既然云服务也是一种商品，也要进行流通，就说明有其特有的价值。那么作为一个提供云服务的企业，其商业模式对于企业的发展就显得至关重要。纵观国内外，提供云服务的企业不胜枚举，每一个生存下来并发展壮大的云服务企业都有其独特的商业模式或客户群体。

1. 基础通信资源云服务商业模式

基础通信服务商已经在 IDC（international data corporation，互联网数据中心）领域和终端软件领域具有得天独厚的优势，其依托 IDC 云平台支撑，通过与平台提供商合作或独立建设 PaaS 云服务平台，为开发、测试提供应用环境；继续发挥现有服务终端软件优势，提供 SaaS 云服务；通过 PaaS 带动 IaaS 和 SaaS 的整合，提供端到端的云计算服务。其商业模式均采取了"三朵云"的发展思路：第一，构建"IT 支撑云"，满足自身在经营分析、资料备份等方面的巨大云计算需求，降低 IT 经营成本；第二，构建"业务云"，实现已有电信业务的云化，支撑自身电信业务和多媒体业务的发展；第三，开发基础设施资源，提供"公众服务云"，构建 IaaS、PaaS、SaaS 平台，为企业和个人客户提供云服务。

盈利模式：

（1）通过一次付费、包月付费，按需求、按年等向用户提供云计算服务。例如，CRM（customer relationship management，客户关系管理）、ERP（enterprise resource planning，企业资源计划）、杀毒等应用服务以及 IM（instant messaging，即时通信）、网游、搜索、地图等无线应用。

（2）通过测试环境、开发环境等平台云服务，减少云软件供应商的设备成本、维护成本、软件版权费用，带动软件开发应用和 SaaS 业务的发展。

（3）通过基础设施虚拟化资源租用，如存储、服务资源，减少终端用户 IT 投入和维护成本。

（4）提供孵化服务、安全服务、管理服务等按服务水平等级收费的人工服务，拓展服务的范围。

典型案例：中国电信"e"云、鹏博士云服务。

2. 软件资源云服务商业模式

与软硬件厂商及云应用服务提供商合作提供面向企业的服务或者个人的通信服务，使用户享受到相应的硬件、软件和维护服务，享用软件的使用权和升级服务。该合作可以是简单的集成，形成统一的渠道销售，也可以是简单多租户隔离的模式，即提供 SaaS 平台的 SDK（software development kit，软件开发工具包），通过孵化的模式让软件开发商的应用程序的一个实例可以处理多个客户的要求，且数据存储在共享数据库中，但每个客户只能访问自己的信息。该业务模式主要是基于其他领域已经有很好的厂商提供服务，从终端用户的角度布局云计算产业链。其商业模式是以产品销售作为稳定盈利来源向客户提供基于 IaaS、PaaS、SaaS 三个层面的云计算整体解决方案，尝试以 BO（business object，业务对象）的模式提供运营托管服务。

盈利模式：

（1）向第三方开放环境、开发接口、SaaS 部署、运营服务和用户推广带来的收益。

（2）以收取凭条租用费、收入分成或者入股的方式从第三方 SaaS 开发商获得收益。

典型案例：金蝶友商网在线管理服务、用友软件云服务。

3. 互联网资源云服务商业模式

互联网企业基于多元化的互联网业务，致力于创造边界的沟通和交易渠道；其拥有大量的服务器资源，需确保数据安全。为了节能降耗、降低成本，互联网企业自身对云计算技术具有强烈的需求，因而互联网企业云业务的发展具有必然性。同时，其引导用户习惯性行为的特点则要求互联网企业云服务要处于研发的最前沿。其商业模式是基于互联网企业云计算平台，联合合作伙伴整合更多一站式服务，推动传统软件销售向软件服务业务转型，帮助合作伙伴从传统模式转向云计算模式，并根据用户和客户需求开发有针对性的云服务产品。

盈利模式：

（1）租赁服务，按时间租赁服务器计算资源的使用来收费。

（2）工具租用服务，开发一些平台衍生工具（定制服务），如远程管理、远程办公、协同科研等私有云的工具，也可以向客户提供工具的租用来收费。

（3）提供定制型服务，为各类用户提供各种定制型服务，按需收费。

典型案例：Amazon 的 AWS（Amazon Web Services，亚马逊云计算服务）云平台、Google 的 Google Apps。

4. 存储资源云服务商业模式

云存储将大量不同类型的存储设备通过软件集合起来协同工作，共同对外提供数据存储服务。云存储服务对传统存储技术在数据安全性、可靠性、易管理性等方面提出了新的挑战。云存储不仅仅是一个硬件，还是一个由网络设备、存储设备、服务器、应用软件、公用访问接口、接入网和客户端程序等多个部分组成的系统。其商业模式是以免费模式、免费＋收费结合模式、附加服务模式为云存储商业模式的主流模式，通过这三种模式向用户提供云服务存储业务。而业务模式的趋同目前已成为云存储服务亟待解决的重要问题之一。

盈利模式：

（1）对普通用户基础免费，增值收费（以国外居多数），也就是免费空间加扩容收费。

（2）通过提供文件恢复、文件备份、云端分享等服务进行收费。

（3）个人免费，企业收费（部分存储公司）。

典型案例：Dropbox 云存储服务、金山云存储。

5. 即时通信云服务商业模式

即时通信软件发展至今，在互联网中已经发挥着重要的作用，它使人们的交流更加密切、方便。使用者可以通过安装了即时通信的终端机进行两人或多人之间的实时沟通，交流内容包括文字、界面、语音、视频及文件互发等。目前，即时通信云服务提供商分为两种：一种通过提供简单的 API（application programming interface，应用程序编程接口）调用就能零门槛获得成熟的运营级移动即时通信技术；另一种则提供成熟的即时通信工具，由服务企业整合云功能。即时通信的云服务基于云端技术，可保证系统弹性计算能力，并可根据开发者需求随时自动完成扩容；独特的融合架构设计，提供了快速开发能力，不需要 App（application，应用程序）改变原有系统结构，不需要用户信息和好友关系，进一步降低了接入门槛；直接提供面向场景的解决方案，如客服平台；拥有高度可定制的界面结构和扩展能力，如界面、各种入口、行为、消息内容、消息展现方式、表情体系均可自定义。其商业模式分为免费和收费两种模式，收费模式是目前即时通信云服务的主要方式，而免费模式则是大势所趋。

盈利模式：

（1）按用户数量级别收费，超过既定数量级按阶梯收费。

（2）按日活跃用户数收费，超过既定数量级按阶梯收费。

（3）按用户离线存储空间收费。

（4）对于提供成熟即时通信工具的用户来说，则以即时通信为端口推送其他业务进行收费。

典型案例：思科 BE6000 企业协同办公方案、环信即时通信云。

6. 云安全云服务

云安全云服务是网络时代信息安全的最新体现，它融合了并行处理、网络计算、未知病毒行为判断等新兴技术和概念，通过网状的大量客户端对网络中软件行为的异常监测，获取互联网中木马、恶意程序的最新信息，传送到 server 端进行自动分析和处理，再把病毒和木马的解决方案分发到每一个客户端。病毒特征库来自云。只要把云安全集成到杀毒软件中，并充分利用云中的病毒特征库，就可以达到及时更新、及时杀毒的目的，保障每个用户使用计算设备的信息安全。其商业模式是云安全防病毒模式中免费的网络应用和终端客户就是庞大的防病毒网络；通过"免费"的商业模式吸引用户，在提供个性化的服务、功能和诸多应用后实现公司的盈利；防病毒应用可与网络建设运营商、网络应用提供商等加强合作，建立可持续竞争优势联盟，可以最大限度地降低病毒、木马、流氓软件等网络威胁对信息安全造成的危害。

盈利模式：

（1）强化安全概念，以免费杀毒扩展其他集成云软件获得收益。

（2）通过提供安全软件的全套服务获得收益。

典型案例：瑞星的云安全杀毒服务。

1.1.6　云计算产业链

产业链是产业经济学中的一个概念，是各个产业部门之间基于一定的技术经济关联，并依据特定的逻辑关系和时空布局关系客观形成的链条式关联关系形态。产业链主要是基于各个地区客观存在的区域差异，着重发挥区域比较优势，借助区域市场协调地区间专业化分工和多维性需求的矛盾，以产业合作作为实现形式和内容的区域合作载体。随着产业链的发展，产业价值由在不同部门间的分割转变为在不同产业链节点上的分割。产业链也是为了创造产业价值最大化，它的本质是体现"1＋1＞2"的价值增值效应。这种增值往往来自产业链的乘数效应，它是指产业链中某一个节点的效益发生变化时，会导致产业链中其他关联产业相应地发生倍增效应。

　　云计算产业由传统的 IT 产业、通信产业、广电传媒和互联网产业相互融合而产生，其中决定因素不仅包含技术和产品服务的创新，还包含商业模式的创新。这决定了云计算产业链的内涵和外延比传统产业链更为丰富、广泛和复杂，它的形式也更呈网状，具有复杂网络的特点。北京诺达咨询有限公司发布的《云计算产业链研究报告 2011》显示，目前云计算产业链主要有十大关键环节：硬件设备制造商、云平台开发商（由专门的软件公司如 IBM、微软、甲骨文等提供）、系统集成商、云应用开发商、云资源服务提供商、云平台服务提供商、云应用服务提供商、网络运营商、终端供应商、最终用户。《2013 年中国云计算产业投资研究报告》显示，从产业链角度，云计算产业可以分为五个部分：云计算制造业、基础设施服务业、云计算服务业、云计算支持产业及用户。云计算制造业主要是指云计算相关的硬件业、软件业和系统集成领域。基础设施服务业主要是指云计算提供承载服务的数据中心和网络。数据中心既包括由基础电信运营商与数据中心服务商提供的租用式数据中心，也包括由云服务提供商自建的数据中心。云计算服务业包括三种服务模式：IaaS、PaaS 和 SaaS。云计算支持产业包括云计算相关的咨询、设计和评估认证机构。具体如图 1-2 所示。

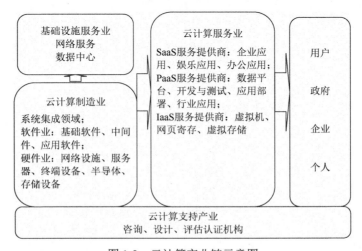

图 1-2　云计算产业链示意图

部分学者也对云计算产业链进行了相关研究，祝小江（2011）将云计算产业链划分为硬件设备制造商、云平台开发商、系统集成商、云应用开发商、云资源服务提供商、云平台服务提供商、云应用服务提供商、网络运营商、终端供应商、最终用户几个部分。姚乐（2011）通过对 200 多个 IT 厂商和 CIO（chief information officer，首席信息官）进行了调查研究，指出云计算产业链的微观研究对象主要包括电信运营商、IDC、互联网企业、传统的 IT 企业、超算中心及新型云计算企业。徐天舒（2012）基于商业平台的产业构架分析，认为云计算的产业链主要包括云应用开发商、云系统集成商、云服务开发商、云计算软硬件提供商。

1.2　云计算联盟

1.2.1　联盟

目前已经存在的联盟形式有研发联盟、动态联盟、产业技术联盟等。研发联盟是指两个或两个以上的企业和有关机构，基于市场机遇和自主创新的需要，以共同参与开发新技术和新产品等为目的而结成的一种优势互补、利益共享、风险共担的正式但非合并的合作组织，它既可以是就某一项目特定研发环节而开展合作的联盟，也可以是覆盖整个技术创新过程而全面合作的联盟。动态联盟是处于激烈竞争的市场经济条件下的联盟，为了占据市场的领导地位，组成一个动态的网络结构，以适应市场变化、柔性、速度、革新、数据资源的需要，不能适应供应链需求的企业将从中被淘汰，并从外部选择优秀的企业进入，其具有系统性、随机性和动态性、复杂性和交叉性等特点。产业技术联盟是以产业技术进步为目标，由产业内两个或两个以上技术创新主体形成的互相联合致力于技术创新活动的组织。

1.2.2　云计算联盟内涵及特征

目前已经有多个云计算研究人员和产业界人士提出了云计算联盟和开放云计算的概念，云计算联盟是指整合不同提供商的云计算服务共同为用户提供服务，提交给用户一个统一计算资源联合机制，云计算联盟的原理如图 1-3 所示。云计算联盟也被称为云计算市场和互云，但本书中更倾向于云计算联盟，这一概念更贴切地表达了联合不同云计算服务提供商的云计算服务共同为用户提供云计算服务的含义，也更接近于目前云计算技术的现状。开放云计算是指云计算技术应该遵循和互联网相类似的开放精神，各云计算平台的实现应该遵守共同的标准，而不是使用自己专用的云计算技术。

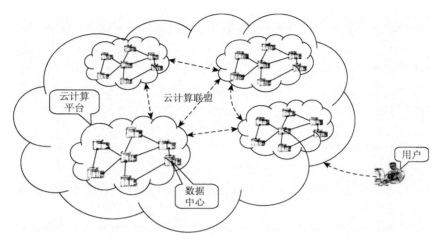

图 1-3　云计算联盟原理图

云计算产业联盟是指为了提交给用户一个统一的计算资源，联合云计算产业链上下游成员，通过合同或契约关系结成的联合体，联盟成员之间互相信任、共担风险、共享收益，实现联盟效益最大化。云计算联盟具有以下特点。

（1）组建过程虚拟化。通过基于云计算的虚拟化技术，可将云计算联盟中各成员的海量异构资源经过统一的逻辑抽象与表示，在云计算联盟资源云内形成弹性伸缩资源池，使云计算联盟各成员根据自身资源缺口的大小，通过资源共享以按需使用、随时扩展、按使用付费的获取模式弥补自身的不足。

（2）资源存量大且流速快。云计算联盟的资源优化配置优势将吸引大量基础设施提供商、网络运营商、平台软件与应用服务提供商的加入，使云计算联盟在短时间内可拥有大量的共享性资源。在大数据时代，与即时行为相关的爆炸式数据呈现加速扩大的趋势，且其中数据的"沉没"速度越来越快，由此产生了大量的大数据与快数据。

（3）复杂性。云计算联盟由数量庞大的用户、应用、计算资源和数据资源组成。

（4）非线性。用户、应用、计算资源和数据资源之间的关系是复杂的非线性关系。

（5）动态和不确定性。计算资源及数据资源的产生和消亡，以及对资源的需求是动态的和不确定的。

（6）利益驱动性。各成员以自己利益为导向，通过协作与竞争达到资源高效利用的目的。

1.2.3　云计算联盟形成的动因

中小企业十分有必要与其他企业建立战略联盟，以获取必要资源增加技能与竞争优势，但在与其他企业建立正式的关系之前，必须实现其动机和优先级。一般建立战略联盟的动机包括分享研发活动的成本，获得技术开发、学习新技术和营销能力等必要的资源，为其加强竞争力。许多研究者致力于研究战略联盟的形成动机（Barney and Baysinger，1990；D'Aunno and Zuckerman，1987；Hagedoorn and Narula，1996；Lambe and Spekman，1997，通过总结相关文献，认为联盟的形成主要有以下四个驱动因素。

（1）策略导向。实现最大化利润和进行可能的合作是形成一个联盟的第一个动机。战术实践增加了市场份额，加强了员工交流的速度，缩短了技术开发和新产品进入市场的时间，并防止竞争对手产生恶性竞争。

（2）成本导向。降低成本是形成一个联盟的第二个动机。分享开发技术的成本和避免重复投资，降低搜索必要信息的成本和研发的风险，为了税收政策与政府组织合作等都是建立联盟的影响因素。

（3）资源导向。关键资源的可用性是形成一个联盟的第三个动机。交换关键的设备和技术使联盟伙伴降低研发风险，合作伙伴良好的营销渠道有利于联盟参与者。

（4）学习导向。学习最新的知识和技术是形成一个联盟的第四个动机。成员企业的研发人员可以进行联合技术开发，互相沟通和交换技术信息及经验将缩短开发产品时间，降低开发新技术的风险。简而言之，一个企业与其他企业进入一个联盟，不仅可以受益于参与者优势互补的技能，开发新的技术和产品，而且有机会学习一些特定的技术和能力；企业现有的应用技能可以扩展到联盟合作伙伴提供的其他领域的产品；互动的学习将扩展知识的来源，从而提高组织的创造力和竞争力。

云计算产业联盟的形成实质上是由不同的云计算服务共同构成了一个真正意义上的巨大的资源池，从而使用户的应用组件可以在不同平台之间进行互操作和互迁移，将自己应用的组件配置到多个云计算平台中，实现资源配置的优化组合，以获得更大的效益。其可以实现不同云计算平台之间的资源共享和协作，高效率地实现分布式云计算资源中的资源识别、获取、整合和利用等资源管理工作，从而为用户提供各种 IT 服务。由于联盟成员本身的企业资源往往是有限的，有时无法满足市场和客户的需求，通过联盟内的资源整合利用，可达到优势资源互补的效果。云计算产业联盟建立后，联盟成员可以共同支付技术开发费，承担单个企业力所不能及的巨额研究开发费用。此外，在面对企业内部或者外部环境的变化时，联盟成员可以联合应对，共同分担风险。一个企业不可能长期拥有生产某种产品的全部最新技术，企业单纯依靠自己的能力很难掌握竞争的主动权，企业要想在竞争中获胜，必须围绕巩固和发展核心竞争力来实现资源优化配置，达到成本效益最优化，而通过与其他企业建立战略联盟，可以沿着企业构建核心竞争力的方向，更有效地获取本企业原先不具备的互补性资产，借助与联盟内企业的合作，企业间可以相互交流技术，加快研究与开发的进程，获取本企业缺乏的信息和数据资源，并带来企业文化的协同效应。

　　本书总结分析了五个实际云计算联盟的成员角色及成立动因，具体结果如表 1-1 所示。

表 1-1　云计算联盟实例分析表

联盟名称	主要成员角色	成立动因
开放式云计算联盟	（1）咨询服务； （2）IT 服务； （3）虚拟化软件公司； （4）基础设施提供商	Atos 充分利用 Atos、EMC 和 VMware 的技术，为客户提供最好的一站式云服务，并通过与其私有和公共部门的客户密切合作，确保云计算解决方案和服务具有最高级别的完整性、可靠性和安全性。EMC 期待与 Atos 进行更紧密的合作，加速实现双方的共同愿景，使关键目标行业的企业客户能真正享受到云计算带来的种种益处。VMware 通过与 Atos 和 EMC 合作这种方式来提供云计算解决方案——将 IT 服务简化、自动化，不仅帮助客户降低成本，而且将 IT 转变成能产生商业和竞争价值的战略资产
亚太云计算联盟	（1）电信运营商； （2）管理咨询商； （3）设备方案提供商； （4）基础设施提供商	联盟成立的目标性十分明确，形成互通、分享、协作的生态系统，试图将更符合本地化需求、更强调行业定制且业务就绪的云解决方案推向各类本地企业及跨国企业，推动建立服务于亚太地区的互联性云计算标准框架。亚太云计算联盟希望能够实现云服务使用者——众多商业企业和云服务提供者——运营商的双重价值
中关村云计算产业联盟	（1）硬件设施提供商； （2）软件提供商； （3）服务提供商； （4）互联网产品； （5）网络运营商（网络服务）； （6）IT 服务提供商； （7）网络媒体服务； （8）电子商务网站； （9）投资公司； （10）互联网应用服务提供商； （11）数据中心解决方案； （12）软件公司； （13）服务器制造（无线通信）； （14）IDC； （15）系统集成及信息安全； （16）互联网整合服务商； （17）云计算方案与服务提供商； （18）信息化产品及技术应用提供商； （19）通信网测试与维护	通过联盟整体化的发展思路，积极协助企业申报和建设国家云计算工程研究中心，搭建云计算研发合作平台，推动云计算应用业务发展，全面提升北京云计算技术水平和产业竞争力。经过三年的努力，推动建设标志性示范应用工程，培育行业龙头企业，形成一批自主数据资源产权产品和集成应用解决方案，主导和参加国际、国家或行业标准的制定，同时依托北京重点企业和重点研究机构，凝聚产业链上下游资源，促进云计算领域产学研合作，营造良好的产业发展环境，在国内云计算产业发展中有所作为。通过重大工程示范应用提升北京企业研发能力和影响力，加快技术成果在北京实现产业化，使北京中关村成为我国云计算技术和产业中心，最终辐射带动国内云计算产业发展

续表

联盟名称	主要成员角色	成立动因
中国云产业联盟(中国云计算联盟,云联盟)	(1) 科研机构; (2) 电信运营商; (3) 管理软件提供商; (4) 硬件设施提供商; (5) 互联网企业; (6) 电子商务公司; (7) IT企业; (8) 投资企业	(1) 宣传并推动社会各界对云产业的认识,协助政府建立有利于中国云产业发展的政策与相关环境,促进其建立中国云产业的生态系统; (2) 搭建会员之间共享信息、交流合作、人才培训的平台,促进会员之间开展业务合作、联合开发,促进产业资源有效利用和互惠互利,实现规模效应和集群效应,帮助会员解决发展中遇到的问题; (3) 推动云计算相关产品和服务在最终用户中的普及和推广,引导云计算市场快速发展; (4) 推动国内外产业链上下游企业和相关标准组织进行统一技术沟通和谈判,建立中国云标准; (5) 发挥行业渠道作用,向政府反映会员的意愿和要求,提出促进产业发展的建设性意见; (6) 协调会员提供云计算开发平台、共享应用数据,支持更多的创业者进行云计算应用开发; (7) 通过组织云计算产业公益活动、支持云计算技术竞赛等工作,为云产业各领域选拔、培养一批专业技术人才和管理人才,为各会员提供人才资源交流和共享
成都市云计算产业联盟	(1) 科研机构; (2) 电信运营商; (3) 管理软件提供商; (4) 硬件设施提供商; (5) 互联网企业; (6) IT企业	联盟将致力于为本地云计算产业服务;积极推动云计算公共服务平台建设;积极组织联盟成员间的信息沟通、技术交流、产学研对接等活动,推动联盟成员联合申报与云计算相关的各类研究和工程项目;积极促进云计算技术与产业标准的制定;提供人才培养、科技成果转化、数据资源产权申请等服务;积极推进云计算研究与应用的发展

1.2.4　云计算联盟体系结构及实现机制

　　体系结构是指系统的一组部件及部件之间的相互联系。云计算联盟的体系结构是指云计算联盟各个组成部分的划分及其相互关系。云计算联盟的体系结构对云计算联盟的设计、实现和资源管理效率有着重要的影响。云计算联盟的目标是实现不同云计算平台之间的资源共享和协作,而如何高效率地实现分布式云计算资源中的资源发布、查找和分配等资源管理工作,则是实现高效率云计算联盟的首要目标。因此,云计算联盟体系结构设计的目标也是如何通过资源管理以更小的代价来实现资源的优化配置。云计算联盟体系结构设计应满足以下需求。

　　(1) 分布式结构。在云计算联盟中,各种应用、数据和虚拟机的数量非常巨大,系统中的资源和对资源的需求有很高的动态性和不确定性,因此,要在云计算联盟中通过集中控制的方法来实现资源的共享和相互协作,显然是不可能的,只能采用分布式的资源管理机制。

　　(2) 松散耦合结构。各云计算平台是自治的,且不断有资源加入和离开,因此不能在云计算联盟内采用固定的结构来整合不同资源,而应该采用一种分布、动态和自治的松散耦合结构。

（3）高可扩展性。云计算联盟中的计算资源可以任意加入或离开云计算联盟，而不会对云计算联盟的运行产生影响，云计算联盟中资源的数量十分庞大，因此要求云计算联盟具有高可扩展性。

（4）资源发现速度快。计算资源的分布性和庞大的数量，要求在云计算联盟中的资源发现（即查找机制）能够快速地找到用户或应用所需的资源，以进行资源的配置。

（5）有利于云计算联盟中管理和应用的实现。云计算联盟应该提供相应的基础设施用于运行中的云计算联盟的管理，并有利于各种跨云计算平台应用的实现。

（6）代价低。云计算联盟实现过程中需要的基础设施和资源管理的代价，不应该抵消整合不同云计算平台资源所带来的收益。

该体系结构主要包括物理资源层、虚拟化资源层、管理层、服务接口层和应用层五个方面。

（1）物理资源层包括计算机硬件、存储器、网络设施、数据库和各种软件等资源。

（2）虚拟化资源层通过虚拟化技术将物理层的各种资源虚拟化后构成庞大的虚拟资源池，并将其提交给上面的管理层使用。

（3）管理层是对云计算联盟中虚拟化的资源进行管理，包括对各个云计算平台提供的资源和服务进行管理及用户的管理和安全管理等。其中，协作管理模块可以在不同的云计算平台之间进行资源的共享和协作。

（4）服务接口层指的是云计算标准所规定的云计算服务的接口，用户和第三方的增值服务开发商可以利用这些接口使用移动云计算服务或者进行云计算服务的开发。

（5）应用层包括各种基于移动云计算平台的应用、软件应用及数据应用。

关于云计算联盟体系结构设计问题，部分学者已经进行了相关研究。张泽华运用复杂网络理论，构建了云计算联盟体系结构模型——RCNBA，并在此基础上，提出了基于移动 Agent 的开放云计算联盟模型（mobile agent based open cloud computing federation，MBOCCF），解决了不同异构云计算平台之间的互移植和互操作问题。张以利基于移动 Agent 构建了开放云计算联盟模型（open cloud computing federation based on mobile agent，CCFMA）。云计算联盟的实现需要制定相关的标准和协议，产业界和学术界亟须对云计算联盟体系结构达成共同的认识，然而，目前只有少数云计算联盟的实现模型，且这些模型的结构各不相同，关于云计算联盟体系结构的相关研究成果还非常少。在现有的云计算联盟模型中，只有部分模型提出了较为简单的资源管理机制，在 P2P（peer-to-peer computing，对等计算）资源管理机制中，对将分布式计算资源提供给分布式应用的资源管理机制已经进行了深入的研究，取得的相关研究成果能较好地满足网络资源管理需求。但现有的这些资源管理机制并不能满足具有复杂系统特性的云计算联盟中的资源管理需求。由于没有一个通用的云计算标准，各云计算平台是异构的，各云计算服务之间不具备可移植性，用户的同一个应用不可以进行跨云平台扩展和互操作，这使得在目前条件下，云计算联盟实现非常困难。虽然目前已经意识到云计算联盟的重要性，很多研究机构也提出了云计算联盟的实现模型，并实现了一些原型系统，但不同云计算平台之间的可移植性和互操作性并没有实质性的进展，开放云计算联盟目前还只能停留在概念和模型阶段。Rochwerger 等（2010）针对云计算对企业级的解决方案提出了面向商业服务管理（business service management，BSM）的模块化、易扩展的云体系结构，通过将不同的云进行结盟，以达到资源和服务能够合理交易及优化管理的目的。负载均衡问题一直困扰云计算联盟的实现，国外学者主要从云自身和跨云平台两方面出发解决负载均衡问题（Vaquero et al.，2009；Jin et al.，2011）。只有单云服务提供商首先解决自己内部的负载均衡问题，实现基础设备的高效利用，跨平台的不同云服务提供商之间的负载问题才能够真正地解决，为用户提供更优质的资源服务。陈冬林和姚梦迪（2014）建立了由云用户、云服务供应商和云联盟协调器组成的云计算联盟资源调度模型，为达到云服务供应商利益最大化，设计了任务—虚拟机—数据中心的调度算法，利用蚁群算法进行模型求解。陈玲等从用户利益最大化的视角出发，并且运用遗传算法对云联盟资源的调度问题进行求解。Bruneo 等（2012）针对云计算联盟资源优化管理及能耗成本问题，提出并设计了 RNNs（recurrent neural networks，循环神经网络）模型。Larsso 和 Henriksson（2011）提出了一种面向云计算联盟的资源调度模型，能够提供寻找最佳虚拟机迁移对象和分布式数据检测。Yang 等（2012）提出了一种面向商业的云计算联盟模型，实现了多个单一的云服务供应商之间无阻碍的合作，保障了多用户服务的 QoS（quality of service，服务质量）。Joseph 和 Tannian（2011）为提高各单一数据中心资源的利用率，提出了多个云服务供应商共同协作的思想，基于此设计了一种多云环境的结构体系。

　　产业界已经形成许多云计算产业联盟，包括中关村云计算产业联盟、苏州工业园区产业联盟、合肥产业联盟等，联盟已经成为一种应对激烈的市场竞争的组织形式。中关村云计算产业联盟是由联想、赛尔网络、中国移动通信研究院、百度、神州数码、用友、金山、搜狐等 19 家单位发起成立的。成立后的联盟将以服务产业为导向，以共享资源为主线，以攻关技术为核心，联合北京云计算领域重点企业和研究机构，争取政府产业政策支持，汇聚产业链上下游资源，促进云计算领域产学研合作，带动全国云计算产业发展。苏州工业园区产业联盟主要由 IT 企业、科研院所、投资公司、软件培训机构等云计算相关企业组成，联盟主要以"云彩计划"为重点研究项目，目标为促进成员间互利互惠、利用云计算共同打造强有力的市场竞争力，全力推动园区云计算产业的集聚和跨越发展。此外，还出台了一系列云计算产业扶持政策，重点发展云应用软件、云基础设施、云服务平台、云计算终端产品等领域。

1.3　移动互联网与移动电子商务

1.3.1　移动互联网

　　移动互联网（mobile Internet，MI）是互联网与移动通信两者的有机结合，伴随着移动终端的普及，移动互联网作为一种新型的网络形式，为传统移动通信市场注入了新鲜血液。学术界和业界对移动互联网的定义未达成一致，这里介绍几种有代表性的移动互联网的定义。

　　百度百科中指出：移动互联网是一种通过智能移动终端，采用移动无线通信方式获取业务和服务的新兴业态，包含终端、软件和应用三个层面。终端层包括智能手机、平板电脑、电子书、MID（mobile Internet device，移动互联网设备）等；软件层包括操作系统、中间件、数据库和安全软件等；应用层包括休闲娱乐类、工具媒体类、商务财经类等不同应用与服务。

　　独立电信研究机构 WAP（wireless application protocol，无线应用协议）论坛认为：移动互联网是使用手机、PDA（personal digital assistant，掌上电脑）或其他手持终端通过各种无线网络进行数据交换。

　　中兴通讯则从通信设备制造商的角度给出了定义：狭义的移动互联网是指用户能够使用手机、PDA 或其他手持终端通过无线通信网络接入互联网；广义的移动互联网是指用户能够使用手机、PDA 或其他手持终端以无线的方式通过各种网络［WLAN（wireless local area networks，无线局域网）、BWLL（broadband wireless local loop，宽带无线本地环路）、GSM（gloal system of mobile communication，全球移动通信系统）、CDMA（code division multiple access，码分多址）等］接入互联网。可以看到，对于通信设备制造商来说，网络是其定义移动互联网的主要切入点。

　　MBA 智库同样认为移动互联网的定义有广义和狭义之分。广义的移动互联网是指用户可以使用手机、笔记本等移动终端通过协议接入互联网；狭义的移动互联网则是指用户使用手机终端通过无线通信的方式访问采用 WAP 的网站。

　　Information Technology（信息技术）论坛认为：移动互联网是指通过无线智能终端，如智能手机、平板电脑等，使用互联网提供的应用和服务，包括电子邮件、电子商务、即时通信等，保证随时随地无缝连接的业务模式。

　　认可度比较高的定义是由中国工业和信息化部电信研究院在 2011 年的《移动互联网白皮书》中给出的："移动互联网是以移动网络作为接入网络的互联网及服务。移动互联网包括三个要素：移动终端、移动网络和应用服务。"该定义将移动互联网涉及的内容主要囊括为如下三个层面：①移动终端，包括手机、专用移动互联网终端和数据卡方式的便携电脑；②移动通信网络接入，包括 2G、3G 和 4G 等；③公众互联网服务，包括 Web、WAP 方式。移动终端是移动互联网的前提，接入网络是移动互联网的基础，而应用服务则成为移动互联网的核心。上述定义给出了移动互联网两方面的含义：一方面，移动互联网是移动通信网络与互联网的融合，用户以移动终端接入无线移动通信网络 [2G 网络、3G 网络、WLAN、WiMax（worldwide interoperability for microware access，全球微波互联接入）等] 的方式访问互联网；另一方面，移动互联网还产生了大量新型的应用，这些应用与终端的可移动、可定位和随身携带等特性相结合，为用户提供个性化的位置相关的服务。

综合以上观点，本书也提出一个参考性的定义：移动互联网是指以各种类型的移动终端作为接入设备，使用各种移动网络作为接入网络，从而实现包括传统移动通信、传统互联网及其各种融合创新服务的新型业务模式。

移动互联网的基本特点包括如下几方面。

（1）终端移动性。通过移动终端接入移动互联网的用户一般都处于移动之中。

（2）业务及时性。用户使用移动互联网能够随时随地获取自身或其他终端的信息，及时获取所需的服务和数据。

（3）服务便利性。由于移动终端的限制，移动互联网服务要求操作简便，响应时间短。

（4）业务、终端、网络的强关联性。实现移动互联网服务需要同时具备移动终端、接入网络和运营商提供的业务三项基本条件。移动互联网相比于传统固定互联网的优势在于：实现了随时随地的通信和服务获取；具有安全、可靠的认证机制；能够及时获取用户及终端信息；业务端到端流程可控；等等。劣势在于：无线频谱资源的稀缺；用户数据安全和隐私性较弱；移动终端硬软件缺乏统一标准，业务互通性差；等等。

（5）终端和网络的局限性。移动互联网业务在便携的同时，也受到了来自网络能力和终端能力的限制；在网络能力方面，受到无线网络传输环境、技术能力等因素的限制；在终端能力方面，受到终端大小、处理能力、电池容量等因素的限制。无线资源的稀缺性决定了移动互联网必须遵循按流量计费的商业模式。

我国移动互联网产业链上参与主体众多，包括电信运营商、硬件设施提供商、服务提供商、内容提供商、用户、应用提供商等，如图 1-4 所示。目前的移动互联网产业链主要是以用户为核心，通过电信运营商、服务提供商、硬件设施提供商、内容提供商及应用提供商为用户提供满意的服务，从而获得更多收益。

从移动互联网产业链的角度，王欣（2009）提出了移动互联网产业链内形成产业联盟的必然原因，分析了电信运营商在该联盟中占据主导地位的原因，并阐述了以联盟为主导的六种商业模式。黄军政和王永利（2014）分析了移动互联网产业价值链内移动终端、系统平台应用服务及网络通道三个重要的价值增值环节，认为企业应该增强融合创新能力、敏捷开发能力、用户聚合能力，提高自身竞争

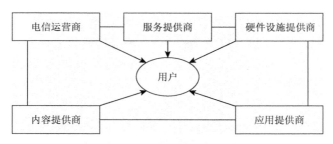

图 1-4　移动互联网产业链

力。许泽聘（2012）研究了移动互联网价值链中的成员关系，并对其进行了系统动力学仿真，分析了产业链重心已经从电信运营商独自主导到网络运营商、内容提供商及终端厂商三者共同引领整个移动互联网产业发展。刘飞（2012）分析了移动互联网产业链成长动因及成员关系，提出了移动互联网产业链的成长模型。

　　从移动互联网与云计算之间关系的角度，李博等（2013）分析了云计算体系架构及当前移动互联网对数据的存储、处理等方面的需求，提出了云计算能够有效解决移动互联网数据管理问题。郊小明和徐军库（2012）提出了把移动终端对计算能力的需求转移到云计算平台上，减少移动终端对硬件的计算需求。陈鹏宇（2011）从移动云存储的角度，阐述了云存储与移动互联网之间相互结合的新型商业模式。陶彩霞等（2013）分析了如何通过云计算平台采集、存储、分析、处理移动互联网用户行为大数据的过程，并构建了以大数据服务为目的的电信运营商云平台结构框架。

1.3.2　移动电子商务

　　移动电子商务（M-commerce，MC）是在近些年兴起的一种商业模式。移动电子商务的出现实现了通信技术和信息处理技术的完美结合。人们可以在任何时间、任何地点进行各种商务活动、在线电子支付、线上线下的购物与交易。移动电子商务是由电子商务（E-commerce，EC）的概念衍生出来的。电子商务是以 PC 为主要界面，以信息网络技术为手段，以商品交易为中心的商务活动，是"有线的电子商务"。然而，关于移动电子商务的内涵至今还没有一个统一的界定。樊雪林（2005）把移动电子商务看成电子商务的一种特殊形式，用户可以利用移动通信网络来完成交易的一种商务活动。姬妍（2008）认为移动电子商务是基于移动通信网络利用移动终端设备完成的具有经济价值的交易活动。冯媛媛等（2015）把移动电子商务看成一种生态系统，该系统是企业与个人相交互且在一定的社会、经济、政治、文化背景和技术基础之上构建的。曹毅和罗新星（2008）认为移动电子商务是通过无线通信技术和无线移动终端交换商品、服务和娱乐资讯的一种商务系统。

从以上对移动电子商务的定义可以看出，移动电子商务是一种包括移动通信网络，移动终端设备，以及客户需要的产品、服务和娱乐资讯的商业模式。因此，本书认为移动电子商务的内涵是利用移动通信网络及移动终端交易产品、服务、资讯的一种新的商业活动。

和传统电子商务不同，移动电子商务具有其显著特征。概括而言，移动电子商务最为突出的特征体现在位置相关性、及时性和随时随地访问性三方面。

（1）位置相关性。在传统电子商务中，用户位置信息并不重要。因为传统电子商务活动是通过固定 PC 进行的电子商务活动，用户所在的位置不是考虑的重点。然而在移动电子商务环境中，用户的位置不再是固定不变的，而是移动的，用户可以通过移动终端进行电子商务活动。移动终端的最大特点就体现在其可移动性，通信网络技术可以对商务活动中移动的用户进行定位服务。利用移动电子商务位置相关性特征，可以更好地满足用户的个性化需求。

（2）及时性。及时性是指用户发出服务请求到得到系统响应时间的长短。移动环境中用户所处的环境是不断变化的，且信息具备及时性，人们往往会在紧急的情况下需要得到及时的信息，而移动电子商务可以借助移动终端使用户获取所需要的信息。因此，移动电子商务的出现大大满足了用户的及时性需求。

（3）随时随地访问性。与传统电子商务最明显的不同在于，移动电子商务可以被随时随地访问，用户可以在任意的时间、地点进行信息访问。移动电子商务随时随地访问的特性非常适合移动电子商务的实时性需求。

1.4　移动云计算联盟

1.4.1　移动云计算联盟内涵

云计算的发展并不局限于 PC，随着移动互联网的蓬勃发展，基于手机等移动终端的云计算服务已经出现。基于云计算的定义，移动云计算是指通过移动网络以按需、易扩展的方式获得所需的基础设施、平台、软件（或应用）等的一种 IT资源或信息服务的交付与使用模式。随着移动互联网与云计算两大产业的不断融合，为推动以云计算、大数据和移动网络等为核心技术的应用创新发展，实现移动云计算技术标准建立和增值服务创新，需要形成具有整体竞争实力的移动云计算产业链，产业链的形成与发展不能单纯依靠市场经济，组建联盟形成规模经济合作则是合理选择，即通过构建多渠道、多层次、多角度网络式联盟，促进移动云计算产业协同多主体的深度合作，实现从小范围联盟向网络化产业联盟转变。因此，在云创新商业理念正逐渐影响移动互联网领域的新形势下，一种基于契约关系，跨越组织边界和地域限制，依靠企业间动态易扩展的虚拟化资源水平式双向或多向流动，实现不同主体间资源按需共享，从而提高移动云计算增值服务水平及商业模式创新的新型云产业联盟——移动云计算联盟（mobile cloud computing alliance，MCCA）应运而生。

移动云计算联盟的实质是以创新和提供产业整体竞争力为主要目的，以虚拟化、移动互联网等技术为手段，通过聚集云计算产业链上下游提供商，使分散的各种资源得到有效的整合，为成员提供更多的市场机遇，实现更大范围的资源共享，是一个拥有巨大资源和发展空间的新型产业组织。移动云计算联盟的提出，继承了分布式云计算的服务模式，打破了资源在空间分布的局限性，保持了分散数据资源的优势，使云计算产业链内各种数据资源得以有效整合与优化，实现了资源的优势互补。有效发挥了产业协同合作的整体优势，产业链融合有效地促进了移动云计算领域经济结构的转变，实现了资源共享、服务创新和管理协同全面推进的移动云计算产业发展格局，对促进移动云计算商业模式的形成与发展具有重要意义。

1.4.2　移动云计算联盟特征

1. 动态性

移动云计算联盟是在政府及金融机构的支持下，由众多跨地域分散的移动云计算产业链上下游企业共同组成的动态系统，凭借其资源及市场优势，将吸引具有一定竞争力的企业加入，实现优势互补。此外，基于契约关系，成员的不断加入，使组织规模不断增大，联盟整体的资源、技术及数据资源价值不断提升，从而获取竞争优势。联盟的成员数量处于变化之中，使联盟边界呈现出动态性与模糊性特征。

2. 创新性

移动云计算联盟数据资源旨在促进联盟内数据资源共享与交互，通过联盟成员不同数据资源的不断交互与创新，从分散异构的数据资源中提取有价值的信息，并且利用联盟成员共同协作的创新力量，创造出更有价值的数据资源服务于社会群体。

3. 共享性

移动云计算联盟为确保各方成员的市场优势，寻求新的合作规模、标准、机能或定位，提高联盟整体竞争实力，创新行业云服务项目，促进成员间信息融合、资源共享、协同发展的新型合作模式，共同承担较低风险，实现具有经济规模的资源调配，从而成为拓宽发展维度、成员优势互补、加强产业优势、达到超常规发展的重要途径。

4. 复杂网络性

移动云计算联盟可以看成由不同的硬件设施提供商、电信运营商、云计算服务商、云计算开发商构成的复杂系统，不同的联盟成员可以看成复杂系统中的各个网络节点，而各节点之间通过不同的协作方式进行各种合作建立信任（翟丽丽等，2014），所以移动云计算联盟具有复杂性，联盟成员依据高效合作关系会形成具有一定网络结构的组织形式。

5. 增值性

移动云计算联盟延续了云计算联盟整体化发展思路，通过联盟成员合作创新带动移动云计算产业链整体发展；联盟成员具备资源及技术支持，具有强大的基础设施、平台等创新能力，因此，成员强强合作加强了联盟进行价值创造的增值性。

6. 共享性

移动云计算联盟企业可以通过联盟平台进行各种资源的互补与共享，从而更好地满足用户的需求，减少服务运营成本，实现联盟利益最大化。例如，在移动云计算联盟中，一个云软件提供商自身无法满足用户的个性化需求，这时就可以共享联盟中云平台提供商的软件开发和测试环境来满足用户的需求，甚至可以通过云平台提供商将服务提供给用户。

7. 跨平台特性

移动云计算联盟的分布性体现在成员均分布在不同的地理区域、不同的平台上，而且各种计算资源和存储计算等也分布在不同成员的数据中心。移动云计算联盟由不同的云计算服务提供商通过移动网络向用户提供各种服务，不同的云计算服务提供商所具有的云平台也不同，此外，还有 Windows、Linux 等不同的操作系统。移动云计算联盟可以使不同成员进行跨平台操作，进而实现不同平台程序应用的可移植性和互操作性。

1.4.3 移动云计算联盟组建目标及形式

移动云计算联盟组建目标：基本目标是通过对联盟资源聚集和有效的整合使联盟成员获取超额剩余价值，成员借助联盟的力量能够获取单独运营所不具备的条件，如资源共享、优势互补、提高自身竞争力等。最终目标是实现移动云计算联盟整体和成员的利益最大化，通过提高联盟内资源共享利用率，降低服务成本，提高服务质量，为顾客提供一站式、个性化云服务，进而增加联盟在云行业的整体竞争力。移动云计算联盟实际是以产业链为基础的产业联盟，它的关键就是开放、合作、共赢式整合资源，明确产业链分工。以服务产业为导向，以共享资源为主线，以攻关技术为核心，联合移动云计算领域重点企业，汇聚产业链上下游资源，促进移动云计算产业生态系统的发展。

移动云计算联盟的组建形式：所有的参与者在平等的基础上相互合作，参与者在保持自身独立的同时，为联盟贡献自己独特的"核心能力"。联盟模式的联盟组织机构一般分为核心层和松散层。核心层的合作伙伴结合比较紧密，具有主要的核心能力，合作关系较稳定；松散层的合作伙伴是在核心伙伴能力不足以完成某一项目的情况下，联盟可以在不同的阶段吸收不同的成员，共同完成一定的任务。

移动云计算联盟组建需要建立在一个运行的基础平台之上，同时这个运行平台在很大程度上也决定了移动云计算联盟的具体运行模式。为了对移动云计算联盟的资源和技术力量进行统一的计算和管理，从而实现联盟内资源的共享和优化调度，本书基于移动云计算联盟基础运行平台的构建，提出了移动云计算联盟管理委员会的组织形式。移动云计算联盟管理委员会是为了保证移动云计算联盟成员合作与竞争活动的顺利进行，由联盟的核心成员构成，以移动云计算联盟整体发展为主要目标，依靠先进的网络通信技术对联盟进行管理的组织机构。

移动云计算联盟管理委员会的主要职能如下。

（1）移动云计算联盟运行相关规则与标准的制定。联盟在成立之初，核心成员共同制定联盟相关制度，包括联盟管理委员会的选举、管理委员会的职能、成员的准入和退出制度、成员信誉评级制度、联盟资源共享制度、联盟资源整合标准、成员合作竞争规则等。

（2）移动云计算联盟运行平台的开发与管理。云平台是移动云计算联盟成员之间、外部用户与联盟之间进行联系的媒介，联盟的一切运行活动都需要云平台进行管理。因此，云平台系统的筹建与维护是移动云计算联盟管理委员会的核心工作。

（3）协调移动云计算联盟成员间的关系，确保联盟正常有序运行。

1.4.4　移动云计算联盟成员关系

移动云计算联盟是顺应云经济时代的发展趋势，对移动云计算产业跨领域进行重新布局和定位，使云计算技术推动移动互联网产业实现按需供给，促进 IT 和产业资源充分利用的全新产业联盟，在政府的支持下，形成安全、健全的产业链条，使移动云计算项目部署密度显著增加。移动云计算联盟的核心成员包括硬件设施提供商、电信运营商、云计算服务提供商、云计算服务开发商。这里的云计算服务提供商主要包括云平台服务提供商、云计算基础设施提供商、云应用提供商；云计算服务开发商包括云应用开发商、云平台开发商（软件开发商和系统集成商）。松散成员可以包括企业用户、个人用户、政府机构、咨询公司、高校、云计算科研所、云解决方案服务商等。移动云计算联盟成员关系主要是指各成员之间通过各种业务往来而形成的一种相互作用、相互制约的合作和竞争关系，如图 1-5 所示。

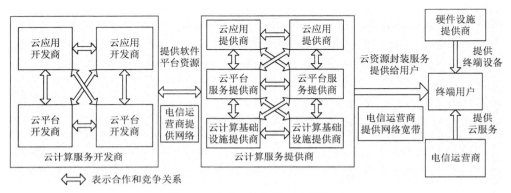

图 1-5　移动云计算联盟成员关系

1. 硬件设施提供商

作为移动云服务市场的中坚力量，传统的移动终端制造商主要生产移动智能终端设备，如智能手机、PDA 等。但在移动云计算的环境下，为了使自身具有更大市场竞争力，移动终端制造商对以往的运营模式进行了巨大的创新，采用 PaaS + IaaS 和自制云终端设备相结合的模式。例如，苹果 iCloud 云服务和 iOS 终端服务模式，其优势在于，一方面可以让文件保存在云计算中心；另一方面又具备各类苹果设备自动同步功能，无须用户下载到本地设备。在移动云计算联盟中，硬件设施提供商除了向用户提供移动终端设备之外，还会与其他云计算服务提供商形成各种合作关系。

2. 电信运营商

作为移动互联网构建者的电信运营商，利用其自身巨大的基础设施网络优势形成了大云、星云等平台，其实质就是把信息和数据资源云服务系统平台作为一种运营商数据增值服务来提供。平台构建为多住户系统，可支持众多的企业客户及个人客户使用系统平台进行存储、分类、管理和分享各类信息与数据资源，以此为基础为其企业客户和普通市民提供私有的和公有的服务。在移动云计算联盟中，电信运营商除主要向联盟提供移动云计算服务传输的必要通信网络外，还向用户提供一定的移动云服务，所以电信运营商与其他移动云计算服务提供商之间存在合作和竞争关系。

3. 云计算服务提供商

作为移动云计算联盟内的主要力量，云计算服务提供商能够直接接触用户，及时掌握用户和市场的需求变化。在联盟内的云计算服务提供商主要包括云计算基础设施提供商、云平台服务提供商、云应用提供商。

（1）云计算基础设施提供商。云计算基础设施提供商是指联盟提供 IaaS 时所需的基础设施制造商、终端制造商、基础设施服务提供商、基础设施解决方案商、集成商等。移动云计算联盟开展的移动云项目都是部署在 IaaS 上，因此，联盟对云计算基础设施提供商成员的要求较高，同时，云计算基础设施提供商的公有云服务需满足较高的安全性。云计算基础设施提供商主要是基于资源虚拟化技术，将可直接操作的硬件物理资源（即基础设施，如 PC、存储器、服务器等）通过网络连接起来，为接入用户提供数据处理、存储和计算等基础服务。

（2）云平台服务提供商。云平台服务提供商是指提供平台、开发环境、技术支持、应用系统开发优化等作为服务的企业及厂商，包括平台服务提供商、平台运营商及其技术支持团队、平台服务开发商等。PaaS 作为联盟业务基础平台，可以整合联盟各种业务能力，加快联盟 SaaS 快速发展。云平台服务提供商主要为软件的开发、运营、维护提供环境。

（3）云应用提供商。云应用提供商是指联盟提供 SaaS 时所需的软件提供商，包括软件服务提供商、软件开发商等。在为联盟提供自身核心 SaaS 应用的同时，还向联盟内成员开放一套具备强大定制能力的快速应用定制平台，成员根据平台运转情况，快速利用平台，为行业云制定专属 SaaS 应用，与云应用提供商保持顺接合作，最终通过平台给予用户销售及使用，共享最终服务盈利。云应用提供商主要根据客户实际需要将开发完成的软件可按需分时地提供给用户。

在移动云计算联盟中，这三种服务提供商呈现出了紧密的合作和竞争关系。云应用提供商一般要基于终端的浏览器"触角"，也无法脱离云计算基础设施提供商的云基础设施和云平台服务提供商的云平台而独立工作。云平台服务提供商可以根据云应用提供商的需求为其提供必要的软件开发环境，云应用提供商作为用户可以在云平台服务提供商的基础架构上创建自己的应用软件，并可以通过网络传递给其他用户。云计算基础设施提供商作为云计算服务的基石，为云平台服务提供商建造平台提供大量的基础设施。所以，移动云计算联盟中存在不同的云应用、云平台服务、云计算基础设施提供商，他们彼此之间由于存在各种业务往来而构成了竞争和合作关系。

4. 云计算服务开发商

云计算服务开发商主要是指在传统互联网中扮演重要角色的独立软件开发商和操作系统集成商。软件开发商在移动云服务领域的主要发展模式是和云终端厂商联盟提供 SaaS。微软发布的 Windows Phone 7 操作系统支持各类云服务，微软与诺基亚的联盟将为其移动云服务提供广阔的发展空间；金山快盘和小米手机联手为用户提供免费的 MIUI 手机金山云服务，初步目标是实现云存储。在移动云计算联盟中，云计算服务开发商主要负责各种移动软件、应用和平台的开发，但是他们直接接触云用户的机会相对较少，不能及时了解用户的需求。云计算服务开发商就会与云计算服务提供商形成某种合作和竞争关系，云计算服务开发商将开发后的软件或平台提供给云计算服务提供商，再由云计算服务提供商将其封装成服务提供给用户。

1.5　本章小结

本章的内容是全书的基础，首先介绍了云计算的产生背景及其商业服务模式的形成。然后，对云计算联盟的内涵、特征及形成动因、体系结构及实现机制进行了分析。最后，介绍了移动互联网与移动电子商务的内涵、特征及研究发展现状，基于此，提出了移动云计算联盟的定义，并描述了移动云计算联盟的组建目标、形式及成员关系。

参 考 文 献

曹毅, 罗新星. 2008. 电子商务推荐系统关键技术研究[J]. 湘南学院学报, (5): 63-66.

陈冬林, 姚梦迪. 2014. 基于蚁群算法的云计算联盟资源调度[J]. 武汉理工大学学报 (信息与管理工程版), 36 (3): 337-340.

陈玲, 陈冬林, 桂雁军, 等. 2014. 用户利益最大化的云计算联盟资源调度[J]. 武汉理工大学学报 (信息与管理工程版), 36 (3): 369-373.

陈鹏宇. 2011. 云计算与移动互联网[J]. 科技资讯, (29): 7.

樊雪林. 2005. 移动电子商务技术及发展战略分析[D]. 大连: 东北财经大学.

冯媛媛, 王晓东, 姚宇. 2015. 电子商务中长尾物品推荐方法[J]. 计算机应用, 35 (S2): 151-154.

黄军政, 王永利. 2014. 移动互联网环境下业务发展核心能力探析[J]. 移动通信, (1): 70-73.

姬妍. 2008. 个性化移动商务的行为模型研究[D]. 广州: 广东工业大学.

李博, 刘琨, 陈楚楚. 2013. 云计算的移动互联网应用[J]. 信息通信, (7): 80-81.

刘飞. 2012. 中国移动互联网产业链成长研究[D]. 重庆: 重庆大学.

刘鹏. 2009. 网格计算与云计算[EB/OL]. http://www.chinagrid.net/show.aspx?id=866&cid=20[2016-02-13].

刘晓乐. 2009. 计算机云计算及其实现技术分析[J]. 电子科技, 22 (12): 100-102.

刘越. 2010. 云计算综述与移动云计算的应用研究[J]. 信息通信技术，4（2）：14-20.

郑小明，徐军库. 2012. 云计算在移动互联网上的应用[J]. 计算机科学，39（10）：101-103.

陶彩霞，谢晓军，陈康. 2013. 基于云计算的移动互联网大数据用户行为分析引擎设计[J]. 电信科学，（3）：27-31.

王欣. 2009. 移动互联网商业模式探讨[J]. 重庆邮电大学学报（社会科学版），21（1）：40-41.

徐天舒. 2012. 基于商业平台的云计算产业架构分析[J]. 南京航空航天大学学报（社会科学版），14（2）：19-20.

许泽聘. 2012. 移动互联网产业链的演变研究[D]. 南京：南京邮电大学.

姚乐. 2011. 云计算产业链研究[J]. 软件产业与工程，（5）：19-21.

尹小明. 2009. 基于价值网的云计算商业模式研究[D]. 北京：北京邮电大学.

翟丽丽，柳玉凤，王京，等. 2014. 软件产业虚拟集群企业间信任进化博弈研究[J]. 中国管理科学，22（12）：118-125.

张泽华. 2010. 云计算联盟建模及实现的关键技术研究[D]. 昆明：云南大学.

祝小江. 2011. 从云计算产业链探讨中国云计算商业模式[J]. 经济视角，（9）：61-64.

Barney J B，Baysinger B. 1990. The Organization of Schumpeterian Innovation[M]. Stamford：JAI Press Inc.

Bruneo D，Longo F，Puliafito A. 2012. Modeling Energy-aware Cloud Federations with SRNs[M]. New York：Springer-Verlag Berlin Heidelberg：277-307.

D'Aunno T A，Zuckerman H S. 1987. A life-cycle model of organizational federations：the case of hospitals[J]. The Academy of Management Review，12（3）：534-545.

Hagedoorn J，Narula R. 1996. Choosing organizational modes of strategic technology partnering：international and sectoral differences[J]. Journal of International Business Studies，27（2）：265-284.

IBM. 2007. Google and IBM announced university initiative to address internet-scale computing challenges[EB/OL]. http://www-03. ibm. com/press/us/en/pressrelease/22414. wss[2016-02-19].

Jin H H，Jian H G，Guofei S. 2011. Cloud task scheduling based on load balancing ant colony optimization[C]. Proceedings of 6th Annual China Grid Conference. Liaoning，China：IEEE Computer Society：3-9.

Joseph I，Tannian M. 2011. Exploiting cloud utility models for profit and ruin[C]. IEEE International Conference on Cloud Computing. Washington D C：IEEE Computer System：30-40.

Lambe C J，Spekman R E. 1997. Alliances，external technology acquisition，and discontinuous technological change[J]. Journal of Product Innovation Management，14（2）：102-116.

Larsso L，Henriksson D. 2011. Scheduling and monitoring of internally structured services in cloud alliances[C]. United Kingdom：IEEE Symposium：173-178.

Rochwerger B，Breitgand D，Levy E，et al. 2010. The reservoir model and architecture for open federated cloud computing[J]. IBM Journal of Research and Development，53（4）：1-11.

Vaquero L，Rodero M L，Caceres J. 2009. A break in the clouds：towards a cloud definition[J]. ACM SIGCOMM Computer Communication Review，39（1）：50-55.

Yang X Y，Bassem N，Mike S，et al. 2012. A business-oriented cloud alliance model for realtime online interactive application[J]. Future Generation Computer Systems，28（8）：1158-1167.

第 2 章　移动云计算联盟产生机理与伙伴选择

2.1　移动云计算联盟产生动因

面对日益复杂的云市场结构，移动云计算市场以提供 IaaS、PaaS、SaaS 三种基本服务模式为主，且在云市场中每一种服务都存在一定的龙头企业，占有市场的绝大部分份额，麦肯锡咨询报告数据显示，仅 Amazon 在 2013～2015 年就获得了 80 亿美元。如果移动云市场继续朝着这种市场竞争结构发展，极有可能出现市场垄断现象，迫使一些中小型企业无法在竞争中存活。所以，一些中小型云计算服务企业为了提高自己在云市场的竞争力，就会聚集在一起形成合作关系或者达成联盟。此外，由于目前国际上对云计算服务尚未达成统一的标准，很多移动云服务提供商进入云市场是自由的，可以说无限制条件。所以，云市场上出现了不同的异构云平台，以至于用户的各种应用程序不能跨平台移植操作。为了云计算产业顺利健康地发展，制定相关的云计算标准是很有必要的。移动终端和移动互联网的快速普及，促进了许多移动应用的诞生，由于移动终端的计算、存储能力有限，各种移动应用必须交给云端进行处理。但是用户的需求往往不止一个，需要移动云计算服务提供商能够提供一站式的全方位服务。面对这种需求，仅单个云服务提供商是无法独自运营的，为了实现自身利益的最大化，迫使存在竞争关系的多个云计算提供商结成合作伙伴的关系。因此，移动云计算联盟的形成与发展是一个具有多因素的综合演变过程，是联盟内各成员节点在经济活动下相互合作的动态过程，本书从经济与产业运行的视角对其形成动因进行分析。

2.1.1　基于交易成本的动力因素

移动云计算联盟在形成过程中，各成员节点间存在各种经济活动，如合作与竞争、资源整合与共享、平台服务与创新等。从经济视角看，移动云计算联盟的形成是各成员节点间交易成本最小化、利益最大化，充分发挥规模经济、范围经济，实现联盟方式优于市场方式的选择（刘越，2010）。具有合作竞争关系的企业间通过某些联结活动能够形成一种新型的介于企业和市场的企业间组织（高长元等，2017）。移动云计算联盟内部各成员相互依赖与连接，是一种典型的介于企业和市场之间的中间组织。科斯认为通过合作关系建立层级性的将资源结合起来的联盟组织，可减少市场投入成本，即移动云计算联盟的形成可实现联盟组织代替市场机制进行资源配置的目的（杨新锋和刘克成，2012）。威廉姆森基于科斯理论进一步发展了交易成本理论，指出交易成本具有六个主要来源：有限理性、机会主义、不确定性与复杂性、信息不对称、少数交易、气氛。基于威廉姆森对交易过程中三个影响交易成本的交易特征分析，移动云计算联盟内各成员都具有参与联盟合作的动力和必要性（俞庚申和赵岩，2013）。

（1）从专用资产性角度分析，专用资产划分越细致，无形中会加强交易成员间的依赖程度，因此有必要持续稳固和发展成员间的交易关系和频率。移动云计算联盟通过组织化的市场，使联盟各成员"共同占有"专用性资产或基础设施、平台、软件各类资源并实行共同监督，本着稳固交易关系、降低交易成本的原则，切实减少投机行为。然而，在市场经济环境下，各成员竞争力低，交易专用性指数同样低的交易行为只能发生在市场环境中。所以，当出现技术或者市场交易不对称时，成员就越想通过移动云计算联盟获取关键性资源，即成员参与移动云计算联盟合作的动力就越充足。

（2）市场环境下的交易行为具有不确定性，交易形式随着用户偏好的改变而不断发生变化，交易对象间不易在契约中规定各种不确定要素，所以，一旦发生市场调控，交易主体需支付更多的调整成本和不适应性成本。移动云计算联盟的形成，一方面通过联盟组织形式来无偿保证成员成功抵御外部市场环境的不确定性因素，以此减少发生的不确定性交易成本；另一方面，可加强各成员对外部商业环境的敏感度与认知度，成员间通过合作促进信息沟通与共享，有效减少信息不对称，从而缓解沟通压力与信息的使用费用。此外，移动云计算联盟的形成还可避免信息不对称导致的道德风险和逆向选择。因此，移动云计算联盟的形成为克服这种交易的不确定性的动力显而易见。

（3）交易主体必须采取适用性强的特殊管理制度，以期提高交易频率，促进交易发生，减少在交易签署过程中反复发生的交易费用。移动云计算联盟的形成可以使各成员在联盟组织中进行经常性的重复交易，从而避免重复签约产生的交易成本，增强交易市场的灵活性。移动云计算联盟在运作中，成员间会无形加深彼此间的数据资源流动与经验借鉴。

基于以上分析可知，移动云计算联盟是一种介于市场和企业之间的中间组织，联盟的形成规避了成员间发生交易行为时不可避免的交易成本，其中，交易成本包括市场交易成本及管理交易成本两大类。因此，移动云计算联盟是一种吸收市场优势，同时提高联盟内资源共享效率、驱动联盟战略活性、加强产业交易创新性的组织。

2.1.2　产业运行的动力因素

从产业视角看，随着移动云计算的快速演进，结构性地改变信息及相关产业的发展，在其核心技术、应用、服务等层面实现创新，必须有效汇聚产业各方资源，因此，移动云计算联盟形成的动力因素既来源于联盟内成员合作的需要，同时也来源于移动互联网、云计算两大产业运行与融合的需要。具体来说，推动移动云计算联盟形成的产业运行动力因素包括：商业模式创新、组织结构调整、技术交流、合作互信氛围等。而随着政府政策的支持，推动移动云计算联盟形成的产业支持因素主要包括：政府政策的引导与支持、适应快速变化的市场需求。政策及移动云计算技术快速变化的市场需求，旨在整合资源，在研发、应用、标准、人才等方面拓宽移动云计算产业的深度和广度。在上述多因素的共同推动下，移动云计算联盟逐渐清晰形成，并由小范围联盟向网络化产业联盟转变。

（1）商业模式创新。移动云计算联盟的成立有效发挥了产业协同合作的整体优势，大量的跨地域移动云计算联盟成员合作是基于资源共享动机的一种跨组织经济行为，联盟内共享资源在多成员间进行水平式双向或多向流动，构建共享平台，创造节点价值互补，从而形成在产业空间上多成员突破层次限制、跨层次发展的创新商业模式与合作关系。

（2）组织结构调整。移动云计算联盟是各成员组织间学习的载体，各成员节点通过彼此间的合作关系，从其他成员与组织获取自身发展所需要的互补性资源（基础设施、平台、软硬件或服务等），以提高自身综合竞争优势及创新实力。组织结构调整成为云计算、移动互联网两大信息产业融合的纽带，也是联盟内成员间学习过程的运行载体。

（3）技术交流。移动云计算联盟的成立致力于为移动云计算产业服务，积极推进产业服务新模式，推动移动云计算公有云、私有云、混合云的建设。因其按需服务的特性，联盟内成员需要不断弥补自身技术缺口，为产品研发、测试、验证、部署、渠道推广和运营提供良好的技术环境，由此进一步促进成员间研发合作的产生与发展，实现联盟内成员间信息沟通、技术交流、对接等合作环节。

（4）合作互信氛围。在移动云计算联盟内，大量的跨地域成员依据资源共享性原则，以市场为导向，对云计算、移动互联网等领域研发资源进行整合和能力的互补。在此过程中，移动云计算联盟发展成为一种介于市场和企业之间的中间组织形式，其成员会根据自身资源及能力情况，营造良好的合作互信氛围，帮助联盟成员应对不确定的环境、减少组织对其不受控制资源的依赖性，在复杂多变的价值网络中重新定位。

（5）政府政策的引导与支持。政府政策、政府规划及其协调开展对移动云计算联盟的形成、众多成员参与合作起到重要的引导与支持作用，将引导联盟通过资源共享、数据分析、联合开发、推广应用、产业标准制定与推行、政策支持等，推进移动云计算产业跨越式发展，推动联盟创新移动云计算技术、产品、产业和市场的发展。

（6）适应快速变化的市场需求。当市场需求发生变化时，移动云计算联盟能对市场变化做出快速反应，联盟内大量成员节点间合作管理随市场需求而产生，随着联盟组织结构的不断扩大，成员节点间分工愈趋专业化，促使成员间稳固合作关系、价值流通及增值，推动联盟结构的稳定与良好运转。

2.2　基于资源配置理论的移动云计算联盟产生机理

移动大数据将移动互联网、云计算、大数据三大产业进行紧密结合。移动云计算联盟主体成员之间的数据流动关系如图 2-1 所示。

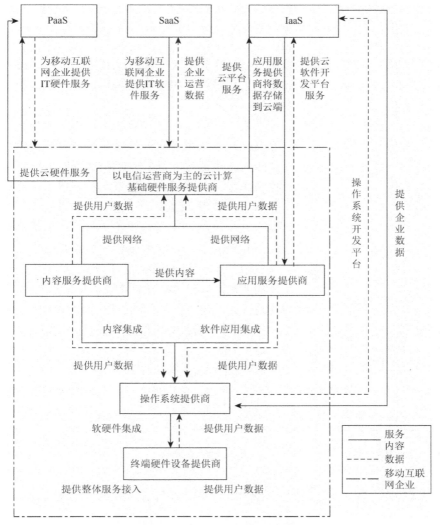

图 2-1　移动云计算联盟数据资源流动

从图 2-1 中可以看出，联盟内企业的数据形成一个复杂的网络，且很多企业之间的数据流动为双向，这也使得联盟成员之间的关系更加紧密，联盟主体成员之间的数据流动主要指移动互联网企业中的数据采集、存储、分析、显化。而这部分数据主要包括用户行为数据和企业交易数据。

（1）用户行为数据主要由应用服务提供商、终端硬件设备提供商、操作系统提供商、以电信运营商为主的云计算基础硬件服务提供商采集。

（2）内容服务提供商提供的数据主要来自联盟外界，并提供给应用服务提供商。

（3）云计算服务为移动互联网中上述企业提供用户行为数据的存储，并获得企业内部运行数据。

（4）云计算产业链对采集的企业数据及用户行为数据进行分析、处理、显化。

Bower（1970）提出资源配置的过程理论，认为资源配置过程由定义过程、推动过程和结构环境过程组成。定义过程开始于资源范围的划定；推动过程决定了哪些资源会得到认可；结构环境过程是指组织结构、考核、奖惩和信息系统等（Moody and Walsh，1999），如图 2-2 所示。

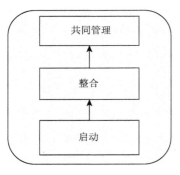

图 2-2　企业的资源配置过程

同理，移动云计算联盟的形成过程也是先初步定义有用的数据源，并选择能够提供这些数据资源的企业；再通过云计算技术形成移动云计算联盟数据资源池，对联盟内数据资源进行整合，获取多样且有效的数据；最后，设定联盟管理机构的管理和数据共享机制，实现联盟管理机构和联盟成员企业共同管理和监督，保障联盟顺利运行。

通过分析移动互联网、云计算、大数据三大产业之间的数据流动过程可知，移动大数据需要多维度、实时的大数据融合，才能最大限度地挖掘这些数据资产的潜在价值。因此，获取更大范围的移动数据，即更多优质的数据资源，成为联盟前期成立的最主要动机。资源理论主要强调企业如何能够快速、便捷地获取自己稀缺又不易获得的某些资源。例如，企业的很多无形资产，往往是企业日积月累形成的经验、信息、数据资源等，企业本身对这些无形资产评估比较模糊，但这些资产的专用性强，其他企业往往难以进行学习及模仿，移动云计算联盟能够更大限度地分享企业间移动大数据资源，成员企业通过联盟迅速获取这些能给自己带来竞争优势的关键数据资源，降低学习与使用数据资源的成本，实现数据资源价值最大化。

2.3　基于价值网理论的移动云计算联盟增值过程

在移动云计算联盟内，大量的跨地域成员依据资源共享性原则，以市场为导向，对云计算、移动互联网等领域研发资源进行整合和能力的互补。在此过程中，移动云计算联盟发展成为一种介于市场和企业之间的中间组织形式，其成员会根据自身资源及能力情况，以不同参与度非完全性地加入一个或者多个协同合作中，联盟的竞争优势已从依靠市场机制向共享环境下较低交易成本和资源共享的多渠道、多层次、多角度网络式联盟转变。本节从移动云计算联盟价值网的形成与构建视角，对移动云计算联盟的形成动因进行深入分析。

2.3.1　移动云计算联盟资源共享分析

为通过合作关系较快地促进产业整体优势的演进与形成，移动云计算联盟将产业链各成员优势资源进行有效整合与共享，提供了大量市场机遇，其依据产业整体竞争优势进行价值创造及增值的商业模式必将吸引更多成员加入其中，并在产业链的各个环节形成多种合作模式。联盟根据资源及服务的优势互补明确合作需求，加快合作速度，提高合作频率，并将其作为联盟内资源共享与服务整合进行价值创造与持续增值的主要途径。其中，大量的跨地域移动云计算联盟成员合作是基于资源共享动机的一种跨组织经济行为，联盟内共享资源在多成员间进行水平式双向或多向流动，有效发挥了产业协同合作的整体优势。资源共享主要源于移动云计算联盟成员间在价值创造及增值环节的相互合作，主要体现如下：一方面，按照联盟服务层次划分，围绕移动云服务研发项目，处于产业链各服务层次上具有节点价值的移动云计算联盟成员合作，从而形成在产业空间上彼此独立的单层次合作关系；另一方面，基于单层次合作关系，在移动云计算联盟内，每个成员既是服务提供者又是服务对象，有其自身不同的节点价值，如果成员节点价值互补，即优势资源互补，那么成员间就会建立起某些突破层次限制、跨层次发展的合作关系，而这些合作关系是通过资源共享实现的多层次交叉合作关系，也是联盟形成所必需的价值网络节点间的连接关系（沈勇，2009）。合作与资源共享在联盟内部驱动及外部市场环境的共同影响下协同演化，并在各成员间形成价值创造与协同增值的价值体系，从而形成以顾客价值为核心，以成员间合作关系为纽带，以提升联盟整体竞争实力为发展战略的移动云计算联盟价值网。同时，成员间可通过资源共享明确可选择的合作范围，帮助联盟其他成员应对不确定的环境、减少组织对其不受控制资源的依赖性，根据自身资源及能力优势在复杂多变的价值网络中重新定位。

2.3.2　移动云计算联盟合作与资源共享价值网模型

移动云计算联盟成员间同时存在的合作与资源共享的协同过程是一种以跨组织的互补性、异质性为基础，以市场机遇与需求驱动为导向，以合作提升资源利用效率，以资源共享促进合作，以及资源优化配置和动态共享的价值创造过程。同时，通过云技术和移动通信技术的支撑，使移动云计算联盟打破产业线性模式发展成非线性网络化模式，在合作与资源共享间有向选择，推动产业协同效应，实现产业战略发展目标，促进移动云计算联盟在各层次间扩大价值创造空间，推动价值创新或重构的产业协同演化与发展。因此，为把握移动云计算联盟的形成动因，探究移动云计算联盟价值创造体系，揭示移动云计算联盟的整体涌现过程，本书应用价值网模型描述移动云计算联盟的形成机理，如图 2-3 所示。

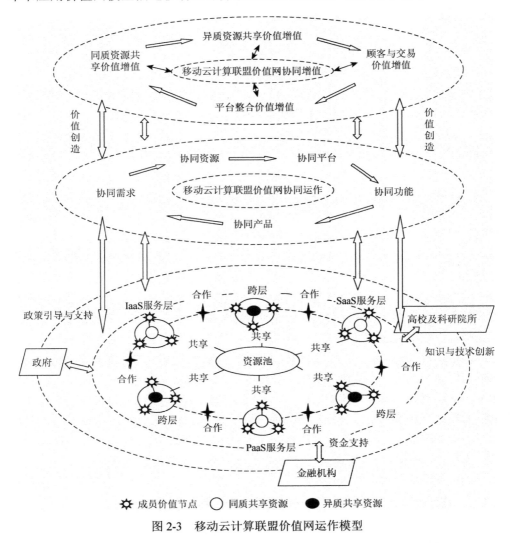

图 2-3　移动云计算联盟价值网运作模型

如图 2-3 所示，移动云计算联盟价值网中各成员的价值创造范围得到了扩展，并形成了基于合作与资源共享的移动云计算联盟价值创造效应。价值网中各主体打破原有产业链层级性维度,重构不同网络层次间关联性维度,并形成协同运作的网络效应。同时,成员个体竞争实力随着联盟整体竞争力的提升得到有效提高。此外,移动云计算联盟在资源共享与合作的双重作用下,由无序至有序不断协同演化,逐渐演变为具有开放式的复杂网络系统。价值网的组织结构、协同运作及增值是移动云计算联盟价值创造、价值增值、价值实现的核心环节,各环节紧密相关、逐层深入,成为创新移动云计算联盟商业模式的支撑体系。

1. 移动云计算联盟价值网形成

在移动云计算联盟价值网模型中,联盟内众多跨地域成员既是服务提供者又是服务对象,分散于联盟各层次结构间,并在同层次和不同层次间分别形成了可以协同运作的价值单元。随着价值单元协同效应的增强,价值单元内的移动云计算联盟成员作为联盟价值网的基本价值节点,也逐渐涌现并形成具有多种合作模式的协同运行网络,各成员间也依据自身节点价值形成复杂的动态合作关系(翟丽丽等,2016)。因此,在移动云计算联盟价值网内,产业链同层次同质价值单元内各成员可以依据市场机遇、资源共享进行具有经济效应的价值创造横向相连,形成移动云计算联盟单层次横向价值链。同时,在价值链间基于合作关系、共享中枢资源池形成跨层次异质价值单元纵向相连,进而形成移动云计算联盟纵向价值链。移动云计算联盟内横向价值链与纵向价值链相互交错,并在价值节点、价值单元合作与资源共享作用下,最终形成促进移动云计算联盟成员个体价值增值和移动云计算联盟整体价值升级的价值网(胡苏和贾云洁,2006)。其中,来自联盟外部打破地域限制的政府、高校及科研机构、金融机构等共同组成移动云计算联盟价值网的引导与支撑网络,通过对移动云计算联盟基础价值节点、价值单元的多向辅助支撑,实现创新合作连接点、技术与资源的共享、移动云计算产业政府政策的引导与支持、平台快速整合与共享、创新研发项目的开展,为移动云计算联盟价值网的协同运作提供高度保障的环境。

在移动云计算联盟价值网内,联盟内合作与资源共享具体转化为基础价值节点与价值单元间的合作与共享关系,并共同协同于横向价值链与纵向价值链上的各价值单元。其中,移动云计算联盟价值网横向价值链上各价值节点依据市场机遇与用户需求,开展同层次网络上的经济效应合作关系。在此过程中,为节约交易成本,获取更多收益,各价值节点会积极识别具有节点价值互补的成员进行交易与价格合作,各价值节点依据自身资源及能力优势共享合作所需的相关虚拟化资源,同层次网络上同质成员会通过最简便的服务与管理环节交互而予以快速配置和发布资源(林伟伟和齐德昱,2012)。此外,在合作目标日趋一致并形成快速有效的合作模式时,会吸引产业链上更多同质成员的加入,这又为移动云计算联盟横向价值链提高了市场参与率，使同质成员间技术交流、资源共享更加频繁，为建立良好的合作关系打下基础。同时，移动云计算联盟价值网内纵向价值链上各异质价值单元合作关系的形成是本着价值增值原则进行的，由于电信运营商转型、云计算技术更新速度快、研发项目丰富等多种因素，会在跨层次间形成具有高度价值增长点的异质价值单元，这些价值单元更多关注的是依靠异质资源共享与合作弥补横纵价值链的不足，以合作促进横纵中枢共享资源池的形成，淡化不同层次间异质价值单元间的差异与界限，同时依靠资源池激发更多的合作机会，有效提升联盟运行动力，营造同异质横纵价值链间的交互，保证移动云计算联盟价值网的高速运转。

2. 移动云计算联盟价值网协同运作

移动云计算联盟的形成过程有效地实现了产业价值链的价值创造，反映出价值产生的逻辑关系（张泽华，2010）。在合作过程中对移动云计算联盟内具有价值节点成员的识别会对联盟的高效运行、资源管理效率的提升产生重要的影响。通过对价值组织和创造形式的分析及对价值系统的深入认识，从宏观层面上实现识别具有优化资源的合作成员和价值创造的有效融合，以有效降低交易中的搜寻成本——用户搜寻提供商的成本和提供商搜寻用户的成本为原则，增加因交易成本大幅度降低而出现的价值创造活动，有助于成员间在价值活动过程中形成良好的经济利益关系。基于以上价值创造活动中价值网构建情况的分析，本书构建了由 IaaS 服务层、PaaS 服务层和 SaaS 服务层组成的移动云计算联盟价值网运作模型，它是成员共利互惠、价值互补的增值网络模型。此价值网模型中，电信运营商担任联盟管理者、资源整合者，实施价值网成员管理及基础设施搭建。移动云计算联盟价值网模型中成员根据自身资源优势，占据价值网模型中的有利位置，加强成员间资源共享交互合作，共同搭建移动数字化网络效应价值网模型（翟丽丽等，2017）。其中，数字化网络平台支持移动云计算联盟价值网实现成员资源共享、业务逻辑分解和业务流集成等功能，提供成员间资源、功能、产品等共享的渠道，同时保证用户需求和移动云计算联盟价值网运行的实时联动。成员间通过移动数据化价值网络共享资源信息，加强成员间合作，实时获取用户需求，选择调用增值性资源，完成联盟协同商务的创建。用户需求已然不仅是单一取向，而且是随着移动云计算联盟价值网个性化服务融合而形成的组合型新价值项目，相应的服务也变成了组合形式；移动云计算联盟价值网的形成，为成员提供了顺畅的信息沟通渠道、良好的协调机制和合理的利益分配，保证成员间的相互信任、资源共享和价值网的协同组织与运作。

3. 移动云计算联盟价值网协同增值

通过移动云计算联盟价值网的构建并基于资源共享的虚拟化协同运作，实现了移动云计算联盟内各成员价值创造活动在空间范围内的灵活延伸及转换。移动云计算联盟价值创造的核心是指联盟内各成员在价值创造活动过程中所实现的价值增值，包括在各合作关系中移动云计算联盟的基础价值节点、价值单元围绕移动云技术产品进行的基于同质资源共享创造的价值增值。同时，还包括在虚拟跨层次间由于信息服务平台整合而实现的信息、数据资源创新及基于价值网虚拟协同运作的价值增值的流程创新；基于市场需求的移动云计算联盟产业链上各成员利用自身优势，通过效用价值的增加或交易成本的降低而实现的价值增值；不同云服务平台之间基于某种合作联系通过彼此间的相互协作，实现规模效应、网络效应及价值溢出效应的开放型商业模式所产生的价值增值（翟丽丽等，2015）。在上述过程中，移动云计算联盟以合作与创造共享资源最大价值为目标，通过同层次合作、跨层次合作两个维度构成价值创造，任何一个维度的创新都可以有效拓展价值增值的空间。资源共享实现交易创新，通过降低交易费用实现价值创造；整合传统以双边或单边平台形成的网络交易平台，消除信息不对称，实现增值业务流程再造，反过来进一步强化平台的功能，降低交易成本实现价值增值，最终成为价值增值的新核心并实现移动云计算联盟价值创造体系的升级。进入云经济时代，在移动云计算联盟价值网协同运作、持续增值的基础上，用户的使用过程上升为价值创造活动的核心环节。因此，用户信息本身成为有价值的资源，在市场影响力、用户体验的认可中，移动云计算联盟依据用户需求在原有产品和服务基础上，调整产品和服务的结构并延伸出新的价值增值形式，以更好地满足用户需求，增加效用价值，实现价值获取。

　　基于上述分析可以得到，移动云计算联盟价值网是联盟内各成员实现价值创新的有效载体，是移动云计算联盟成员间合作与资源共享的基础，其中单层次价值创造环节中各成员价值节点间的合作与小范围同质资源共享是价值创造过程的核心，而跨层次多层次间的价值单元合作与资源共享是联盟价值增值过程中的重要来源。因此，移动云计算联盟各价值节点、各价值单元间的合作与资源共享相互间的协同运行，使移动云计算联盟价值网络得以有效运行，促使移动云计算联盟整体竞争优势快速提升。

2.4　移动云计算联盟合作伙伴选择

2.4.1　移动云计算联盟合作伙伴选择原则及选择过程

1. 移动云计算联盟合作伙伴选择原则

　　移动云计算联盟面临合作伙伴选择的基本问题是协调合作伙伴间的目标和期

望。合作伙伴缺乏兼容性及目标不一致可能会导致成员间冲突及机会主义行为的产生。因此，合作伙伴选择以成员间的相关性为契机，通过建立信任和承诺，减少机会主义行为的风险，形成良好合作氛围的移动云计算联盟。联盟合作伙伴选择原则如下。

（1）优势互补原则。移动云计算联盟合作伙伴选择旨在确定一个联盟的范围，以及确定每个合作伙伴的价值创造潜力。战略伙伴的优势资源和能力是联盟目标发展策略必不可少的。

（2）兼容性原则。在战略配合的情况下，合作伙伴有一个平等的资源、能力和互补的目标或者至少是不相互冲突的目标是十分必要的。不匹配的战略、结构和文化是潜在冲突，代表具有永久机会主义行为的风险。通过战略协调性，可减少潜在冲突的风险，也可确保合作伙伴拥有相同大小或平等的权利。因此，关于战略兼容最重要的一点应该是，合作伙伴以提供个人贡献的方式产生合作竞争优势。合作伙伴选择不仅要识别这些兼容潜力，还需要确保它们能充分实现。

（3）信任原则。从博弈论的角度来看，信任生成在一个多阶段的囚徒困境中，结果显示积极地通过长远利益的合作，短期机会主义行为就会最小化。因此，通过简化信息的采集，信任使决策更有效率。

（4）风险最小化原则。移动云计算联盟对成员未来的行为是不可预见的，联盟内常出现机会主义行为。因此，从战略、文化、金融等多方面考量，减少信息不对称性和促进合作伙伴之间的交流，有利于降低机会主义出现的概率。通过积极的选择来限制未来机会主义行为的风险，可减少不确定性和信息不对称性。

2. 移动云计算联盟合作伙伴选择过程

基于上述分析可知，一个标准的移动云计算联盟合作伙伴选择过程应特别注重风险和云计算的安全问题，该过程如图 2-4 所示。准备阶段主要是确定决策的先决条件，即选择一个特定的云计算环境和识别潜在的云计算联盟合作伙伴；形成阶段包含实际的合作伙伴选择和初始化的伙伴关系。

假设将一个新出现的需求作为移动云计算联盟合作伙伴过程的第一步（如新的 IT 服务的需求引发了一个新的商业机会），则这个新的需求需要记录，以分析和设计一致的业务策略，这一步也为后续行动奠定了基础。接下来，需要确定与其需求有关的风险和安全级别的服务，在此步骤中需要考虑决策者的风险态度。如果认为是相对较低安全级别，则可以进入一个开放访问云，但需要区分云计算环境是"公共云"（混合云计算）还是"云链"；如果认为是中、高安全级别，

| 阶段 | 合作伙伴选择过程 | 理论、方法 |

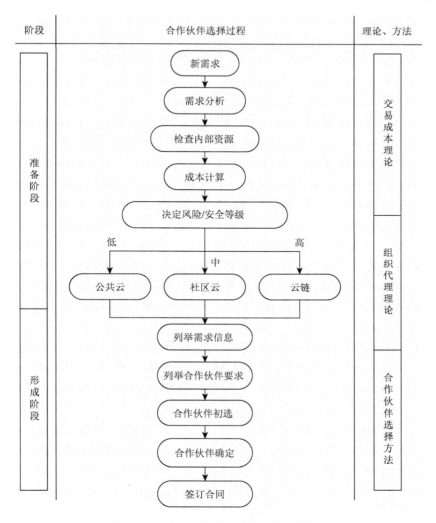

图 2-4　移动云计算联盟合作伙伴选择过程

则可以支持企业寻找现有社区云或工业云遇到的封闭流程路径访问，在识别合适的网络后，核心企业在这些网络中获取更详细的信息，以评估并建立一个排名。最后，提交请求的最佳拟合网络。如果这个网络访问被拒绝，则申请下一个最好的选择。

在准备阶段和形成阶段，核心企业分别作为最终用户和调解者。从图 2-4 中可以看出本书主要的研究重点是移动云计算联盟合作伙伴选择的形成阶段，即采用适宜的评价方法对备选企业进行评价，为移动云计算联盟选择最佳的合作伙伴。

2.4.2　移动云计算联盟合作伙伴选择指标体系构建

1. 移动云计算联盟合作伙伴选择的影响因素

一个合适的合作伙伴对成功建立一个联盟是至关重要的。如果参与者不能相互结盟，就无法激励技术改进或开拓新产品市场的能力及财务能力。相关学者从理论和实际两个方面讨论了形成战略联盟的合作伙伴选择。Hitt 等（2004）指出合作伙伴的制度环境、无形资产及技术管理能力对企业选择合作伙伴具有决策作用。在上面提到的研究，许多标准或因素一直在探索和讨论。在本书的研究中，将这些标准组织成以下四个方面，依据每个方面的属性标准来解决评估备选伙伴的适用性。

（1）企业兼容性。建立合作文化的关键是各成员合作的基础，从规模到金融资源及内部的工作环境，所有这些条件都应该具有可比性。这一标准的兼容性需考虑企业战略兼容性、企业规模、以往的合作经验、管理和组织文化及相互信任和承诺。

（2）技术能力。为找到拥有互补技术的合作伙伴，有必要进行全面考量，具体内容包括技能的检验及潜在的合作伙伴生产的产品。在本标准中，考虑的是网络信息化、产品开发和改进能力、创新和发明能力、技术应用的程度及知识产权保护。

（3）研发资源。Keith 等（1990）评论说，若联盟的一方仅关注本身尽可能多地获得，而不给予联盟合作伙伴任何回报，则合作注定失败。联盟合作伙伴不但要愿意给彼此，还必须愿意互相依赖。因此，测量潜在合作伙伴能够为联盟提供什么是必要的。这一标准的属性有研发投资强度、互补的资源（如设备或研发经验）、研发人员的数量及研发人员的质量。

（4）财务状况。为避免财政压力，测量合作伙伴财务状况的鲁棒性是很重要的。这个标准包括近五年的投资回报、债务比例和退款能力、未来的盈利能力及增长潜力。

基于以上动机和选择的标准可以构建联盟合作伙伴选择模式。图 2-5 描述了动机和标准之间的关系。本书认识到动机和标准之间的相互依存关系，标准的权重设置受到这些动机的优先级影响。此外，一些特定的标准也揭示了动机的优先级，必须认真处理递归的相互依存的关系。

2. 移动云计算联盟合作伙伴选择评价指标建立原则

随着市场竞争日趋激烈，联盟形式可以为企业带来更多的收益与价值创造，

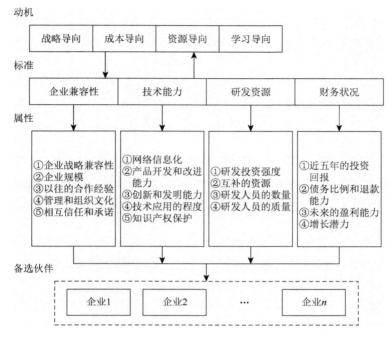

图 2-5　动机和标准之间的关系

但理论界也已经报道结盟的实际结果低于预期水平,并存在许多不成功的联盟案例。因此,决定形成联盟的状态至关重要。企业经过决策参与一个联盟,下一个关键的决定就是选择一个合适的合作伙伴。相关学者普遍认为,合作伙伴选择过程是困难的,并且对联盟的成功至关重要(翟丽丽等,2012)。为满足各成员利益最大化,综合考虑移动云计算联盟的实际运行情况,对备选企业进行公正客观的选择与评价,并保证评价的有效性,从而为移动云计算联盟合作伙伴选择提供切实可行的指导。移动云计算联盟合作伙伴选择指标建立的原则如下。

1)客观性原则

虽然无法对移动云计算联盟合作伙伴进行绝对精确的评价选择,但在构建评价指标体系时不应脱离实际,既要满足联盟对成员的客观需求,又要正确把握市场竞争环境和未来发展需要,力求评价结果更接近于客观事实。

2)全而精原则

移动云计算联盟合作伙伴选择过程显示的是从主观决策到客观选择的认知过程,影响移动云计算联盟合作伙伴选择的因素众多,因此在减少信息损失的情况下,筛选出重要的评价指标,减少大量计算的繁重程度,对保证评价结果的客观准确性显得尤为重要。

3）动态性原则

移动云计算联盟本身是一个动态的泛边界化组织，其成员企业不是固定不变的。当联盟竞争力增强，对外界企业的吸引力变大，更多的企业进入联盟，联盟对合作伙伴选择的要求随之提高。反之，当移动云计算联盟进入衰退期，大量企业离开，联盟为持续运行，会降低合作伙伴选择标准，且根据移动云计算联盟实时情况及所需成员类型，其合作伙伴选择指标会有所不同。

4）定量与定性相结合原则

移动云计算联盟合作伙伴的选择评价是一项复杂的系统工程，对于无法直接获取的指标，采用专家打分进行客观判断，能在一定程度上反映决策者的意图，结合可以具体量化的评价指标，减少人为主观判断带来的偏差，构建尽量全面而客观的移动云计算联盟合作伙伴选择评价指标体系。

基于移动云计算联盟合作伙伴选择指标体系的构建原则，通过总结归纳相关文献对移动云计算联盟合作伙伴选择评价指标的研究成果，并结合 2.4.2 节第 1 部分移动云计算联盟合作伙伴选择的影响因素分析，提出能够反映移动云计算联盟合作伙伴选择特征的重要指标，构建移动云计算联盟合作伙伴选择指标体系基本框架，如表 2-1 所示。

表 2-1　移动云计算联盟合作伙伴选择评价指标体系基本框架

目标层	一级指标	二级指标
移动云计算联盟合作伙伴选择评价初始指标	企业兼容性（corporation compatibility，CC）	企业战略兼容性（compatibility of corporation strategies，CCS）
		企业规模（symmetry of scale and scope，SSS）
		以往的合作经验（past cooperation experience，PCE）
		管理和组织文化（management and organization culture，MOC）
		相互信任和承诺（mutual trust and commitment，MTC）
	技术能力（technology capability，TC）	网络信息化（network informationization of enterprise，NIE）
		产品开发和改进能力（product development and improvement，PDI）
		创新和发明能力（capability of innovation and invention，CII）
		技术应用的程度（possible extent of skill application，ESC）
		知识产权保护（intellectual property protection，IPR）
	研发资源（resources for R&D，RD）	研发投资强度（intensity of investment in R&D，IRD）
		互补的资源（extent of complementary resources，ECR）
		研发人员的数量（number of personnel in R&D，NUP）
		研发人员的质量（quality of personnel in R&D，QUP）

续表

目标层	一级指标	二级指标
移动云计算联盟合作伙伴选择评价初始指标	财务状况（financial conditions，FC）	近五年的投资回报（return of investment in recent five years，ROI）
		债务比例和退款能力（debt ratio and refund ability，DRR）
		未来的盈利能力（profitability in the future，PRF）
		增长潜力（potential for growth，POG）

3. 移动云计算联盟合作伙伴选择评价指标体系修正

1）专家咨询问卷设计

本节所需的指标数据基本无法公开获得，因此利用调查问卷方法进行数据收集与获取。根据移动云计算联盟合作伙伴选择评价指标体系的框架设计调查问卷，主要经历以下几个阶段。

（1）以移动云计算联盟合作伙伴选择评价目标为出发点，在联盟合作伙伴选择相关文献梳理的基础上，形成初始问卷。

（2）经过哈尔滨理工大学移动云计算联盟研究课题组多次研讨，参考多位专家学者的建议，对调查问卷的语言表述、格式等方面进行修改，力求表达准确、便于理解。

（3）深入移动云计算联盟企业进行走访调研，结合移动云计算联盟服务管理人员的访谈，进一步修改并最终确定移动云计算联盟合作伙伴选择评价的调查问卷。

问卷分为两个部分：第一部分是关于被采访对象的基本信息；第二部分是移动云计算联盟合作伙伴选择评价的各项指标及打分标准。

2）样本数据整理

研究框架的测试数据通过实证研究进行收集，并且利用标准化的书面问卷进行调查。移动云计算联盟是一种新兴的企业聚合模式，由于研究对象的专业性特征，本次调查问卷的发放对象均为移动云计算联盟中的成员企业，并且位于不同地区，使其具有代表性。

调查问卷采用利克特五点标准进行评分，于 2015 年 5～12 月通过 E-mail、问卷网、面访等途径发放问卷。本次调查共发出问卷 200 份，返回 180 份，其中 20 份问卷填充不完全，有效问卷为 160 份，有效回收率 80%，样本的特点列于表 2-2。从表 2-2 中可以看出，移动云计算联盟中的企业多为成立时间较短的中小企业，且注重研发投入。

表 2-2　样本特征

特征		频数	百分比/%	累计百分比/%
职工总数/人	1～20	9	5.625	5.625
	21～40	41	25.625	31.25
	41～60	60	37.5	68.75
	61～80	39	24.375	93.125
	≥81	11	6.875	100
研发人员数量/人	1～10	5	3.125	3.125
	11～20	33	20.625	23.75
	21～30	35	21.875	45.625
	31～40	42	26.25	71.875
	≥41	45	28.125	100
企业成立时间/年	1～3	39	24.375	24.375
	4～6	65	40.625	65
	7～9	46	28.75	93.75
	≥10	10	6.25	100

调查问卷是移动云计算联盟合作伙伴选择评价的关键环节，问卷设计得是否合理，涉及评价结果的准确性与可信度，因此需要对问卷进行检验。此问卷包括两个前期测试，分别针对设计的结构和内容。

3）信度检验

针对调查问卷可靠性的检验称作信度检验，共有四种检验手段：信度系数法（Cronbach's alpha）、再测信度法（test-retest reliability）、分半信度法（split-half reliability）及复本信度法（alternate-form reliability）。其中，信度系数法为多数学者采用的信度分析方法，适用于意见式调查问卷的内部一致性程度检验。本书利用 Cronbach's alpha 的值判断移动云计算联盟合作伙伴选择调查问卷的可靠性，其值越大，表明调查问卷的设计越合理。如果 Cronbach's alpha 值大于 0.7，则说明问卷可被接受；如果 Cronbach's alpha 值小于 0.7，则说明问卷需要修正或者重新设计。

采用 SPSS 软件对移动云计算联盟合作伙伴选择调查问卷进行信度检验，结果如表 2-3～表 2-6 所示。其中，企业兼容性、研发资源、财务状况因素的 Cronbach's alpha 值大于 0.7，说明问卷设计合理，而技术能力因素的 Cronbach's alpha 值小于 0.7，表明其中条目需要重新设计。分析可知网络信息化一题表述不明确，不应包括在技术能力因素中，将其删除，并重新测定，技术能力因素的 Cronbach's alpha 值为 0.799，通过信度检验。

表 2-3　企业兼容性因素信度分析

Cronbach's alpha	N of items
0.845	5

表 2-4　技术能力因素信度分析

Cronbach's alpha	N of items
0.579	5

表 2-5　研发资源因素信度分析

Cronbach's alpha	N of items
0.874	4

表 2-6　财务状况因素信度分析

Cronbach's alpha	N of items
0.946	4

此外，对调查问卷整体进行信度检验，其 Cronbach's alpha 值为 0.858，大于 0.7，说明问卷信度良好，可被接受。

4）效度检验

效度检验，也被称作有效性检验，是指检测结果能准确反映所测量事物的程度，效度越好，则表明准确率越高，主要测度指标包括内容效度（content validity）和结构效度（construct validity）。

内容效度是指调查问卷对研究对象的适用程度，主要通过相关文献分析及领域专家鉴定等方法，对调查问卷的代表性进行检验。调查问卷的设计经历三个阶段，分别是根据相关文献梳理、参考专家学者的建议及实际调研，在最终形成调查问卷之前，已经多次修改与完善，因此可以看作本调查问卷与移动云计算联盟合作伙伴选择评价的内容基本吻合，通过内容效度检验。

结构效度检验的是实验与理论的一致性问题，通常采用探索性因子分析方法（exploratory factor analysis，EFA）进行测度。KMO（Kaiser-Meyer-Olkin）检验和巴特利特（Bartlett）检验是因子分析的主要手段，KMO 值越大，说明该样本越适合进行因子分析，当 KMO 值大于 0.5 时，说明通过检验。巴特利特球体检验的 P 值小于 0.001，说明调查问卷通过结构效度检验。移动云计算联盟合作伙伴选评价调查问卷的效度检验结果如表 2-7 所示。

表 2-7　KMO 和巴特利特检验

Kaiser-Meyer-Olkin Measure of Sampling Adequacy		0.757
Bartlett's Test of Sphericity	Approx.Chi-Square	110.813
	df	15
	Sig.	0.000

基于以上分析,移动云计算联盟合作伙伴选择评价调查问卷的 KMO 值为 0.757,大于 0.5,并且巴特利特球体检验的相应概率为 0.000,小于 0.001,说明调查问卷通过结构效度检验,具有一定的区分效度。

4. 移动云计算联盟合作伙伴选择评价体系检验与优化

移动云计算联盟合作伙伴选择评价的调查问卷主要包括企业兼容性、技术能力、研发资源和财务状况四大方面,每个方面考察的题目号分别为 1～5、6～10、11～14、15～18,将这四方面作为初始聚类中心,利用 K-means 算法,对调查问卷进行聚类分析,以检验指标分类的合理性。表 2-8 为聚类结果,可以看到聚类前后,各方面指标没有发生变化,因此移动云计算联盟合作伙伴选择评价指标的分类是合理有效的。

表 2-8　聚类分析表

类别(聚类中心)	原始类别	聚类后
企业兼容性	1, 2, 3, 4, 5	1, 2, 3, 4, 5
技术能力	6, 7, 8, 9, 10	6, 7, 8, 9, 10
研发资源	11, 12, 13, 14	11, 12, 13, 14
财务状况	15, 16, 17, 18	15, 16, 17, 18

通过对移动云计算联盟合作伙伴选择评价指标进行专家筛选、信度检验、效度检验、聚类分析和优化,删除不合理的指标,最终形成移动云计算联盟合作伙伴选择评价指标体系,如表 2-9 所示。

表 2-9　移动云计算联盟合作伙伴选择评价指标体系

目标层	一级指标	二级指标
移动云计算联盟合作伙伴选择评价初始指标	企业兼容性(CC)	企业战略兼容性(CCS)
		企业规模(SSS)
		以往的合作经验(PCE)

续表

目标层	一级指标	二级指标
移动云计算联盟合作伙伴选择评价初始指标	企业兼容性（CC）	管理和组织文化（MOC）
		相互信任和承诺（MTC）
	技术能力（TC）	产品开发和改进能力（PDI）
		创新和发明能力（CII）
		技术应用的程度（ESC）
		知识产权保护（IPR）
	研发资源（RD）	研发投资强度（IRD）
		互补的资源（ECR）
		研发人员的数量（NUP）
		研发人员的质量（QUP）
	财务状况（FC）	近五年的投资回报（ROI）
		债务比例和退款能力（DRR）
		未来的盈利能力（PRF）
		增长潜力（POG）

2.4.3　移动云计算联盟合作伙伴选择评价方法

1. 移动云计算联盟合作伙伴选择指标处理

由于移动云计算联盟合作伙伴选择评价指标的含义和计算方法不同，各个指标的量纲各异，在移动云计算联盟合作伙伴选择评价中，必须对指标进行无量纲化处理，把指标转化为无量纲的相对数，得到统一尺度的数值，把无量纲化后的指标值称为指标评价值。

指标无量纲化处理常用的方法有最大值法、极差正规化法、标准化法和均值化法等。其中，为了计算简单方便，选取最大值法对定量指标进行处理。主要步骤是用指标的每一项除以某指标的最大值，使所有指标的标准化数值在 0～1，其具体公式为

$$x_{ij} = \frac{x_{ij}}{\max\{x_{ij}\}} \tag{2-1}$$

式中，x_{ij} 为移动云计算联盟合作伙伴 i 的第 j 个指标的标准化值。

若出现一些负相关的指标，则需要进行逆化处理，即

$$x_{ij} = 1 - \frac{x_{ij}}{\max\{x_{ij}\}} \tag{2-2}$$

定性指标的赋值过程是一个主观评定过程，需要专家学者对相应的信息充分了解。这些信息可以从多种渠道获得，如行业协会、政府相关部门等。定性指标赋值后，按上述方法进行标准化处理。

2. 移动云计算联盟合作伙伴选择评价方法确定

合作伙伴的评价和选择是合作机会识别的下一个阶段，随后是合作协议安排直到合作终止。企业间合作协议取决于合作伙伴的贡献与特定的技能、能力和资源。潜在联盟合作伙伴选择决策过程的理论研究已经扩展到多维度视角，如资源基础观、以知识为基础的观点、博弈论、组织学习的视角、资源依赖的视角、交易成本经济学和公司能力本位的观点等。合作伙伴之间的信任和承诺也可以促进联盟的形成（翟丽丽等，2013）。然而，各方之间的信任不是一个成功的企业间合作的充分条件。表 2-10 总结了移动云计算联盟合作伙伴选择的研究视角和研究结论。

表 2-10　移动云计算联盟合作伙伴选择的研究视角和研究结论

作者	研究问题和目的	理论视角	研究结论
Govindan 等（2015）	论述了国际合资企业合作伙伴选择的专家系统相关应用程序	专家系统	合作伙伴选择的工具是用来形式化比较和评估可能的合作伙伴
Mikhailov（2002）	讨论了合作伙伴选择的模糊规划相关性	模糊综合评价和层次分析法	一种新颖的模糊偏好的编程方法阐述了新的临时合作伙伴选择的目的安排。在不确定性条件下选择合作伙伴的多准则决策问题
Zhao 等（2005）	应用多目标优化模型选择虚拟企业的合作伙伴	多目标优化模型	在第一阶段排除效率低下的候选人。应用泛型算法在第二阶段计算候选人的概率
Cao 等（2009）	改进合作伙伴选择模型	组合优化模型	两阶段合作伙伴选择。第一阶段研究专注于多个潜在的合作伙伴。第二阶段选择最好的合作伙伴
Geringer（1998）	讨论了合作伙伴选择工具来促进虚拟企业的形成	网络分析法	提出了多属性决策方法评估和选择合作伙伴
Chen 和 Wang（2009）	讨论了改进的模糊偏好选择合作伙伴的编程方法	模糊评价和层次分析法	模糊偏好的方法是改进决策矩阵派生出来的
Chen 等（2008）	讨论了有关战略联盟合作伙伴选择的迭代评估方法	网络分析法	考虑合作伙伴的选择相对权重需要分配有关标准
吴宪华和张列平（1998）	讨论了网络分析法可以用来选择战略联盟伙伴	网络分析法	网络分析法考虑有形和无形因素决定了合作伙伴选择

通过表 2-10 可以看出，国内外学者对移动云计算联盟合作伙伴选择评价的研究主要采用以下几种方法。

（1）层次分析法。Mikhailov（2002）应用层次分析法评估有关合作伙伴选择标准的不确定权重。首先，使用层次分析法的步骤如下：①分析问题结构；②评估局部优先级；③计算整体优先级（Saaty，1994）。其次，进行合作伙伴选择的评估（Mikhailov，2002）：第一步，构造合作伙伴选择层次结构；第二步，计算每个准则的权重，其来自两两比较矩阵；第三步，通过应用模糊偏好生成每个潜在合作伙伴相关的分数；第四步，计算所有潜在的合作伙伴整体优先级，拥有最高优先级的伙伴建议选为合作伙伴。这种方法具有简单、精确和一致性特征。Mikhailov（2002）指出该方法的缺点是，它使用精确值来估计决策者选择合作伙伴的态度和选择。

Herrera 等（2008）讨论了有关模糊偏好方法的改进，并利用 Mikhailov 的模糊偏好方法对层次分析法进行改进。他们采用决策矩阵，替代决策者意见的确切值，这种改进方法减少了两两比较的次数。值得注意的是，层次分析法很难判断考虑因素之间的关系。

（2）网络分析法。网络分析法考虑决策模型中因素之间的相互关系。Geringer（1998）将马尔可夫链的概念应用于网络分析法中，用于选择合作伙伴，并开发了五步法。第一，阐述影响因素的网络关系。选择一个合作伙伴在价值链各个环节中涉及物流、设计、制造和服务，即需要考虑四个因素，分别为成本、质量、时间和灵活性。第二，利用输入因素比较引出两两比较。第三，确定相对排名因素的两两比较矩阵。第四，计算一个超级矩阵。第五，计算选择合作伙伴相关的权重。

Chen 等（2008）强调联盟合作伙伴选择的四个标准，即企业兼容性、技术能力、研发资源和财务状况。根据建立战略联盟的动机，估计每个准则的权重，由相对权重形成最初的超级矩阵。为了表达影响联盟形成的动机和各级标准层次结构之间的相互依存关系，在接下来的阶段，对每个标准相关属性的相对重要性进行分析。最后，通过比对每一个潜在伙伴所有选定的属性，确认适宜性指数最高的伙伴为最合适的联盟合作伙伴。

吴宪华和张列平（1998）利用网络分析法对战略联盟伙伴进行选择。他们认为，合作伙伴的选择是创建成功伙伴关系最重要的阶段。吴宪华和张列平（1998）使用网络分析法评估潜在合作伙伴的有形和无形因素。应用网络分析法选择合作伙伴的复杂性在于很难估计因素之间的相互关系，决策者有时掌握的关于潜在合作伙伴的信息有限，应用优化模型可以解决后者的问题。

（3）优化模型。Zhao 等（2005）应用多目标优化模型选择合作伙伴。几个合作伙伴选择履行的子项目，必须根据时间表完成。这种方法假设的候选人是低效的，步骤如下：第一步是识别和去除效率低下的候选人；第二步是为每个参数设置值，应用一个通用的算法"成功"地计算每个可能的合作伙伴概率，成功概率最高的合作伙伴被选择履行一个子项目。

Cao 等（2009）使用一个两阶段选择组合优化模型。在第一阶段，对几个潜在的合作伙伴进行试点研究；在第二阶段，选择最佳的合作伙伴。这种两阶段选择方法可以收集潜在合作伙伴的更多信息，比单阶段选择模型更有优势。

（4）专家系统。Govindan 等（2015）提出使用专家系统选择合作伙伴。专家系统是指利用计算机辅助工具，使用一个或多个专家的知识分析来解决问题。合作伙伴专家系统采用 Geringer 的关于合作伙伴和任务相关的标准分类。合作伙伴专家系统包括两个模块，即 CEVED（candidate evaluation editor device，候选人评估编辑器）和 CEVA（candidate evaluation assessor，候选人评估者）。CEVED 用于开发一个基于合作的理论基础知识库，同时 CEVA 用于评估其他合作伙伴。专家系统有几个管理含义：第一，专家系统确立合作伙伴评价和比较的过程，并生成一个潜在合作伙伴的标准；第二，专家系统是促进学习的过程，企业家和管理者可以学习合作伙伴选择的重要标准并解决选择过程的关键问题。

基于以上分析，相关学者建议企业在选择合适的联盟合作伙伴之前首先应该找出其动机。这意味着标准的权重受动机的影响。例如，如果建立一个联盟的主要动机是获得资源技术发展，那么标准中有关研发的技术能力和资源应该比其他标准分配更大的权重；如果主要动机是面向扩展市场渗透，那么应该强调公司的标准兼容性。从相反的角度看，强调一个特定的标准也揭示了动机的优先级。例如，公司的标准兼容性与战略导向更为相关而非资源导向。因此，标准应当根据决策者的动机重点进行加权。同时，当标准的相对权重被确定时，动机的优先级必须重新核对。

应用网络分析法可处理处于动态环境中的问题，且能够处理不同层次元素之间的相互依存关系。类似于层次分析法，网络分析法涉及各种标准和属性的偏好，因此移动云计算联盟合作伙伴选择评价方法确定为网络分析法。

3. 移动云计算联盟合作伙伴选择评价过程

1）构建两两比较矩阵

网络分析法能够处理不同层次元素之间的相互依存关系，依据层次结构获得复合权重并开发"超级矩阵"。类似于层次分析法，网络分析法涉及各种标准和属性的偏好，并在每个级别进行元素的两两比较。这些两两比较的控制元件可以在层次结构中处于上层元素或下层元素。

这是网络分析法超级矩阵形成的基本要求。两两比较的元素在一个水平，控制元素在另一个层面是用矩阵形式(R)表示的。一旦两两比较完成,优先级向量 w 即被式(2-3)计算出来。

$$R_w = \lambda_{\max} w \qquad (2\text{-}3)$$

当 $\lambda_{\max}$ 为矩阵 R 的最大特征值时,w 即为 $\lambda_{\max}$ 相应的权重。随着矩阵 R 维度的增加,解决方案过程变得烦琐。有几种算法可用于求解近似向量 w(Saaty,1994),本书运用 Meade 和 Sarkis 于 1998 年设计的一个两阶段算法,用于近似向量 w 的平均归一化,表示为

$$w_i = \frac{\sum_{j=1}^{n} R_{ij} - \sum_{i=1}^{n} R_{ij}}{n} \qquad (2\text{-}4)$$

式中,R_{ij} 表示 i 和 j 之间的关系,$i, j = 1, 2, \cdots, n$,在评估过程中,偏离一致性的两两比较必须加以解决。Saaty 于 1980 年定义了一致性指数 CI,且 CI$\leqslant 0.1$。

$$CI = \frac{\lambda_{\max} - n}{n - 1} \qquad (2\text{-}5)$$

式中,$\lambda_{\max}$ 近似为 $\sum \left[\dfrac{\dfrac{(R_w)_i}{w_i}}{n} \right]$。

应用专家打分方法对指标数据进行处理,分数 1、3、5、7 和 9 分别表示漠不关心、较弱、较强烈、非常强烈和绝对最强烈。分数 2、4、6 和 8 用来方便判断它们之间的稍微不同。显然,这些数字表明价值重要的程度。

2)构建超级矩阵

首先,表达层次结构各级标准和动机之间的相互影响,形成一个超级矩阵。在本书中,强调影响联盟合作伙伴选择因素在不同群体之间的关系,并忽视同一组因素的影响。这意味着动机和标准的内在关系应该是相互独立的,可以正确选择和构建它们。

动机影响标准的权重,反之亦然,最初的超级矩阵可视为马尔可夫链的转换矩阵。转换矩阵将于很长一段时间之后收敛到一个稳定状态。

然后,分析每个标准属性的相对重要性。在具体实例中,假设标准和属性水平是单向相互依存的。

3)确定合作伙伴

通过合作伙伴评价,确定合作伙伴。每个备选企业需要评估其每个属性,这是通过对备选企业的每个属性两两比较来实现的。评估过程的结果是计算合成指数,其集成了标准和属性的权重及适用性分数计算来选择合作伙伴,该指数定义为适宜性指数 D_i:

$$D_i = \sum_{j=1}^{s} \sum_{k=1}^{k_j} p_j q_{kj} r_{lkj} \qquad (2\text{-}6)$$

式中，s 为标准的数量；k_j 为标准 j 属性的数量；p_j 为标准 j 的相对重要性；q_{kj} 为标准 j 的第 k 个属性的相对重要性；r_{lkj} 为潜在企业 l 的标准 j 的第 k 个属性的相对适用性。

适宜性指数最大的潜在企业应该选择为合作伙伴，以建立联盟。

2.5　本章小结

本章首先基于经济与产业运行视角，分析了移动云计算联盟的形成动因；然后运用资源配置理论揭示了移动云计算联盟的产生机理；最后基于价值网视角，对移动云计算联盟的形成动因进行了深入分析，从移动云计算联盟价值网形成、价值网协同运作、价值网增值三方面阐述了移动云计算联盟的增值过程。提出了移动云计算联盟合作伙伴选择的评价原则，构建了移动云计算联盟合作伙伴选择过程。通过移动云计算联盟合作伙伴选择影响因素的分析，构建了移动云计算联盟合作伙伴选择评价预选指标体系。通过对专家筛选、信度检验、效度检验、聚类分析和优化，删除不合理的指标，最终形成了移动云计算联盟合作伙伴选择指标体系。基于对联盟合作伙伴选择的评价方法分析，确定了将网络分析法作为移动云计算联盟合作伙伴选择的评价方法。

参 考 文 献

高长元，张树臣，杜鹏. 2017. 一种新型的企业间组织——高技术虚拟产业集群[M]. 北京：科学出版社.

胡苏，贾云洁. 2006. 网络经济环境下信息资产的价值计量[J]. 财会月刊（理论版），（5）：4-5.

林伟伟，齐德昱. 2012. 云计算资源调度研究综述[J]. 计算机科学，39（10）：1-6.

刘越. 2010. 云计算综述与移动云计算的应用研究[J]. 信息通信技术，4（2）：14-20.

沈勇. 2009. 数字信息资源整合策略与服务共享模式研究[D]. 吉林：吉林大学.

吴宪华，张列平. 1998. 动态联盟伙伴选择的决策方法[J]. 系统工程，16（6）：38-43.

杨新锋，刘克成. 2012. 云计算联盟体系结构建模研究[J]. 微型电脑应用，（3）：23-25.

俞庚申，赵岩. 2013. 一种基于风险管理的信息资产管理方法的研究[C]. 2012年电力通信管理暨智能电网通信技术论坛论文集：150-153.

袁磊. 2001. 战略联盟合作伙伴的选择分析[J]. 中国软科学，（9）：53-57.

翟丽丽，李楠楠，王京，等. 2013. 软件产业虚拟集群信任模糊认知时间模型研究[J]. 统计与决策，（15）：27-31.

翟丽丽，王京，何晓燕. 2015. 软件产业虚拟集群合作竞争机制[M]. 北京：科学出版社.

翟丽丽，沃强，张树臣. 2017. 大数据联盟动态网络结构演化模型研究[J]. 情报杂志，36（6）：78-85.

翟丽丽，由扬，何晓燕，等. 2016. 基于领域知识的O2O电商知识网络构建研究[J]. 情报杂志，35（10）：153-159.

翟丽丽，张琪，万鹏，等. 2012. 移动广告联盟客户满意度评价指标体系构建[J]. 科技与管理，14（3）：51-54.

张泽华. 2010. 云计算联盟建模及实现的关键技术研究[D]. 昆明：云南大学.

Bower J L. 1970. Managing the resource allocation process American[J]. Journal of Clinical Nutrition, 32（5）: 1058-1123.

Brouthers K D, Brouthers L E, Wilkinson T J. 1995. Strategic alliances: choose your partners[J]. Long Range Planning, 28（3）: 18-25.

Cao Y, Wang Y, Liang M, et al. 2009. Performance of Retransmission Partner Selection Scheme for Cooperative HARQ[C]. Beijing, China: 2009 5th International Conference on Wireless Communications, Networking and Mobile Computing: 1-4.

Chen S, Lee H, Wu Y. 2008. Applying ANP approach to partner selection for strategic alliance[J]. Management Decision, 46（3）: 449-465.

Chen Y, Wang Y. 2009. The Application of Fuzzy Analytic Hierarchical Process in Evaluation and Selection of Pipeline Route[J]. Oil & Gas Storage & Transportation, （s）: 28-31.

Chung S, Singh H, Lee K. 2000. Complementarity, status similarity and social capital as drivers of alliance formation[J]. Strategic Management Journal, 21（1）: 1-22.

Geringer J M. 1991. Strategic determinants of partner selection criteria in international joint ventures[J]. Journal of International Business Studies, 22（1）: 41-62.

Geringer J M. 1998. Selection of partners for international joint venture[J]. Business Quarterly, 53（2）: 31-36.

Govindan K, Rajendran S, Sarkis J, et al. 2015. Multi criteria decision making approaches for green supplier evaluation and selection: a literature review[J]. Journal of Cleaner Production, （98）: 66-83.

Herrera F, Herrera-Viedma E, Martinez L. 2008. A Fuzzy Linguistic Methodology to Deal With Unbalanced Linguistic Term Sets[J]. IEEE Transactions on Fuzzy Systems, 16（2）: 354-370.

Hitt M A, Ahlstrom D, Levitas E, et al. 2004. The institutional effects on strategic alliance partner selection in transition economies: China vs. Russia[J]. Organization Science, 15（2）: 173-185.

Keith J E, Jackson D W, Crosby L A. 1990. Effects of alternative type of influence strategies under different channel dependence structures[J]. Journal of Marketing, 54（3）: 30-41.

Mikhailov I. 2002. Fuzzy analytical approach to partnership selection in formation of virtual enterprise[J]. Omega, 30（5）: 393-401.

Moody D L, Walsh P. 1999. Measuring the value of information: an asset valuation approach[C]. Proceedings of the Seventh European Conference on Information Systems. Copenhagen: ECIS: 24-35.

Reed B. 2000. Defining the social network of a strategic alliances[J]. Sloan Management Review, 41（3）: 11.

Saaty T L. 1994. Highlights and critical points in the theory and application of the analytic hierarchy process[J]. European Journal of Operational Research, 74（3）: 426-447.

Zhao F, Zhang Q, Yu D, et al. 2005. A hybrid algorithm based on PSO and simulated annealing and its applications for partner selection in virtual enterprise[C]//International Conference on Advances in Intelligent Computing. Springer-Verlag: 380-389.

第3章 移动云计算联盟组织与运作模式

3.1 移动云计算联盟组织模式

在移动云计算联盟组织模式的构建过程中，联盟内各层次相关的成员如何加入联盟，各层次成员如何在价值网虚拟空间中集结成网并进行合作成员选择、资源共享、项目合作等经济活动，同时这些经济活动又是如何影响移动云计算联盟组织网络的演化结构，即如何通过构建共享资源池形成完善的移动云计算联盟组织的创新与管理模式，已成为移动云计算联盟研究的出发点和首要问题。因此，围绕上述分析，本节从移动云计算联盟组织结构的复杂网络视角揭示移动云计算联盟组织模式构建过程，通过对移动云计算联盟组织模式进行框架构建、模型仿真，为移动云计算联盟运作提供有效的组织模式与发展途径。

3.1.1 移动云计算联盟组织复杂性分析

移动云计算联盟的组织结构是构成其组织运行框架的基础，也是移动云计算联盟组织运行模式的重要支撑（翟丽丽，2004）。在移动云计算联盟组织运行过程中，其组织节点、节点连接关系、组织结构将会随时发生变化，使移动云计算联盟组织结构呈现出复杂网络的特征。

1. 移动云计算联盟组织节点复杂性

移动云计算联盟成员可突破地域限制的虚拟运作特征，使产业链上大量跨地域的电信运营商、基础设施制造商、终端制造商、基础设施服务提供商、基础设施解决方案商、集成商、平台服务提供商、平台运营商及其技术支持团队、平台服务开发商、软件服务提供商、软件开发商等均可加入其中，导致移动云计算联盟组织网络的节点类别及数量众多，且各成员除共享所需资源外，还具有相对独立性，以及高度感知和认知能力。

2. 移动云计算联盟节点连接关系复杂性

移动云计算联盟是由各节点组成的，但要构成复杂网络系统，节点间还必须有复杂的关系链条，通过这些链条紧紧地把节点连接起来。

（1）基于成员的连接。移动云计算联盟作为一个以合作关系为纽带的战略联盟，具有完整的组织系统和特定的连接渠道。联盟内部组织结构基本相同，都是由产业链上各成员构成。联盟组织结构的主要任务是联盟内各成员在政府、高校及科研机构、金融机构等支持下，围绕移动云计算产业发展核心问题，搭建联盟内部组织连接，推广各成员开展广泛产业链合作，突破产业发展核心问题，提升整体竞争实力。

（2）基于技术的连接。技术链是一个既体现交易费用同时也体现生产性技能与数据资源积累的概念。技术链宏观形成实质是网络内成员间技术衔接与缺口弥补过程，微观形成实质是云技术学习和革新过程。移动云计算联盟涉及众多技术实现，但各主体技术并不是同步发展的，存在技术势差，这使得以技术协同发展为目的的移动云计算联盟网络主体间的技术连接成为必要。

（3）基于价值链的连接。移动云计算联盟的成立有利于价值链上的成员优势互补，在网络经济日益复杂的情况下，从组织内部价值创造各环节寻找有效的提高效益的途径越发单一，这就促使各组织依据价值链规律寻求组织间的价值协作创造活动，移动云计算联盟产业链上各成员通过优势互补，求得整体收益最大化。

3. 移动云计算联盟组织结构复杂性

移动云计算联盟各成员优势资源聚集成为资源云中心，实现以更快的速度和更高的产业竞争实力，提供更被需求的产品和服务，从而提升产业整体竞争实力。究其本质，是介于市场与企业之间的一种纯竞争性中间组织。在移动云计算联盟组建过程中，其组织结构会面临如下问题。

（1）联盟结构动态可重构性。移动云计算联盟受政府政策引导，联盟内成员会发生动态进出，随着合作的深入，各层次上的成员企业具有不确定性，联盟结构随着成员的改变而发生动态改变。当联盟处于某一时刻，联盟结构相对稳定时，为适应外界环境的改变，成员会深入合作以形成具有多功能整合服务的动态结构。

（2）联盟运行与成员管理协同性。移动云计算联盟内成员除了合作关系外，还具有竞争关系，因此联盟需要良好的管理机制促进成员协同合作，形成增值效应。

（3）联盟的整体优化及稳定性。移动云计算联盟是面临众多易发复杂问题的大系统，用户的售后服务及技术支持，对联盟整体优化及稳定性至关重要。

通过上述移动云计算联盟组织节点复杂性分析、节点连接关系复杂性分析、组织结构复杂性分析可知，移动云计算联盟不仅成员种类具有复杂性，其组织结构、连接方式都具有一定程度上的复杂关系。因此，针对联盟复杂性特征，构建移动云计算联盟组织模式，确定联盟组织模式构建规则，对促进联盟发展是十分必要的。

3.1.2　移动云计算联盟组织模式构建

1. 移动云计算联盟组织模式构建规则描述

移动云计算联盟的形成过程是动态的，因而联盟组织模式的构建，可以实现联盟内成员间的合作协同效应（翟丽丽，2009）。第一，移动云计算联盟是一个允许企业依据契约关系准入和退出的开放性联盟，为完善联盟移动云产业链发展，联盟内会形成成员动态进入和退出，并且在联盟合作过程中成员会根据自身需要，与其他不同成员进行资源共享或合作，所以其组织模式构建需遵循一定规则，以确保联盟稳定运行。第二，当联盟内合作环境发生改变时，成员会调整合作动机与方向，可能随着复杂性的提高，系统协调的要求也越高，所以联盟成员为了更好地应对合作环境的改变，在某种程度上打破原有合作关系，基于择优选择角度重新建立合作关系，进一步发挥协同效应。因此，移动云计算联盟组织网络内成员间的合作关系会随着合作环境的改变而相应改变，联盟成员间的合作关系具有不确定性。第三，基于资源共享，移动云计算联盟成员间会形成合作关系，此时联盟组织网络逐渐演变为复杂网络，且其复杂网络具有一定的组织特性，并通过联盟内成员相互之间的合作关系，为联盟带来更多利益，同时提升联盟整体竞争优势（翟丽丽，2009）。在此过程中，联盟组织模式将会有所改变，从而产生联盟的有序时空结构和功能，使移动云计算联盟组织模式具有多样性发展的可能。本节通过以上分析，提取出移动云计算联盟组织模式构建的三种基本规则。

1）共享规则

移动云计算联盟成员打破组织界限和地域限制，依据资源优势互补形成价值网，在价值网资源共享过程中形成合作关系，有效整合移动云计算联盟虚拟网络中分散的资源，同时依托各层次网络价值互补点可以促进层次间的合作关系建立，有效鼓励各成员积极共享资源，为联盟的良好运行提供规则保障。

2）择优连接规则

移动云计算联盟成员加入联盟后，基于各层次属性，会主动识别层内共享资源，从众多可提供共享资源的成员中选择最具优势互补的成员进行合作，从而建立合作关系，基于择优连接进行资源优势互补，并根据反馈寻找到资源提供商，在二者之间建立起二次合作或多次合作的共享关系。

3）增长规则

随着联盟成员逐渐增多，成员间的合作关系也会发生改变，当已形成合作关系的成员不能满足彼此间的价值需求时（翟丽丽，2012），双方将会解除合作关系，并会与其他成员建立合作关系，不断涌现新价值增长点，这使得移动云计算联盟组织网络关系连接边的数量显著增多，呈现自增长范式运动。

在共享与择优连接规则限定下，移动云计算联盟网络内大量成员彼此间具有连接关系并成为移动云计算联盟组织网络的主要构成节点。移动云计算联盟组织网络主要由这些节点成员构成，且成员对联盟组织模型的形成具有重要作用。同时，移动云计算联盟组织模式构建规则中的共享规则、增长规则影响层次间的成员合作共享关系，其组织结构随合作关系随时发生动态变化。在移动云计算联盟组织模式构建的各规则共同作用下，移动云计算联盟将形成一定的组织结构。

2. 基于复杂网络的移动云计算联盟组织结构构建

为了构建移动云计算联盟组织网络运行模型，本书以复杂网络理论及小世界网络、无标度网络特性为基础，构建移动云计算联盟择优连接复杂网络模型（汪小帆和李翔，2006）。移动云计算联盟以资源共享为原则，追求成员利益最大化是联盟产生、发展的源动力，提升产业整体竞争实力是动态提高联盟竞争力的有效手段，进而提高资源的利用效率，这是联盟形成的直接原因。因此，可以构建基于小世界网络、无标度网络刻画移动云计算联盟一般理论模型。

根据帕累托优化理论，移动云计算联盟是基于联盟建立一个共享的增长连接规则，以提高每个成员的利益增长为目标，这有利于经济利益的形成及结构变动和调整，并提高了网络整体功能，使所有可能的业务合作在联盟环境下实现利润最大化。虽然网络结构有一定的规律可循，但也有随机的概率，故不能使用标准的规则或随机的网络来解释该联盟。因此，基于该分析框架，无标度网络中的联盟模式和优化管理结构具有一定优势。本书依据移动云计算联盟组织网络实际运行原理，对原有小世界网络、无标度网络进行适当扩展：根据移动云计算联盟组织网络运行所秉承的共享规则与择优连接规则，在移动云计算联盟组织网络运行模型中引入成员间资源共享系数这一参数，以弥补原有模型中缺少考虑节点自身竞争力对新连接边建立的吸引度不足等问题。联盟新共享成员的加入，体现了移动云计算联盟组织网络运行择优连接与增长双规则导向，随着共享成员的增多，打破原有两共享成员间线性连接边，自发建立多成员间多向共享连接边，进而描绘移动云计算联盟组织网络运行发展趋势。具体算法如下。

步骤 1：联盟初始状态设为 $T=0$，此时，联盟内应该有 $s_0(s_0>3)$ 个成员节点，且节点的度和为 k_{s_0}。

步骤 2：根据择优连接规则，成员节点在层次内寻找共享成员，与层次内 $s(s \leqslant s_0,$

$s > 0$) 个不同的成员节点建立共享连接，产生 s 条新共享连接边，且成员与共享成员 m 间的择优连接概率 $\Pi(k_m)$ 与共享成员 m 的度 k_m，以及共享成员 m 所提供的资源共享系数 i_m 相关，即

$$\Pi(k_m) = \frac{k_m + i_m}{\sum\limits_{j}(k_j + i_j)} \tag{3-1}$$

式中，k_m 为共享成员 m 的度；i_m 为共享成员 m 的资源共享系数；$\sum\limits_{j}(k_j + i_j)$ 为联盟内其余共享成员的度数与资源共享系数之和。

步骤 3：当联盟内有新成员加入时，网络中再建立 $v(v \geq 0)$ 条共享连接边，新连接边的两个共享成员均可以式（3-1）中所示的择优概率 $\Pi(k_m)$ 被选择。

步骤 4：网络中 $l(l \geq 0)$ 条已建立共享连接边随着共享成员 m 数量的不断增加，共享连接边上的节点数量将增多，连接共享边的两个共享节点将以概率的形式被选择，共享成员 m 成为新共享连接端点的概率为

$$\Pi(k_m)_* = \frac{1 - \Pi(k_m)}{K(T) - 1} \tag{3-2}$$

式中，$K(T)$ 为在 T 时刻移动云计算联盟组织网络内所有节点的数量，即 $K(T) = s_0 + T$，网络总度数 $\sum k = k_{s_0} + \sum i + 2(s + v - l)T$，且 $\sum\limits_{m}\Pi(k_m)_* = 1$。

步骤 5：在步骤 1 的初始状态下，移动云计算联盟组织网络会进入步骤 2～4 的循环运行状态，直到达成联盟稳定状态，即联盟网络结构自组织稳定演化。

3. 移动云计算联盟组织结构求解

本书基于复杂网络理论，对移动云计算联盟组织模型求解，以求得移动云计算联盟组织结构。需推导出移动云计算联盟组织网络度的分布表达式，讨论联盟网络幂指数取值范围，以此证明移动云计算联盟的复杂网络特性，即符合小世界网络、无标度网络特性。此时联盟组织模型中的网络度分布是指存在于联盟组织网络内的成员节点概率 $P(k)$，其中 k 代表共享连接边的条数。在基于共享规则、择优连接规则、增长规则的联盟组织结构构建过程中，增加一个新的节点，择优概率与原节点间产生新边，并且择优概率与节点的度及节点自身的资源贡献系数相关，即

$$\frac{\partial k_m}{\partial T} = s\Pi(k_m) \tag{3-3}$$

当网络中增加新的共享连接边时，

$$\frac{\partial k_m}{\partial T} = v[\Pi(k_m) + \sum \Pi(k_j)\Pi(k_i)] \tag{3-4}$$

当网络中已建立 l 条共享连接边时，连接边的两个端点节点均以概率的形式被选择，即

$$\frac{\partial k_m}{\partial T} = -l[\Pi(k_m)_* + \sum \Pi(k_j)_* \Pi(k_i)_*] \qquad (3\text{-}5)$$

在 T 时刻，网络节点度的变化率可表示为

$$\frac{\partial k_m}{\partial T} = s\,\Pi(k_m) + v[\Pi(k_m) + \sum \Pi(k_j)\Pi(k_m)]$$
$$- l[\Pi(k_m) + \sum \Pi(k_j)_* \Pi(k_i)_*] \qquad (3\text{-}6)$$

当 $T = T_m$ 时，移动云计算联盟新网络成员的度 $k_m(T_m) = s + i_m$，其中，i_m 为该新网络成员节点的资源共享系数，假设用 $[i]$ 表示网络内成员各节点资源共享系数 i 的数学期望，当 T 发展到足够大时，即

$$Tk(T) - 1 = s_0 + T - 1 \approx T$$
$$\sum_j k_j = k_{s_0} + 2(s + v - l)T + \sum j_m[i] \approx 2(s + v - l)T + [i]T \qquad (3\text{-}7)$$

移动云计算联盟组织网络运行动力学方程即可简化为

$$s\,\Pi(k_m) + v\{2\,\Pi(k_m) - [\Pi(k_i)]^2\} - l\left\{\frac{2[1 - \Pi(k_m)]}{T} - \frac{[1 - \Pi(k_m)]^2}{T^2}\right\}$$
$$= \frac{(s + 2v)(k_m + i_m)}{2(s + v - l) + [i]T} - \frac{2l}{T} \qquad (3\text{-}8)$$

对移动云计算联盟组织网络运行动力学方程求解得

$$k_m(T) = A\left(\frac{T}{T_i}\right)^{\alpha} - A + s + i_m \qquad (3\text{-}9)$$

式中，A 为单位矩阵。由 $k_m(T)$ 表达式可知所有节点按照共享方式运行，即都是以幂指数为 α 的幂函数形式增加，并在 T 足够大时达到度分布遵循幂律的稳定运行状态。由上述分析可知，在 T_m 时刻加入网络的节点在 T 时刻的度 $k_m(T)$ 小于 k 的概率表达式如下：

$$P[k_m(T) < k] = P\left[T_m > T\left(\frac{A}{k + A - m - i_m}\right)^{\frac{1}{\alpha}}\right]$$
$$= 1 - P\left[T_m \leqslant T\left(\frac{A}{k + A - s - i_m}\right)^{\frac{1}{\alpha}}\right] \qquad (3\text{-}10)$$

联盟在组织结构形成过程中，每一个时间点内有且仅有一个节点加入网络，因此 T_m 服从均匀分布，其概率密度为

$$P(T_m) = \frac{1}{s_0 + T} \tag{3-11}$$

$$P[k_m(T) < k] = 1 - \frac{T}{s_0 + T}\left(\frac{A}{k + A - s - i_m}\right)^{\frac{1}{\alpha}} \tag{3-12}$$

由此得到节点 m 在 T_m 时刻网络节点度的分布律为

$$P(k) = \frac{\partial P[k_m(T) < k]}{\partial k} = \frac{T}{s_0 + T}\frac{1}{\alpha}A^{\frac{1}{\alpha}}(k + A - s - i_s)^{\frac{1}{\alpha}-1} \tag{3-13}$$

当 T 足够大时,即联盟逐渐发展过程中,对 T 求极限,有

$$P(k) \to \frac{1}{\alpha}A^{\frac{1}{\alpha}}(k + A - s - i_m)^{-\gamma}$$

$$\gamma = 1 + \frac{1}{\alpha} = \frac{3s + 4v - 2l + [i]}{s + 2v} \tag{3-14}$$

由上述分析推导可知,移动云计算联盟组织网络度的分布 $P(k)$ 具有幂率特征,由移动云计算联盟共享择优连接规则形成的网络将自组织运行成一个度分布指数为 γ 的增长型复杂网络。由移动云计算联盟组织结构求解算法描述可知,$s > 0$,$v \geq 0$,$l \geq 0$,移动云计算联盟组织结构又是一个自组织增长的开放演化网络,网络内节点数量及节点间共享连接边的数量逐渐递增,$s + v > l$,且 $0 < \alpha < 1$,$2 < \gamma \leq 3$。因此,移动云计算联盟运行网络的参数包括幂指数 γ 的取值范围与许多实际网络的参数和幂指数取值范围吻合贴近,证毕。

4. 移动云计算联盟组织结构

随着移动云计算联盟的形成及演化,联盟内成员逐渐增多,产业链发展逐步完善,移动云计算联盟组织结构越来越复杂,但也越发清晰,通过对移动云计算联盟组织结构的构建,可宏观呈现成员资源共享过程,同时也对提高联盟资源共享效率具有重要意义。移动云计算联盟价值网络内成员间不断涌现的经济活动价值创造,以及具有的新价值增值关系,将催生出时间与空间维度上的移动云计算联盟组织结构的形态变化,这些变化动态的影响反映在联盟组织结构及各主体成员行为趋势上。因此,在移动云计算联盟成员组成的复杂网络中,各成员如何突破组织界限和地域限制所形成的联盟组织结构是本书所要研究的重点。基于此,本书将构建联盟组织结构,且其组织结构符合联盟价值网运行的需要。本书提出,移动云计算联盟成员跨越地域限制形成复杂组织网络,其中各成员节点间的相互作用行为是以价值网运作行为为核心,在进一步推动移动云计算联盟有效运行的过程中,各网络节点间的同层节点资源共享与合作、

跨层节点资源共享与合作是移动云计算联盟价值网形成动因中资源共享与经济合作的具体展开方式。

其中，联盟内资源共享与经济合作的具体过程如下。

1）同层节点资源共享与合作

资源依赖理论中明确阐述了企业在成长阶段不具备完善的资源，因此，任何一个企业都不具备形成完整优势资源的能力，此时，需要通过借助开源环境以吸收其他企业所提供的资源，从而与其他成员建立良好的合作共享关系，接受来自对方的资源帮助，互利互惠，实现资源共享。其中，资源的共享程度决定了双方合作的持续性与稳定性。同时，基于资源共享理念，联盟内成员会根据自身所需资源的种类、数量及性质在同层次或者不同层次间，寻求 IaaS、PaaS、SaaS 三层次上的虚拟化资源，其中 IaaS 服务层成员依据合作需要共享 IaaS 服务层基础设施虚拟化资源，PaaS 服务层成员依据合作需要共享 PaaS 服务层平台虚拟化资源，SaaS 服务层成员依据合作需要共享 SaaS 服务层软件类虚拟化资源。各网络节点共享同层资源所形成的优势，决定了其所在层次在移动云计算联盟中的核心竞争力。所以，移动云计算联盟组织网络各层次中成员根据自身及同层次合作成员的资源需求、优势，在同层次间跨地域寻找合作伙伴，建立同层次合作关系，使同层次上资源充分利用，节约合作成本，实现同层次同质成员共同发展。同层次上成员的资源共享与合作关系，是联盟组织结构形成的基本影响因素；在日益复杂的组织结构中，根据成员需要，跨层节点资源共享与合作是组织结构变化的重要因素。

2）跨层节点资源共享与合作

移动云计算联盟网络内成员依据资源依赖关系，既相互独立又彼此互补，以多种虚拟化合作形式，参与移动云计算联盟专业分工的虚拟运作，维持着长期的交易与合作关系。根据所需资源的重要性及跨层性，网络节点在移动云计算联盟共享池内选择合作伙伴，合作伙伴所提供的资源除了具有优势互补性外，还要与网络节点成员的资源形成价值互补，从而形成一定的资源共享效应，即各成员节点价值增长。但随着产业链逐渐完善，联盟内成员越来越多，会出现成员资源竞争现象，即多个成员共需同一资源。此时，为了使联盟获取最大创造价值，依据成员自身资源及能力情况，采取以不同参与度非完全性地加入一个或者多个跨层合作，使原有节点间的合作关系缩小范围，扩大了合作成员的覆盖范围。随着成员共享跨层资源的动态演化，联盟组织结构会随之改变，当联盟成员共享资源合作达到稳定状态时，联盟的组织结构不再杂乱无章，而是具有一定结构形态的复杂网络，此时，联盟组织形态相对竞合平衡，联盟组织结构稳定。因此，联盟成员跨层次资源共享是联盟组织结构形成的一大动力因素。

通过对移动云计算联盟资源共享与经济合作具体过程的分析，明晰了组织结构构建的初衷，使联盟网络获得演化为复杂网络的源动力。因此，在上述分析基础之上，本书构建了移动云计算联盟组织结构模型。

如图 3-1 所示，联盟各层次成员跨越组织边界和地域限制，基于契约关系，申请加入联盟，通过联盟内公共云服务平台，了解其他成员的资源信息，在联盟资源共享云中心内识别成员，建立资源共享合作，促使联盟不同层次间合作及资源共享，保证联盟组织网络虚拟化运作。其中，跨地域的成员在移动云计算联盟所属层次申请加入移动云计算联盟；成员经过审核成为移动云计算联盟的正式成员，并在移动云计算联盟所属层次共享池内识别所需资源，通过服务平台寻找并反馈给资源提供商，进而择优寻找合作伙伴，初步建立起彼此间的共享关系，随着联盟新成员的加入，联盟内会以新成员为核心点建立多重合作关系边；移动云计算联盟建立了成员之间的合作关系，并建立了连接移动云计算联盟新成员组织网络节点之间的新关系，即旧合作关系被新合作关系覆盖；移动云计算联盟成员间通过同层同质资源共享而形成合作关系；移动云计算联盟成员间、层与层间、

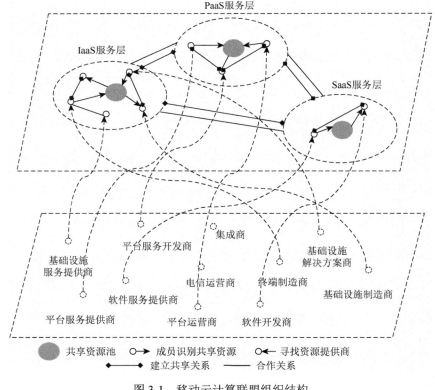

图 3-1 移动云计算联盟组织结构

层与中枢共享池间均存在资源共享的合作关系，这使原有的移动云计算联盟成员间合作关系范围缩小，同时促使更多跨层次成员积极加入，由此将引发移动云计算联盟组织网络成员节点间关系连接边重组，实现了基于中枢共享资源池的跨层次合作。由以上分析可知，移动云计算联盟组织结构受成员资源共享和合作方式的影响，当成员资源共享关系或者合作关系发生改变时，联盟组织结构也发生相应的改变。因此，通过对移动云计算联盟组织结构的构建，可宏观呈现成员资源共享过程，同时也对提高联盟资源共享效率具有重要意义。

3.2　移动云计算联盟 IaaS 运作模式

3.2.1　IaaS 业务特征分析

（1）租用服务。IaaS 资源及服务模式有别于传统电信运营商所提供的服务模式，当用户需要 IaaS 资源及服务时，只需租用资源及服务即可，而不用购买，这也是 IaaS 与 PaaS、SaaS 的不同之处（杨金花，2012）。此时，电信运营商的联盟角色将会发生改变，其不仅是服务提供商，还是服务对象，这是因为移动泛互联网情形下，电信运营商除部署自身的基础设施资源及服务外，也可通过网络获得其他运营商的各种云服务，以借鉴和丰富自身的 IaaS 资源及服务种类。

（2）接入网络获得服务。联盟成员和用户都可以是 IaaS 的服务对象，若要获得服务，需要接入网络，但有所区分。当基础设施服务对象为联盟成员时，成员只需借助内部网络整合弹性资源即可，而不需接外网；当基础设施服务对象为外部用户时，用户只有接入无线网络或者移动网络才可获得。

（3）提供自需服务选择。提供自需服务选择是指用户可通过移动终端网络接入所需服务界面，可以自定义和配置资源类型，访问所需资源，在网上进行支付，并能像查询流量一样随时查询资源消耗及剩余，以及需付费多少。

（4）按需计费。用户计费的形式不再是一成不变，而是根据所需在多种计费方式中选择，但所有的计费方式都是根据用户所需而计费。例如，可以按使用时间计费，如按小时、月、季度、年收费；还可以按所需资源的种类及数量计费。但无论是何种计费方式，都将达到协议中的服务内容和质量保证，以确保达到行业服务标准（杨新锋和刘克成，2012）。同时，IaaS 运营商应向用户提供反馈功能，如服务满意程度调查，使服务得以调度和改进。

3.2.2　IaaS 基本抽象模型

移动云计算联盟所提供的基础设施服务过程，实质是基础设施资源从动态资

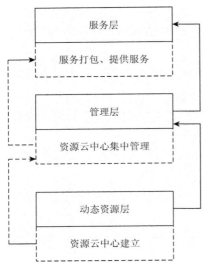

图 3-2　IaaS 的基本抽象模型

源层到管理层再到服务层的实现过程。所以，此过程可以抽象为一个基本概念模型，如图 3-2 所示。在 IaaS 的基本抽象模型中，实施服务过程的第一步是对资源进行集中管理，即在联盟中建立一个动态的资源云中心，实现资源的动态管理。第二步是管理层运行，即对云中心的资源进行集中管理，包括对各类资源的调度、负载均衡测量等。第三步是由管理层过渡到服务层，即实现资源的真正服务化，资源进行管理后打包成各类服务包，用户可通过网络接入及标准的服务接口，在提供商提供的服务目录中进行统一访问和选择。

针对 IaaS 的基本抽象模型移动云计算联盟需要考虑：资源类型是同构还是异构。在联盟资源层的动态管理过程中，不容忽视的因素是资源类型是同构还是异构的，IaaS 的基本抽象模型中，各层次彼此独立，动态虚拟资源云中心存储了大量的资源，这些资源有的是同构的，即由同一层次成员提供，有的是异构的，即由联盟内跨层次成员提供。因此，在资源存储过程中应充分考虑资源的性质，明确资源同构还是异构情况后，对资源动态管理具有重要意义，同时，也可更好地适应不同类型的业务服务需要。

3.2.3　IaaS 运作流程

在 IaaS 的运作过程中，通过使用资源云中心、资源管理等方式，可迅速地将资源打包成各类服务提供给用户，为用户提供一种自助服务形式。尤其当资源云中心形成规模效应，随着服务的交付完成，资源服务将会形成统一的标准。IaaS 运作流程是基于抽象模型，协同资源层、虚拟化层、管理层和服务层四层结构整体运作，如图 3-3 所示。

（1）资源层。资源层位于整个运作流程的最底部，资源层的核心是资源云中心，如图 3-4 所示。资源云中心集中了联盟内所有成员提供的资源，包括基础设施、移动数据中心、数据存储设备、服务器、网络设备等各类资源，这些资源虽然来自不同成员，但彼此间不是相互独立的，而是基于各类云服务的需要，在资源云中心动态组合，共同组建某一云服务，如提供公有云服务、私有云服务、混合云服务。因此，资源层中的所有资源将以池化的概念出现，汇聚在资源云中心，并为上层虚拟化层运作提供基础设施支持，最终为虚拟化层运作提供支持。

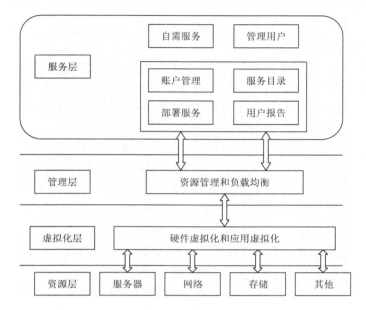

图 3-3 IaaS 资源及服务运作流程

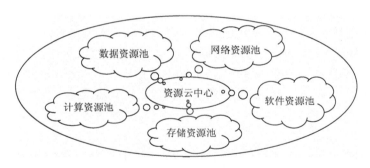

图 3-4 IaaS 资源池

（2）虚拟化层。虚拟化层位于资源层的上一层，虚拟化层的作用是对资源层中的资源进行"加工"，即在资源层中挑选适合服务的资源，打包成各类用户所需的资源服务，类似于虚拟机的作用。虚拟化层中会应用到许多虚拟化技术，技术的支撑是虚拟化层良好运作的前提，由于虚拟化的作用，不同规模的资源被灵活地部署、调动成动态易扩展的计算资源。因此，在提供服务之前，IaaS 基础设施运营和维护、管理虚拟化平台是必不可少的，且需要有效进入管理层，虚拟化层中的硬件及应用需要管理层进行资源负载均衡管理，以免出现资源调控紊乱。

（3）管理层。在资源进行虚拟化层的"加工"后，会来到管理层，管理层的作用主要是对经过虚拟化的资源实行统一管理，如对各类虚拟化资源进行有效调度、组合。此外，还包括对资源的负载均衡管理，使资源能最大限度地发挥其效用价值，为服务层运作提供支持。

（4）服务层。服务层是整个运作流程的最顶端，也是最接近用户的位置，资源层、虚拟化层、管理层共同作用于服务层，同时，服务层又根据用户需求，有效反馈并指导各层运作。在经过资源层动态集中各类资源，虚拟化层采用虚拟化技术"加工"各类资源，管理层实现资源动态管理及负载均衡后，最终，都需要为用户提供一个统一的服务接口或界面，即用户能在服务目录中自主选择服务项目，同时用户报告也会反馈给各层，使各层重新部署服务，以更符合用户需要。

3.3　移动云计算联盟 PaaS 运作模式

3.3.1　PaaS 业务服务分析

随着 IaaS 运作模式的日趋完善，整个云服务环境所涉服务流程和运作管理逐步从技术研究渗透到应用市场，建立在一个广泛而复杂的网状系统中。因此，要对整个云服务系统进行梳理，清楚 PaaS、SaaS 各运作流程和交互方式，建立运作模型，以期帮助联盟观察云服务市场运作状况和改善目标。

PaaS 业务是联盟中重要的业务部分，因为其承载着 IaaS、SaaS 业务，起着承上启下的支撑作用；PaaS 对发展 SaaS 至关重要，因为 SaaS 需在 PaaS 层部署满足用户个性化需要的应用程序开发；PaaS 层的技术和开发水平是影响联盟业务发展的重要因素。因此，要对 PaaS 承载着的移动云计算联盟业务服务进行分析，为了对联盟建立统一的服务标准，必要时需交换提供商的角色，并将联盟内重要的开发类业务整合到平台上进行。

PaaS 通过连接 IaaS、SaaS 业务，可实现各业务间的快速有效整合。在提供业务服务的过程中，不断建设和改进，依靠平台实现联盟整体业务系统部署。联盟的 PaaS 业务服务是指在平台上实现业务服务。PaaS 服务特性既具有按需服务理念，同时也有其独特的服务特性。PaaS 业务服务流程如图 3-5 所示。其中，业务服务的类型包括两种方式：一是业务部署。业务部署是指基于 IaaS 资源管理及运作流程，将服务层提供的云服务进行部署，部署为满足用户需求的私有云、公有云、混合云，向用户提供不同的云环境服务。公有云相对于私有云，由第三方（如供应商或服务提供商）提供并完全由其管理；私有云服务偏向于个性化服务方向，服务对象是单独的个体，服务提供商根据用户个性化需要，部署"云"并负责安全管理，所以成本相对较高，但却较安全；混合云作为一种组织共享，用于支持业务目标，可以由组织本身或者第三方供应商管理，从某种程度上可以视作私有云与公有云的交叉融合，经过资源管理与调度后实现平台接入，并依靠平台运营支撑统一管理与服务。二是业务运行。业务运行特指业务服务在运行调用过程中的具体运作过程，然后，一个业务服务由多个业务服务过程组成。通过业务运作过程中的部署业务，可实现各类云服务平台建设。首先，将业务服务看作提高联盟核心能力的重要环节，逐步实现由依赖提供商转变为联盟自供，加强了对联盟平台的管控和整合力度；然后，通过构建统一数据库，并基于此进行业务服务的供应，初步实现数据、资源、服务、功能四类平台一体化建设；最后，提高业务部署效率，有效缩短业务系统开发周期，减轻业务系统建设成本压力，进而促进 SaaS 运作过程中协同效应、增值服务、收入源重构、规模经济良性循环发展。

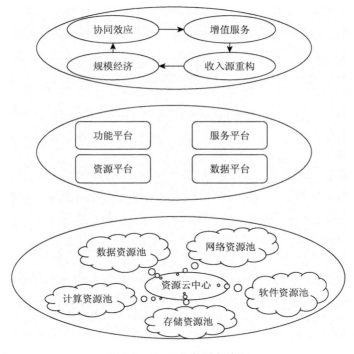

图 3-5　PaaS 业务服务流程

3.3.2　PaaS 业务系统运作分析

1. PaaS 业务系统运作要素

PaaS 业务系统运作从独立的成员活动管理转变为基于平台的关键业务流程管理，是云服务成功运作的前提。PaaS 业务系统运作要素是针对关键业务流程的管理活动，根据云服务的集成与传递过程，可以得到一个相应的运作要素框架，主要包括需求驱动运作、服务提供运作、客户关系运作、能力与资源运作、提供商关系运作、服务质量运作、信息流与技术运作，如图 3-6 所示。

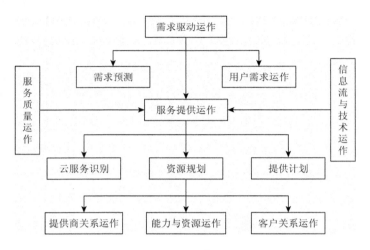

图 3-6　PaaS 业务系统运作要素

1）需求驱动运作

PaaS 业务系统运作是由云服务需求驱动的，需求驱动运作是云服务业务系统管理最基本的运作环节，一切运作的核心来自需求驱动，其他各运作环节都依靠需求驱动指明方向。需求驱动运作则提供了一个匹配和平衡用户需求与云服务能力的过程，两者相辅相成。

2）服务提供运作

联盟以客户需求为基本出发点，寻找组建满足客户需求的服务，针对具体服务提供个性化云服务，制定服务提供流程，并在组织内实施。服务提供运作包含云服务识别、资源规划、提供计划等步骤，贯穿于服务提供运作始终。

3）客户关系运作

客户价值是触发联盟价值网络有效运转的源点，培养良好客户关系不仅能为联盟带来市场利益，同时，作为良好商业策略还可为联盟减轻成本压力，对塑造联盟品牌形象具有重要作用，使得客户资源得到有效保障。

4）能力与资源运作

能力与资源运作是云服务业务资源规划中的重要环节，只有资源与能力实现良好的匹配，才能为用户提供最优服务。能力与资源运作是实现资源最优配置的过程，因此联盟内的能力与资源需要具有良好的匹配性才能实现既定目标。

5）提供商关系运作

提供商关系运作有着与客户关系运作不相上下的重要作用，在确保客户关系良好运作的同时，需关注提供商之间的运作关系，因为提供商的关系是决定资源共享程度及业务往来的关键，在依靠联盟有效降低交易成本后，提供商关系起到连接客户与服务关系的枢纽作用。其宗旨是密切联系提供商合作成员，保证资源共享。

6）服务质量运作

服务质量运作是云服务业务管理的先决条件，初期需完善云服务质量及管理流程，加强用户黏性，联盟作为介于市场和企业之间的中间组织，为用户提供不止一次的交易服务，在长期的合作关系中，服务质量运作决定了联盟与用户间的多次合作，因此需重视整个云服务业务的全面质量管理。

7）信息流与技术运作

信息流与技术运作是将云服务业务不同流程集成在一个通用的信息框架中，构建统一业务标准和信息规范体系，实现业务数据保真、安全存储。在业务系统运作中，信息流与技术为需求驱动、客户关系、提供商关系、服务质量等提供有效信息、技术支撑，是联盟十分重视的运作环节，以免造成联盟信息不对称及技术缺口（翟丽丽等，2015）。

2. PaaS 业务系统运作过程

通过以上对 PaaS 业务系统运作要素的分析，本书提炼出了 PaaS 业务系统运作过程流程图，如图 3-7 所示，联盟业务运作从用户的云服务请求开始，纵向传达给云平台提供商进行需求与能力评估，横向连接业务合作成员，实现云平台接口无缝连接。业务合作成员也纵向连接云平台提供商，进行需求与能力评估。后交由另一方云平台提供商进行设计与计划，依次展开云平台提供商的提供商选择管理、用户管理，同时实现提供商资源、技术服务，后台资源、技术服务，用户信息、资源融合。最后后台交给前台集成传递云服务，实现最终的用户评价云服务业务环节。在整个业务运作过程中，云信息存储、云信息分析、云信息共享贯穿始末，是每个环节都不能忽视的重要过程。PaaS 业务系统的运作是协同 IaaS、SaaS 成员跨层次运作，覆盖了从成员到用户的全部管理过程。随着移动云市场业务发展多元化，业务运作过程所涉及的资源和平台不断增加，对其运作管理也更加复杂（刘万军等，2011）。因此，PaaS 业务系统运作是移动云计算联盟运作模式构建的核心问题，同时，PaaS 业务系统的运作过程对 PaaS 业务流程再造具有重要的反馈作用。

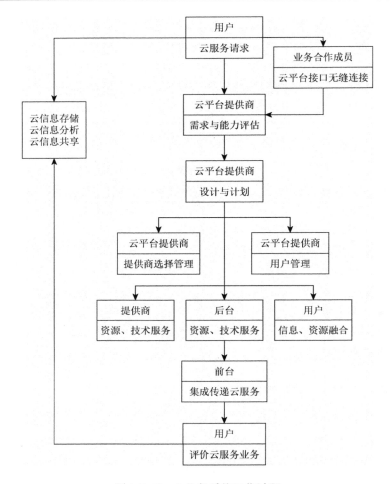

图 3-7　PaaS 业务系统运作过程

3.3.3　PaaS 业务系统运作模型

　　基于 3.3.2 节对 PaaS 业务系统运作要素及过程的深入分析，本节在此基础上构建了 PaaS 业务系统运作模型，形象地描述了各业务系统运作要素间的动态交叉。如图 3-8 所示，在 PaaS 业务运作中，云服务业务需要根据用户需求进行创建，用户需求的良好匹配度决定了云服务业务质量，在此过程中实现资源技术能力匹配，包括设计、集成。接着通过 PaaS 平台实现云服务业务管理，保证评价反馈、支付结算、监管等各环节的顺利进行。联盟云服务业务是同时满足用户与提供商的双边市场，PaaS 平台通过将云服务业务创建和云服务业务管理动态兼管，使提供商有效应对用户需求的变化，及时调整云业务服务方向，提升提供商业务服务能力。

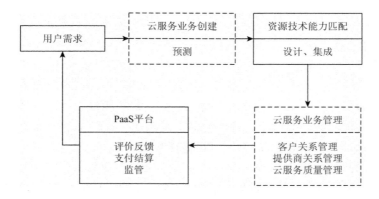

图 3-8　PaaS 业务系统运作模型

在云服务业务创建前应预测用户个性化需求，部署云服务业务需求功能，根据联盟资源情况，有效调度用户所需资源，同时统一业务服务标准，必要情况下对业务服务进行组合服务。在云服务业务创建过程中，应充分考虑用户的个性化需要，注意私有云及公有云服务形式。在云服务业务管理过程中，客户关系管理、提供商关系管理、云服务质量管理是不容忽视的管理环节。客户关系管理是以用户为核心点，对用户需求进行分类，开展以用户为核心的业务管理，通过云服务业务管理实现利益最大化；提供商关系管理是在用户关系管理的基础上，统筹管理提供商需求，减少业务创建、管理时间，提高联盟资源利用效率；云服务质量管理是秉承以上业务运作流程的核心，云服务质量管理效果直接影响联盟 PaaS 业务系统运作，需要建立切实可行的服务等级协议（service-level agreement，SLA），保障联盟业务运作环境公平合理，并及时对 SLA 进行动态评估和监测。

3.4　移动云计算联盟 SaaS 运作模式

3.4.1　SaaS 运作过程分析

SaaS 作为联盟提供云产品服务层次，其直接接触用户，因此 SaaS 层次的有效运作是联盟发展规模的核心决定因素（朱利华等，2013）。

电信运营商积极部署基础设施建设、数据中心、移动互联网接入能力和广泛的用户渠道。SaaS 层次运作参与者除了层次上的联盟成员之外，电信运营商也发挥了主导作用，随着移动云计算的发展，电信运营商正在积极与联盟各云服务提供商、系统集成商、终端供应商取得全方位的合作，建立全面合作关系，快速部署移动终端云。

　　SaaS 层次的运作主要依赖于资源云、功能云、应用云的部署，在以个人、家庭基站、政府、企业为用户对象的过程中，移动云计算联盟提供 SaaS 网络资源一体化解决方案。在中枢共享资源池提供共享服务的基础上，SaaS 在资源云板块通过云主机、云存储为用户提供数据中心承载和网络服务，按需使用基础设施、资源等。在资源云的上一层是功能云，功能云为用户提供的是通信功能服务和技术功能服务，通信功能服务主要以行业短信、代认证、云定位、代计费、协同通信、M2M（machine-to-machine/man）等功能服务形式为主。技术功能服务是以云端交互环境和应用托管环境为核心内容，从而实现资源与应用云层的连接。最顶层是应用云，应用云基于目标用户群，分为移动应用云和行业应用云，移动应用云面向个人、家庭基站等，而行业应用云则以政府和企业为服务对象（李宁等，2011）。除此之外，还需注意移动应用云和行业应用云部署运作的形式，即是公有云部署还是私有云部署，以保障移动终端云服务的安全运作。

　　此外，在 SaaS 层次的运作中，SLA 的作用不可忽视，SLA 是电信运营商和用户通过正式协商形成的合约协议，已达成对服务、优先级、双方合作的一致理解，SLA 无形中在电信运营商和用户间建立了良好的信誉关系，电信提供商根据SLA 向用户提供所需等级的服务和收费。

3.4.2　SaaS 服务运作模型

　　SaaS 云计算改变了原有的服务业务与模式，平台型企业对接用户及服务，直接拥有客户并为客户提供服务，在新型的服务业态中占据主要地位。同时，SaaS 服务能够沉淀客户的数据，为未来的客户增值与服务提供支撑。经过以上分析可知，以服务运营商为首的差异化成员，所承担的业务服务职责各不相同。在本书所提出的 SaaS 服务运作模型（图 3-9）中，除上述分析资源云、功能云、应用云等云板块的描述外，软件运营商在整个运作模式中承担着中枢作用，是整个运作服务过程中的核心成员，其职责是梳理服务流，监测并保证服务流的形成，使得各具备重要作用的软件运营商之间服务流联通，确保 SaaS 运作的持续性与稳定性。

3.5　本 章 小 结

　　本章在移动云计算联盟价值网构建基础之上，首先分析了移动云计算联盟组织结构的复杂特性，构建了移动云计算联盟组织运行框架，并基于共享规则、择优连接规则、增长规则构建了移动云计算联盟组织模式。在明晰移动云计算联盟

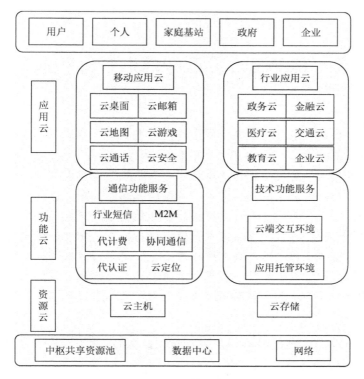

图 3-9　SaaS 服务运作模型

复杂组织结构后，在分析移动云计算联盟三层次业务特征、服务、运作的基础上，构建了移动云计算联盟各层次运作模式。

参 考 文 献

李宁，郭毅夫，王岩. 2011. 云管理商业模式及评估[J]. 中国管理科学，（11）：640-646.

刘万军，张孟华，郭文越. 2011. 基于 MPSO 算法的云计算资源调度策略[J]. 计算机工程，37（11）：43-48.

汪小帆，李翔. 2006. 复杂网络理论及其应用[M]. 北京：清华大学出版社.

杨金花. 2012. 云计算关键技术的探讨[J]. 电子设计工程，20（15）：86-88.

杨新锋，刘克成. 2012. 云计算联盟体系结构建模研究[J]. 微型电脑应用，（3）：23-25.

翟丽丽. 2004. 高技术虚拟企业管理模式研究[J]. 管理现代化，（2）：31-33.

翟丽丽. 2012. 高技术虚拟企业演化机理与管理模式[M]. 北京：科学出版社.

翟丽丽，刘岩，张树臣. 2015. 业务事件驱动的隧道工程预算编制系统[J]. 系统工程，33（1）：146-151.

翟丽丽. 2009. 基于自组织理论的高技术虚拟企业管理模式研究[D]. 哈尔滨：哈尔滨理工大学.

朱利华，李春华，吴宽仁. 2013. 基于改进克隆选择算法的云计算集群资源调度[J]. 科学技术与工程，13（13）：3642-3646.

第4章 移动云计算联盟数据资源获取与存储

如今，呈指数级爆发的数据实际上并没有汇聚为一片蓝海，而是以碎片割裂的方式分散在不同地方。"一盘散沙"的数据难以获得最大的价值，只有让数据流动起来，保证数据能被具有相应"炼数成金"禀赋的人加以利用，才能催生不可估量的价值。在此背景下，数据获取与存储成为热门话题。移动云计算联盟数据资源获取与存储模式是以实现移动云计算联盟数据资源聚合、共享及统一管理为目的，通过对移动云计算联盟不同数据资源进行抽取、转换、传输、存储操作，将移动云计算联盟成员的各种数据中心连接成一种虚拟的数据存储网络，进而促使移动云计算联盟分散、异构的数据资源融合并被存储到云数据库中，以便为联盟成员间数据访问、资源配置和资源管理提供环境和服务支持的一套管理体系。

4.1 移动云计算联盟数据资源特征及类型

4.1.1 移动云计算联盟数据资源界定

数据作为一种资源，最早应用在数字图书馆领域，随后数据资源以信息的形式出现在企业的信息管理系统中，学术界和企业界对信息资源和数据资源并未形成严格的界限标准。只有部分学者认为数据资源是信息资源的基础数据，数据经过一系列的加工处理过程变成提供决策的信息资源，然后将信息资源的价值最大化利用就变成了知识资源。为更清楚地理解数据资源的含义，本书综合不同领域的学者对数据、信息、数据资源、大数据进行了相关界定。

1. 数据

哲学领域专家认为，数据是指人们为了描述客观世界中的具体事物而引入的一些数字、字符、文字等符号或符号的组合；计算机领域专家认为，数据是在科学研究、设计、生产管理及日常生活等各个领域中，用来描述事物的数字、字母、符号、图表、图形或其他模拟量，如试验数据、观测数据与统计数据等，它包含所需要的信息并能够进行计算、统计、传输及处理；管理学领域专家认为，数据是对客观事物、事件的记录和描述，是形成信息的基础；情报学领域专家认为，数据是事实的数字化、编码化、序列化和结构化。综合不同领域学者的观点，本书将数据界定为人类为了生存，而与自然界进行斗争的产物，是人们为了认识和改造世界，而用于记录世界的一种符号。其借助于"数字"或其他符号勾画和记录现实世界客体的本质、特征及运动规律，是可以鉴别的一种符号。

2. 信息

哲学领域专家认为，信息是客观世界中各种事物的状态和特征的反映，客观事物的状态和特征的不断变化使信息不断产生，信息是与一些描述性的元素结合在一起的数据，由符号组成，如文字和数字，但是对其赋予了一定的意义，因此有一定的用途和价值；计算机及通信领域专家认为，信息是指所有可以通过视觉、听觉、嗅觉、味觉、触觉等感官获取并可以以文本、图形图像、音频视频等格式记录的内容，信息是指通过信源发出的信号经信道传送到控制系统，并为控制系统所理解的事物间相互联系、相互作用的特殊方式，信息是减少事物不确定性的一种度量；管理学领域专家认为，信息是经过处理后具有意义的数据，信息中的数据具有相关性；情报学领域专家认为，信息是数据在信息媒介上的映射，是有意义的数据，信息即人们根据表示数据所用的约定而赋予数据的意义。综合不同领域学者的观点，可以得出信息是一个复杂的概念，从哲学的观点看信息，认为信息是物质的一种普遍属性，它反映不同物质所具有的不同本质、特征及运动状况和规律。用来消除人们对客观物质不确定性认识的东西，称为信息。通过"信息"，人们可以得知事物的本质而消除若干非确定的因素，只有掌握这样的信息，人们才能对事物的运动规律进行调控，在认识世界和改造世界的过程中才能处于主动地位。

3. 数据资源

通过人类的活动可以变成社会财富，推动社会进步的一组"数据"的集合，称为数据资源。数据的资源化：把数据称为资源是人类社会进步的表现，这是因为人类进入了信息社会，信息被称为继物质和能量之后的第三大资源，数据是信息的基础，所以将数据也称为资源。它是一种无形的资源，或者说是无形的财富，并且日益成为科技进步和社会发展的首要支柱。

4. 大数据

对于大数据的定义，学术界和产业界目前尚未形成公认的准确定义。维基百科的定义（Wikipedia，2013）：大数据是指所涉及的资料量规模巨大到无法通过目前主流软件工具，在合理时间内撷取、管理、处理并整理成为帮助企业经营决策的信息。麦肯锡的定义（Manyika et al.，2011）：大数据是指无法在一定时间内用传统数据库软件工具对其内容进行采集、存储、管理和分析的数据集合。权威

IT 研究的定义：在一个或多个维度上超出传统 IT 处理能力的极端信息管理和处理问题（IBM，2013）。美国国家科学基金会（Nation Science Foundation，United States，NSF）的定义：由科学仪器、传感设备、互联网交易、电子邮件、音视频软件、网络点击流等多种数据源生成的大规模、多元化、复杂、长期的分布式数据集（NSF，2012）。研究机构高德纳咨询公司（Gartner，2013）的定义：大数据是指需要新处理模式才能具有更强决策力、洞察发现力和流程优化能力的海量、高增长率和多样化的信息资产。综合上述领域研究背景，本书提出基于管理视角的大数据定义：大数据是一类能够反映物质世界和精神世界运动状态和状态变化的信息资源，它具有复杂性、决策有用性、高速增长性、价值稀疏性和可重复开采性，一般具有多种潜在价值。

数据来自一切客观存在，包括宏观到微观的物理世界，各种生物体，人类社会活动，人类感知、认识和思维的结果。随着 IT 的发展，当前通常所说的数据是指经过数字化转换后的信息，是可被量化、分析和再利用的信息，包括数值、文字、符号、音频、视频等形态。数据的本质，是蕴含在数据背后的信息和知识。数据与自然资源有着一些相似性，但也有其独特之处。数据作为一种资源，最早应用于图书馆领域，随后以信息的形式出现在企业的管理信息系统中，目前以大数据的概念被各界学者认为是一种新兴的战略性信息资源（杨善林和周开乐，2015）。IBM 公司认为大数据是一类新的自然资源，Gartner 也认为大数据是一种信息资产。虽然大数据与自然资源有着一定程度的类似性，但二者并不完全相同，大数据是一类特殊的战略性信息资源。

4.1.2　移动云计算联盟数据资源特征

（1）分散性。移动云计算联盟成员的数据资源均保存于各自的数据中心，以各种不同的组织形态存储。

（2）海量性。来自社交网站、移动终端的各种实时数据均被实时地存储在各个不同的云端，不同云端的数据资源不断地进行各种交互与协作，在协作过程中产生海量的交互、交易、处理数据。

（3）多源性。移动云计算联盟数据资源的来源丰富，一方面云终端设备种类多样，导致数据资源的来源形式多样；另一方面，联盟成员类型的多样性也会形成数据资源类型的多样性。

（4）异构性。不同云成员的数据资源组织形式及存储形式不可能是相同的，可能存在数据模型异构、数据格式异构、数据存储模式异构等特征。

（5）传递性。联盟内的数据资源可依靠各种传播工具或传播途径实现它的传递性。

（6）可复用性。移动云计算联盟是一个共享数据资源的大联盟，该数据资源都存储在资源池中，数据资源的调用并不会使数据资源类型减少及数量发生变化。从宏观角度看，数据资源与以往实物资源不同，其不会因为使用而消耗。因此，数据资源具有可复用性。

（7）资产性。移动云计算联盟数据资源可以看作一种无形的资产，不同云企业通过云联盟这个平台，提交各自的数据资源共同服务于联盟，不断创新并将数据资源作为一种服务或者商品提供给不同的用户，所以数据资源的价值是在不断开发、挖掘、处理等过程中创新出数据商品（服务）。

4.1.3　移动云计算联盟数据资源类型

从移动云计算联盟数据资源流动的角度，由数据生产与采集开始，到存储与管理，到挖掘与分析，再到分析结果的应用，大数据相关活动构成了复杂的价值链条和价值网络；此外，在创造价值的过程中，新数据不断产生，进入下一轮分析和应用，不断循环，从而实现数据源源不断地产生和应用，形成移动云计算联盟数据资源生态圈。在多种因素的支持下，数据才能在产生、分析和使用等各个环节之间顺畅流动，最终创造更多的价值，产生更高的经济效益。基于社交网络、移动互联网、云计算、物联网等众多应用领域，数据正以飞快的速度增长，其规模庞大，来源和种类多样，如图 4-1 所示。

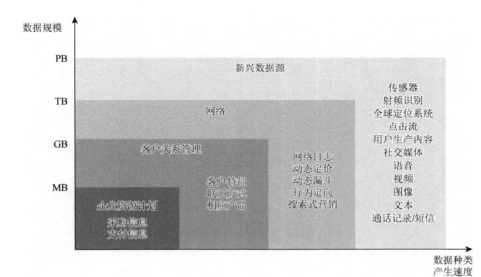

图 4-1　数据资源种类及产生速度

按照数据生成类型，大数据可分为交易数据、交互数据和传感数据；按照数据来源，大数据可分为社交媒体、银行、购物网站、移动电话和平板电脑、各种传感器、物联网等；按照数据格式，大数据可分为文本日志、整型数据、图片、声音、视频等；按照数据关系，大数据可分为结构化数据（如交易流水账）和非结构化数据（如图、表、地图等）；按照数据所有者，大数据可分为公司尤其巨型公司数据、政府数据、社会数据、网络数据等。

从联盟的角度，移动云计算联盟数据资源是指移动云计算联盟企业内部的数据资源、联盟企业间及联盟与外部之间通过交易、共享、创新而形成的数据资源。从云成员内部角度，移动云计算联盟企业的内部资源是各种云供应商在其经营活动中经过加工、处理、有序化并大量积累后的有用数据的集合，如数据库数据、客户关系管理数据和企业资源计划数据等。对于一个云供应商而言，其数据资源种类丰富，包括战略层面的数据、组织层面的数据、管理层面的数据、业务层面的数据、技术层面的数据及操作层面的数据等。本书从以下五个方面对数据资源进行划分：数据来源、数据内容格式、数据存储、数据分级、数据处理，具体如图 4-2 所示。

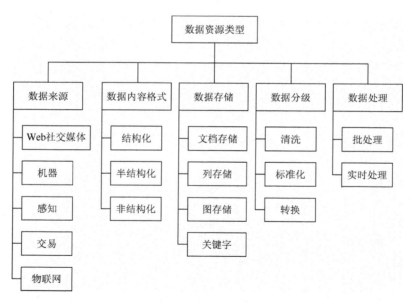

图 4-2　移动云计算联盟数据资源类型划分

对联盟数据资源进行分类是界定其所有权和使用权的重要方式之一。基于云计算中对不同类型"云"的划分思想，本书提出可以将移动云计算联盟数据资源分为三种类型，如表 4-1 所示。

表 4-1　移动云计算联盟数据资源分类

数据资源类型	描述
私有数据资源	私有数据资源是基于对联盟成员安全性和保密性的考虑，仅能由某些企业所有、开发和利用的数据资源
公有数据资源	公有数据资源是可以由联盟成员共享的数据资源，其可以为联盟带来创新，并实现数据资源增值
混合数据资源	混合数据资源介于私有数据资源和公有数据资源之间，联盟成员之间可以通过交易、购买或者转让等方式获取

4.2　移动云计算联盟数据资源获取

4.2.1　移动云计算联盟的小世界网络模型构建

小世界网络的概念由 Watts 和 Strogatz（1998）提出，他们认为小世界网络最重要的特点就是传播速度快，且速度远远快于大世界。Cowan 证明了 Watts 和 Strogatz 的观念，原因是小世界网络具备较短特征路径和较大的集聚系数（NSF，2012）。

目前，不少学者从网络视角研究了联盟企业的各种活动，并且通过实证研究发现，很多现实中的联盟网络结构具有较短的平均路径长度和较大的集聚系数，同时发现资源获取范围更广泛且资源流动性更高。移动云计算联盟的复杂性决定了其网络不完全具备一定的规则，不是规则网络。在 3.1.2 节已经论证了移动云计算联盟的组织结构具有小世界网络、无标度网络特性。因此，通过构建移动云计算联盟的小世界网络，分析移动云计算联盟数据资源的获取活动，为移动云计算联盟数据资源获取模式研究提供理论依据。

在移动云计算联盟网络图 T 中，节点表示移动云计算联盟成员，移动云计算联盟成员之间的合作是多种多样的，可以是技术上的合作与互补，可以是软件产品的供应关系，也可以是资金和数据资源的双向传递等。在构建模型过程中，移动云计算联盟的小世界网络中节点间的连线表示移动云计算联盟的合作活动，且这些连线代表具有合作关系，但合作强度不同，连线的粗细表示节点之间的合作强度。本书构建的小世界网络模型，如图 4-3 所示，是一种加权网络图 T，用邻接矩阵 $\{a_{ij}\}$ 和边权重矩阵 $\{w_{ij}\}$ 描述，如果 $a_{ij}=1$ 表示节点 i 和 j 间存在合作关系；如果 $a_{ij}=0$ 表示它们之间不存在合作关系。节点之间边的权重矩阵 $\{w_{ij}\}$ 中 w_{ij} 表示节点 i 和 j 合作的难易程度，w_{ij} 越大，合作就越困难。在移动云计算联盟网络中，节点间连接边的权重值与移动云计算联盟文化、交流方式、数据资源的分类有关。

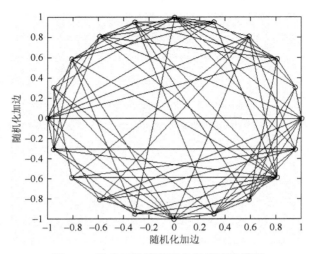

图 4-3　移动云计算联盟小世界网络模型

4.2.2　移动云计算联盟数据资源获取效果分析

1. 特征路径长度

定义 d_{ij} 为移动云计算联盟网络中任意两个节点 i 和 j 之间最短路径上的边数，即节点 i 和 j 进行合作时与其他中间节点沟通次数的最小值。特征路径长度可以用邻接矩阵 $\{a_{ij}\}$ 和边权重矩阵 $\{w_{ij}\}$ 计算得出。如果移动云计算联盟主体有 N 个，即 T 的节点数是 N，任意两个资源主体间距离的平均值就是移动云计算联盟网络的特征路径长度，可表示为

$$L(T) = \frac{1}{N(N-1)} \sum_{i \neq j} d_{ij} \qquad (4\text{-}1)$$

如果移动云计算联盟网络中的节点都与它相邻的 $\dfrac{Q}{2}$ 个节点有合作关系（Q 为偶数），某一个节点以获得 T 中大量资源为目标，而且选取新节点进行合作的概率为 p。网络图 T 中任意两个节点之间仅有一条边，并且都不能与自身相连，所以在规则网络上随机加 K 条边，且符合小世界网络模型的加边规则，可得到修正后的特征路径长度，即 $L(p) = \dfrac{2f\left(\dfrac{NKp}{2}\right)N}{K}$。其中，$f(u)$ 为普适标度函数，满足

$$f(u) = \begin{cases} 常数, & u \ll 1 \\ \dfrac{\ln u}{u}, & u \gg 1 \end{cases} \qquad (4\text{-}2)$$

现实中的移动云计算联盟网络的节点虽然很多，但却具有较小的特征路径长度。因此，如果两个节点之间的特征路径长度很短，则该两节点间的合作关系较

紧密，即使两个节点之间不存在直接的合作关系，也可以间接通过中间节点获得资源，进而提高资源在移动云计算联盟网络中的流动性。如果移动云计算联盟网络的节点具有一定的稳定性，则可以保障资源获取的顺畅性。

2. 网络集聚性

在移动云计算联盟网络中，与某节点直接有合作关系的两个节点间如果存在直接联系，这种现象被称为集聚性。如果移动云计算联盟网络中某一节点 i 与其他 k_i 个节点存在合作关系，则这 k_i 个节点就是节点 i 的邻居，其中，这些节点之间最多只能有 $\dfrac{k_i(k_i-1)}{2}$ 条连线，移动云计算联盟网络中节点 i 的集聚系数 $C_i = \dfrac{2E_i}{k_i(k_i-1)}$，$E_i$ 为联盟网络总节点数。移动云计算联盟网络的集聚系数 C 为节点 i 集聚系数 C_i 的平均值，其中 $0 \leqslant C \leqslant 1$。如果 $C=0$，代表该移动云计算联盟网络中所有的节点都是孤立的，即移动云计算联盟内各成员间没有任何合作关系；如果 $C=1$，代表该移动云计算联盟网络中任意两个节点都存在合作关系。基于小世界网络模型，修正移动云计算联盟网络集聚系数如下：

$$C(p) = \frac{3(K-2)}{4(K-1)+4Kp(p+2)} \tag{4-3}$$

如果移动云计算联盟网络具有较高的集聚系数，则移动云计算联盟很容易获取该网络存在的资源，可以很快且很容易地提高资源存量，并通过创新向网络中贡献新资源。移动云计算联盟资源创新的本质是产生差异性资源，所以在移动云计算联盟网络中，不能仅仅强调高集聚水平，忽略与其他行业的关系，而且要吸收不同类型的资源，进而不断进行资源创新。

3. 数据资源获取效率

用 e_{ij} 表示移动云计算联盟网络中节点 i 和 j 间的资源获取效率，学者邓丹研究证明了效率 e_{ij} 与特征路径长度 d_{ij} 呈倒数关系，即 $e_{ij} = \dfrac{1}{d_{ij}}$。当节点 i 和 j 间不存在资源获取关系时，$d_{ij} = +\infty$，$e_{ij} = 0$。

（1）平均扩散效率。可以将网络图 T 的平均扩散效率公式表示如下：

$$E(T) = \frac{\sum\limits_{i \neq j} e_{ij}}{N(N-1)} = \frac{\sum\limits_{i \neq j} \dfrac{1}{d_{ij}}}{N(N-1)}, \quad E(T) \in [0, +\infty] \tag{4-4}$$

当网络全通时，资源获取效率公式可表示为

$$E(T^{\text{ideal}}) = \frac{\sum\limits_{i \neq j} \dfrac{1}{w_{ij}}}{N-(N-1)} \tag{4-5}$$

（2）全局扩散效率。全局扩散效率描述的是资源获取的快速性和准确性，其公式为

$$E_{\text{Glob}} = \frac{E(T)}{E(T^{\text{ideal}})} \tag{4-6}$$

4.2.3 移动云计算联盟数据资源获取路径

移动云计算联盟数据资源获取路径是指移动云计算联盟成员企业在实现某一目标的过程中，运用有效的方法优化路径，以最快的速度、最短的路径在数据资源池中搜索出所需数据资源的过程。

美国的 Kennedy 博士与他的团队在 1995 年提出了一种仿生算法，该算法是模仿鸟群寻找食物的过程行为，被称作粒子群优化（particle swarm optimization，PSO）算法，其优化了群智能领域（Kennedy and Ebehtart，1995）。粒子群优化算法有很多优点，到目前为止，其步骤不烦琐、模型中没有特别复杂的参数、粒子移动迅速等优点，已受到很多国内外学者的关注。在粒子群优化算法的参数中，参加寻找资源运算过程的粒子个数越多，算法的效率越高，效果越明显，但是，越来越多粒子的参与会导致非常多的 CPU（central processing unit，中央处理器）被占用，也就是说，它需要更多的内存空间，在云计算众多的技术中，分布式并行计算的优势在于用最短的时间完成较大的任务量，将该项技术应用到粒子群优化算法中，给粒子群优化算法足够的内存空间，同时加快迭代速度。利用云计算特有的分布式计算和分级存储优势，使得每个粒子对整个粒子群的最佳值信息计算下一个位置时，可随时更快地更新该最佳值。

1. 数据资源地图量化

为了应用粒子群优化算法使移动云计算联盟成员企业能够快速准确地获得所需的数据资源，找到合理高效的数据资源获取路径，首先要将数据资源地图量化。

在对数据资源地图量化的过程中，数据资源种类和属性繁多，存在某些数据资源搜索较困难、关键字模糊等问题，因此，要想将数据资源地图量化，必须引入其他领域的原则，如价值这一衡量因素。通过价值这一统一的属性将数据资源地图量化，量化过程中数据资源应用为坐标的横轴，数据资源为坐标的纵轴，这样一来这两个部分就可将移动云计算联盟庞大的数据资源属性整理分类，坐标轴的指标是根据区别数据资源属性原则制定的，所以指标的选择直接影响各个数据资源单元的相互作用。在建立指标的过程中，不能毫无根据，不可违背系统可行性原则、数据资源动态性原则等。在横轴部分，选取了两个关键指标，它们分别是移动云计算联盟数据资源预期价值和移动云计算联盟成员企业结构；在纵轴部分，选择了三个方面进行探究，分别是移动云计算联盟数据资源领域、移动云计

算联盟研发投入、移动云计算联盟数据资源共享程度。模型的变量和参数汇总如表 4-2 所示。

表 4-2 移动云计算联盟数据资源地图的变量与参数表

目标层	要素层	变量层	状态层
移动云计算联盟数据资源地图指标体系	数据资源应用维度（X 轴）	移动云计算联盟数据资源预期价值 A_1	移动云计算联盟数据资源产出值 A_{11} 移动云计算联盟数据资源共享成本 A_{12}
		移动云计算联盟成员企业结构 A_2	移动云计算联盟核心成员企业比例 A_{21}
	数据资源维度（Y 轴）	移动云计算联盟数据资源领域 B_1	移动云计算联盟各成员领域总产值 B_{11} 移动云计算联盟数据资源的信息增益 B_{12}
		移动云计算联盟研发投入 B_2	移动云计算联盟成员数量 B_{21} 移动云计算联盟成员投入 B_{22}
		移动云计算联盟数据资源共享程度 B_3	移动云计算联盟数据资源的重要程度 B_{31} 移动云计算联盟数据资源的共享频率 B_{32}

（1）数据资源应用维度（X 轴）的量化。应用价值理论，忽略不同属性数据资源之间相互难以转化的观念，赋予它们共通的价值属性，在横轴的量化过程中，采取移动云计算联盟数据资源共享成本、移动云计算联盟数据资源产出值及移动云计算联盟核心成员企业比例来区别，同类数据资源的划分标准是价值。一项数据资源对联盟及联盟成员的贡献越大，效果越显著，说明数据资源应用维度值越大，对移动云计算联盟核心成员的衡量标准越高，数据资源共享及数据资源利用成本就越高。

（2）数据资源维度（Y 轴）的量化。TFIDF（term frequency-inverse document frequency，词频-逆向文件频率）是一种统计方法，同时又是一种常用的加权技术，用来描述一份文件中或者一部语料库中的某一个字或者词在整体中的重要程度。借助这一计算方法对移动云计算联盟数据资源地图纵轴进行量化。公式如下：

$$w_{ik} = \mathrm{tf}_{ik}(d_i) \times \mathrm{idf}(t_k) = \frac{\mathrm{tf}_{ik}(d_i) \times \log\left(\dfrac{N}{n_k} + 0.01\right)}{\sqrt{\sum_{k=1}^{n}\left\{[\mathrm{tf}_{ik}(d_i)]^2 \times \log\left(\dfrac{N}{n_k} + 0.01\right)^2\right\}}}$$

式中，在文本集合 d_i 中，某个特征词 t_k 的使用频率用 $\mathrm{tf}_{ik}(d_i)$ 表示；$\mathrm{idf}(t_k)$ 为特征词 t_k 的文本强度；N 为文档集中的文本总数；n_k 为特征词 t_k 的文本频数；分母为归一化因子。

信息增益（information gain，IG）通常用来解释数据资源在载体集合中占有的均匀的信息含量。因此借助信息增益的思想，对数据资源分类进行描绘，在描绘过程中，表示某一数据资源在某一载体出现前后的信息熵之差（刘庆和和梁正友，2011）。

一般用信息熵判断某一个变量取值的随机性程度，将信息熵比作信息量化的"标尺"。

对于随机变量 X ，它的改变越复杂，某项任务所能获取的信息量中透过这一变量的信息量就越高。令 X 为随机变量， X 的信息熵定义为

$$H(X) = -\sum_i p(x_i) \log[p(x_i)]$$

通过观察随机变量 Y 获得的关于随机变量 X 的信息熵定义为

$$H(X/Y) = -\sum_i p(y_i) \sum_i p(x_i/y_i) \log[p(x_i/y_i)]$$

式中， $p(x_i)$ 为输出概率函数。

信息熵之差称为信息增益，表示获得的信息量已经消除了不确定性，其定义为

$$IG(X,Y) = H(X) - H(X/Y)$$

X, Y 之间的信息增益考虑出现前后的信息熵之差，为了寻找特征项 t 是否在类别 C 中出现，也就是计算特征项 t 对类别 C 的信息增益，定义为

$$IG(t) = H(C) - H(C/t)$$

$$= -\sum_{i=1}^m p(c_i) \log p(c_i) + p(t) \sum_{i=1}^m p(c_i/t) \log p(c_i/t) + p(t) \sum_{i=1}^m p(c_i/t) \log p(c_i/t)$$

定义一类文本 c ，它在语句中出现的频率用 $p(c_i)$ 表示，用总的文本数做分母， c_i 中的文本数做分子，得到的分式的数值就是频率；定义特征项 t ， $p(t)$ 为 t 在整体中所占的比例，关于 t 的分式分子为包含有 t 这类特征的文本，分母为总文本；定义一类文本，既具有 t 的特征，又具有 c_i 类的属性，这类文本概率表示为 $p(c_i/t)$ ，而对于不具有 t 特征属性的文本用 $p(\overline{t})$ 表示； $p(c_i/\overline{t})$ 表示满足 c_i 的条件，但不具有特征 t 的属性的概率。

2. 确定搜索半径

在移动云计算联盟中，完成数据资源地图的量化是寻找数据资源获取路径的第一步，接下来要根据识别到的成员企业的数据资源缺口，针对这一缺口在数据资源地图上增加目标数据资源的坐标： (x_0, y_0) 。定义 R 为半径，以 (x_0, y_0) 为圆心的搜索区域，根据目标数据资源的特征，在数据资源地图上快速搜索， R 的确定也是关键的一步，取 R 为某数据资源载体距离目标数据资源的最大距离，而 w 的取值是动态变化的，影响它的因素包括数据资源的属性、数据资源的重要性及数据资源的相似性等。因此， $R = \max\left\{\dfrac{\sqrt{(y_0 - y_i)^2 + (x_0 - x_i)^2}}{w}\right\}$ ，其中 (x_i, y_i) 表示搜索区域 k 范围内的点坐标， $i = 1, 2, \cdots, k$ 。

3. 寻找移动云计算联盟数据资源获取路径

应用粒子群优化算法，首先要将数据资源节点与粒子走过的地点相对应，在对某一项数据资源搜索的过程中，需要非常多的粒子迭代寻找最优路径，进而在

与云计算的分布式环境相结合的同时提高搜索速度，分布式技术可以将粒子分别分布到不同的节点中，执行计算任务时也是各自独立的，独立的同时各个节点之间也是有关联的，粒子的分组并不是将粒子完全分开而是在分组后动态地节约时间，每一个粒子都有对计算任务进行选择的权利，但其他粒子依然可以继续完成其计算任务，这就是云计算与粒子群优化算法相结合的优势所在，也是移动云计算联盟数据资源获取路径的优势所在。改进的粒子群优化算法如下。

定义 P 表示"云粒子群"，云计算的分级存储技术可实现将粒子群按照不同级别分组：$p_1, p_2, \cdots, p_n$，对于第 j 组粒子，更新其速度、位移公式为

$$v_i^{k_j+1} = \omega v_i^{k_j} + c_1 \mathrm{rand}_1(p_{\mathrm{best}} - x_i^{k_j}) + c_2 \mathrm{rand}_2(g_{\mathrm{best}} - x_i^{k_j}) \qquad (4\text{-}7)$$

$$x_i^{k_j+1} = x_i^{k_j} + v_i^{k_j} \qquad (4\text{-}8)$$

要想寻找到数据资源获取的最优路径，也就是要找到某一个粒子在迭代后的最优位置和其他所有粒子的最好位置，分别用 p_{best} 和 g_{best} 表示，这一粒子用 i 表示，k_j 为第 j 组微粒的迭代次数。取（0，1）任意的数值为 rand，学习因子分别为局部最优粒子的方向和最大步长及全局最优的方向和最大步长，用 c_1 和 c_2 来调节。速度的系数定义为 ω，ω 为惯性权重，ω 的大小决定了粒子更容易跳出局部最优解或者更容易实现整个算法的收敛（廖子贞等，2007）。

因此，对粒子群优化算法进行改进，一方面是为了让算法在云计算环境下得以实现；另一方面也是利用云计算优势提高算法速度，早熟收敛的问题也得到及时解决，难以从局部最优中跳出来的问题也得以改善。此外，移动云计算联盟在云计算环境下实现数据资源共享的同时也解决了其负载均衡的问题，其惯性权重自适应调整式如下：

$$\omega = \omega_0 - a\partial(\chi) + b\beta(\chi) \qquad (4\text{-}9)$$

式中，ω_0 为初始值；a、b 均为常数；$\partial(\chi)$ 和 $\beta(\chi)$ 为调节因子。

改进算法的具体描述如下。

步骤 1：定位目标数据资源到移动云计算联盟云数据资源地图上。

步骤 2：对目标数据资源根据云数据资源地图量化指标进行量化处理。

步骤 3：利用公式计算搜索半径 R。

步骤 4：计算初始化粒子的位置及其初始速度。

步骤 5：计算各个粒子的适应度值，确定各个粒子的当前最优个体位置，确定当前整个种群的最优位置。

步骤 6：根据式（4-9）计算各个粒子的惯性权重 ω。

步骤 7：根据式（4-7）和式（4-8）分别计算更新粒子的速度和位置。

步骤 8：记录粒子的位移。

步骤 9：如果没有满足结束条件，那么算法转步骤 4，否则算法结束并输出全局最优值。

4.3 移动云计算联盟数据资源抽取

数据资源抽取的最早追溯是信息资源抽取、文本数据抽取、Web 数据抽取等。数据抽取（data retrieval，DR）是指从大量的数据中依据具体的方式或方法抽取到需要的特定数据资源，该数据资源能够便于用户使用或者从中获取更多有价值的信息。抽取的对象可以是自然语言文本，也可以是语音、图片、视频等多媒体数据资源。

随着 Web 和移动互联网、移动终端的蓬勃发展，半结构和非结构化数据的增长趋势日渐增多，移动云计算联盟海量的数据资源容易造成信息过载、信息密度过大、利用率较低等问题。为了实现移动云计算联盟海量资源的充分利用，抽取具有代表性的数据资源是移动云计算联盟数据资源整合的首要环节。移动云计算联盟数据资源抽取是指从移动云计算联盟海量、杂乱无序的数据资源中抽取具有代表性的数据资源，以便成员和用户的查询和使用。

4.3.1 移动云计算联盟数据资源代表集

有一组原始数据集 $D=\{d_1,d_2,\cdots,d_n\}$，代表系数是指 D 中两数据可以相互代表的程度。数据 d_i 能否代表数据 d_j，就看它们之间的相似度与给定的代表系数 λ 的大小，d_i 和 d_j 之间的相似度记为 $\mathrm{sim}(d_i,d_j)$。计算两数据对象 d_i 和 d_j 的相似度为

$$\mathrm{sim}(d_i,d_j)=\frac{\sum_{k=1}^{n}[w_k(d_i)w_k(d_j)]}{\sqrt{\left[\sum_{k=1}^{n}w_k^2(d_i)\right]\left[\sum_{k=1}^{n}w_k^2(d_j)\right]}} \tag{4-10}$$

如果 $\mathrm{sim}(d_i,d_j)\geqslant\lambda$，则称 d_i 在 λ 程度上能代表 d_j，记为 $\mathrm{rep}_\lambda(d_i,d_j)=1$；如果 $\mathrm{sim}(d_i,d_j)<\lambda$，则称 d_i 在 λ 程度上不能代表 d_j，记为 $\mathrm{rep}_\lambda(d_i,d_j)=0$。代表集是在给定代表系数的情况下，原始数据集 D 中所有能为数据 d 代表的数据集合。给定 d_i 和 λ，代表集即为 $D_i^\lambda=\{d_k\,|\,\mathrm{sim}(d_i,d_k)\geqslant\lambda,d_k\in D\}$。

4.3.2 基于 PageRank 算法的移动云计算联盟数据资源抽取

在移动云计算联盟海量的数据资源中抽取代表性的数据资源须充分反映原始数据集的绝大部分内容，同时数据集合本身的内容冗余尽量小。原始数据集 D 和代表性数据集 R 满足这样的关系：代表性数据集 R 覆盖原始数据集 D 的内容，且

R 对于 D 的总体相似程度最大；代表性数据集 R 中的信息冗余度最小，即 R 中的信息彼此之间的相似度足够小。代表性数据资源的抽取过程可以作如下描述：

$$\text{Finding}\quad R$$

$$\text{s.t.}\begin{cases} R \subseteq D \\ \max(\text{data\_coverage}(R,D))\,/\!/\text{对原始数据集的最大覆盖} \\ \min(\text{data\_redundancy}(R))\,/\!/\text{代表性数据集自身冗余最低} \end{cases}\quad(4\text{-}11)$$

在寻找移动云计算联盟最优代表性数据集的过程中，需要得到全局最优解，传统贪婪算法（greedy algorithm）不能从整体最优上加以考虑，其所做的是在某种意义上的局部最优解，所以寻优效果不佳。本书提出了基于 Google 的 PageRank 算法的启发式方法来找寻代表性数据集。该算法的基本思想是为每一个节点赋予一个初始权重，即 PageRank 值，节点 v_i 的 PageRank 值用 $P(i)$ 表示。假设节点 v_i 到 v_j 存在一条有向边 (v_i, v_j)，那么认为节点 v_i 给节点 v_j 投了一票。用 $C(i)$ 表示从节点 i 出发的有向边的条数，则节点 v_i 给节点 v_j 的贡献大小为 $\dfrac{P(i)}{C(i)}$。

该方法的基本思想是：每一轮由原始数据集 D 中的数据对该数据对应的所有代表集进行"投票"，得票最高的加入代表性数据集 R 中。基于 PageRank 算法的代表性数据提取具体步骤如下。

（1）计算代表集。根据原始数据集 $D = \{d_1, d_2, \cdots, d_n\}$ 计算出相似度矩阵 M，再根据代表系数 λ，将 M 中大于等于 λ 的相似度取为整数 1，小于 λ 的相似度取为整数 0，得到代表矩阵 M_λ。根据代表矩阵 M_λ 得到所有的 λ 代表集 D_i^λ。

（2）计算代表集得票。定义 D 中每个数据 d 的初始 PageRank 值为 1。如果 d_j 在 D_i^λ 中［即 $\text{rep}_\lambda(d_i, d_j) = 1$］，则 d_j 具有给 D_i^λ 投票的资格。接着计算 d_j 在代表集中出现的个数 n_j，那么 d_j 为其出现过的每个代表集所投的票数为 $\text{vote}_j^i = \dfrac{1}{n_j}$。最后，计算一个代表集 D_i^λ 每一轮的得票，得票结果为所有为其投票的数据 d_j 的票数之和。

$$\text{vote}_i = \sum_{d_j \in D}[\text{vote}_j^i \times \text{rep}_\lambda(d_i, d_j)] = \frac{\displaystyle\sum_{d_j \in D}\text{rep}_\lambda(d_i, d_j)}{n_j}\quad(4\text{-}12)$$

由于上述方法在计算大量代表集得票时的处理速度和能效较低，故本书引入 MapReduce 模型来提高算法的速度，这极大地提高了该方法在移动云计算联盟内处理海量数据资源的能力和效率。

（3）冗余度优化。根据每个代表集的得票，找到得票在 $[\alpha\max(\text{vote}_j^i), \max(\text{vote}_j^i)]$，即最靠前的那几个代表集，选择使 R 冗余度最小的代表集的 d_j 加入 R。加入 R 的 d_j 满足如下条件：

$$\text{vote}_j \in [\alpha \max(\text{vote}_j^i), \max(\text{vote}_j^i)]; \quad \min\left\{\frac{1}{|R|} \times \sum_{d \in R} \text{sim}(d_j, d)\right\}$$

（4）去除加入 R 的 d_j 及其代表的数据，得到新的数据集 D 和代表集 D_i^λ。重复（2）和（3），直到再也没有数据需要加入 R。

下面是基于 MapReduce 模型改进的框架处理上述代表集，具体步骤如下。

（1）预处理。根据 MapReduce 模型的特点，需要构造键值对 <key, value>。根据移动云计算联盟数据资源代表集，将代表集 D_i^λ 的代表数据 d_i 设为 key 值，value 由被代表的数据组成。例如，代表集 D_1^λ 中，d_1 能代表的数据有 d_1、d_2、d_4 和 d_7，所以 key 存放 d_1，value 中存放 (d_1, d_2, d_4, d_7)。将表 4-3 经过 MapReduce 模型的预处理后得到表 4-4。

表 4-3　代表集

λ 代表集	数据对象
D_1^λ	$\{d_1, d_2, d_4, d_7\}$
D_2^λ	$\{d_1, d_2, d_4, d_5, d_7\}$
D_3^λ	$\{d_3, d_5\}$
D_4^λ	$\{d_1, d_2, d_4, d_7\}$
D_5^λ	$\{d_2, d_3, d_5, d_6, d_8\}$
D_6^λ	$\{d_5, d_6\}$
D_7^λ	$\{d_1, d_2, d_4, d_7\}$
D_8^λ	$\{d_5, d_8\}$

表 4-4　预处理阶段输出格式

输入	key 值	value 值
Map1	d_1	(d_1, d_2, d_4, d_7)
Map2	d_2	$(d_1, d_2, d_4, d_5, d_7)$
Map3	d_3	(d_3, d_5)
Map4	d_4	(d_1, d_2, d_4, d_7)
Map5	d_5	$(d_2, d_3, d_5, d_6, d_8)$
Map6	d_6	(d_5, d_6)
Map7	d_7	(d_1, d_2, d_4, d_7)
Map8	d_8	(d_5, d_8)

（2）Map 过程。具体需要 8 个 Map 来完成后续处理。本书将移动云计算联盟大量复杂的数据计算放在 Map 端去执行，Reduce 端负责数据统计工作，这样可以提高计算效率。在 Map 端分别处理每个 key-value 对，计算出每个代表集的个数 n，则此数据节点的 PageRank 值为 $\dfrac{1}{n}$，处理结果如表 4-5 所示。

表 4-5　Map 输出

输入	输出
Map1	$d_1{\rightarrow}1/4;\ d_2{\rightarrow}1/4;\ d_4{\rightarrow}1/4;\ d_7{\rightarrow}1/4$
Map2	$d_1{\rightarrow}1/5;\ d_2{\rightarrow}1/5;\ d_4{\rightarrow}1/5;\ d_5{\rightarrow}1/5;\ d_7{\rightarrow}1/5$
Map3	$d_3{\rightarrow}1/2;\ d_5{\rightarrow}1/2$
Map4	$d_1{\rightarrow}1/4;\ d_2{\rightarrow}1/4;\ d_4{\rightarrow}1/4;\ d_7{\rightarrow}1/4$
Map5	$d_2{\rightarrow}1/5;\ d_3{\rightarrow}1/5;\ d_5{\rightarrow}1/5;\ d_6{\rightarrow}1/5;\ d_8{\rightarrow}1/5$
Map6	$d_5{\rightarrow}1/2;\ d_6{\rightarrow}1/2$
Map7	$d_1{\rightarrow}1/4;\ d_2{\rightarrow}1/4;\ d_4{\rightarrow}1/4;\ d_7{\rightarrow}1/4$
Map8	$d_5{\rightarrow}1/2;\ d_8{\rightarrow}1/2$

（3）Reduce 过程。Reduce 端接收到各个 Map 输出的键值对＜key, value＞后，将不同 Map 输出的具有相同 key 的 value 累加，计算出最终数据代表的得票数。分别计算出各代表集每一轮的得票为

$$\text{vote}_1 = \frac{1}{4}+\frac{1}{5}+\frac{1}{4}+\frac{1}{4} = 0.95$$

$$\text{vote}_2 = \frac{1}{4}+\frac{1}{5}+\frac{1}{4}+\frac{1}{5}+\frac{1}{4} = 1.15$$

$$\text{vote}_3 = \frac{1}{2}+\frac{1}{5} = 0.7$$

$$\text{vote}_4 = \frac{1}{4}+\frac{1}{5}+\frac{1}{4}+\frac{1}{4} = 0.95$$

$$\text{vote}_5 = \frac{1}{5}+\frac{1}{2}+\frac{1}{5}+\frac{1}{2}+\frac{1}{2} = 1.9$$

$$\text{vote}_6 = \frac{1}{5}+\frac{1}{2} = 0.7$$

$$\text{vote}_7 = \frac{1}{4}+\frac{1}{5}+\frac{1}{4}+\frac{1}{4} = 0.95$$

$$\text{vote}_8 = \frac{1}{5}+\frac{1}{2} = 0.7$$

4.4　移动云计算联盟数据资源传输

4.4.1　云数据库特点分析

移动云计算联盟的云数据库系统是若干个节点在云中的结合，每个节点又包含各自的数据库系统及中央处理器。其主要特点如下。

1. 分布性

云数据库是海量式分布数据库的集合体，各个数据库地域性分布广泛，以节点的形式连接在云端，形成了整个分布式的数据系统。

2. 动态性

在移动云计算联盟的云数据库系统中，各节点数据库随着联盟企业的改变，而随时加入或者退出整个数据系统，动态性较强。

3. 大规模性

云数据库的大规模性主要体现在两个方面：一是云数据库由海量数据库群组成，数据库中的节点数量多；二是随着云计算的发展，每一个节点的数据量也在增加，数据库中的数据量多。

4. 实时性

云数据库提供云端互联的技术，在查询数据及获取数据时可以不受时间限制。

5. 可伸缩性

云数据库可以根据需要灵活地对系统数据资源进行整合、扩展，从而使系统的利用率最大化。

云数据库的分布性、动态性、大规模性、实时性及可伸缩性等特点，打破了以往传统数据存储中的集中式、静态性、局部性及不可扩展的存储方式。在云数据库的数据传输中引入蚁群算法，蚁群算法具有智能搜索、全局优化、分布式计算等特点，能够很好地适应云数据库动态性的特点，同时在蚁群算法中改进原有的概率转移系数，可增加蚂蚁在初始阶段选取数据库节点的多样性，进而获取云数据库中数据传输的全局最优解。

4.4.2 概率转移系数确定

在云数据库网络中，过多地选择较短的解元素造成云数据库节点性能大量损耗，严重时导致这些云数据库节点不可用，从而改变了整个网络结构，降低了整个网络性能。在蚁群算法中，为了避免蚂蚁从搜索的初始阶段就失去解的多样性及损害整个网络结构，本书在概率转移规则中增加一个概率转移系数，将该系数设定为先前蚂蚁选择经验的一个映射，让蚂蚁在搜索的初始阶段就开始考虑选取的解元素长度对解的质量影响，备选解元素引导蚂蚁走向长路径时，就减少该元素的权重，反之，如果走向短路径则增加权重，这样，可以增加选择路径的多样性，使其在搜索初期就选择多种路径，从而获得全局最优解。

引入如下变量：m 表示蚁群中蚂蚁数量（移动云计算联盟整个数据库系统中各成员企业云数据库数量）；α 表示信息素影响程度；β 表示启发信息影响程度；ρ 表示信息素挥发系数，其值小于 1；d_{ij} 表示边 (i,j) 的距离；η_{ij} 表示边 (i,j) 的启发因子，一般取 $\eta_{ij} = \dfrac{1}{d_{ij}}$，这个值不随蚂蚁系统运行而改变；$\tau_{ij}$ 表示边 (i,j) 的信息素值；$P_{ij}^{k}(t)$ 表示在 t 时刻蚂蚁 k 从云数据库节点 i 转移到云数据库节点 j 的概率，i 为当前蚂蚁所在的云数据库节点，j 为蚂蚁尚未访问过的云数据库节点。

概率转移系数用 $\theta(i,j)$ 表示，其计算公式如下：

$$\theta(i,j) = \begin{cases} 1 - \left(|A(i,j)|\right)^{-1} \displaystyle\sum_{k \in A(i,j)} \dfrac{c(k) - c_{\mathrm{mid}}}{c_{\max} - c_{\min}}, & |A(i,j)| > 0 \\ 1, & \text{其他} \end{cases} \quad (4\text{-}13)$$

式中，$c_{\min}$ 为蚂蚁 k 在当前迭代中所找到两个云数据库节点之间路径长度的最小值；$c_{\max}$ 为最大值；c_{mid} 为平均值；$c(k)$ 为蚂蚁 k 所选择的边 (i,j) 的长度；$|A(i,j)|$ 为本次迭代中经过了边 (i,j) 的蚂蚁的集合；$A(i,j)$ 为经过边 (i,j) 的蚂蚁的数量。

蚂蚁在选择下一个云数据库节点时，计算当前节点与其可选范围内的节点连接而成的路径的累积值。设定区间[−1, 1]，使所有蚂蚁走过的两云数据库节点之间的路径长度都映射到这一区间，其中−1 和 1 分别表示最短和最长路径长度的映射值；对于一个给定的边 (i,j)，用 1 减去经过边 (i,j) 的所有蚂蚁的映射后路径长度的平均值。如果边 (i,j) 主要出现在较短的路径上，映射后路径长度值会接近−1，$\theta(i,j)$ 会接近 2；反之，如果一条边 (i,j) 在本次迭代中主要用来构建较长的路径，$\theta(i,j)$ 会接近 0。

加入概率转移系数，目标节点被选择的概率用 $P_{ij}^{k}(t)$ 表示，其计算公式如下：

$$P_{ij}^k(t) = \begin{cases} \dfrac{\theta(i,j)[\tau_{ij}(t)]^\alpha[\eta_{ij}(t)]^\beta}{\displaystyle\sum_{j\in\text{allowed}_k}[\tau_{ij}(t)]^\alpha[\eta_{ij}(t)]^\beta}, & j\in\text{allowed}_k \\ 0, & \text{其他} \end{cases} \tag{4-14}$$

式中，allowed_k 为在本次循环中蚂蚁 k 未曾访问的云数据库节点集合。

4.4.3 数据资源传输路径优化步骤

基本假设：移动云计算联盟各云数据库节点间不存在单向链路，即云成员 A 数据库节点能向云成员 B 数据库节点传送数据，云成员 B 数据库节点也能向云成员 A 数据库节点传送数据。

改进蚁群算法的步骤如下。

（1）参数的初始化。令 $t=0$ 和 $\text{NC}=0$（t 表示时间，NC 表示循环次数），设置最大循环次数 $\text{NC}_{\max}$，初始禁忌表 tabu_k 为空。令每条边 (i,j) 的初始化信息量 $\tau_{ij}(0)=\tau_0$，其中 τ_0 为常数，且初始时刻 $\Delta\tau_{ij}(0)=0$。启发因子 $\eta_{ij}=\dfrac{1}{d_{ij}}$。设置参数 α、β、ρ 和 Q 初始值。

（2）将 m 只蚂蚁随机放在 n 个云数据库节点上，用 s 表示蚂蚁的步数。蚂蚁的初始云数据库节点加入当前禁忌表 $\text{tabu}(s)$ 中。

（3）蚂蚁数目 $k\to k+1$。

（4）根据式（4-13），计算每只蚂蚁选择下一个云数据库节点 j 的概率，其中，$j\in\{V-\text{tabu}(s)\}$，V 表示所有云数据库节点数目。

（5）修改禁忌表 tabu_k，tabu_k 表示蚂蚁 k 的禁忌表。

（6）若还有蚂蚁尚未访问完的云数据库节点，则跳转到（3），否则执行（7）。

（7）云数据库节点 i 和云数据库节点 j 之间路径的信息素量，经过 n 个时刻，根据式（4-15）对每条路径上的信息素进行更新。

$$\tau_{ij}(t+n) = (1-\rho)\tau_{ij}(t) + \rho\Delta\tau_{ij} \tag{4-15}$$

$$\Delta\tau_{ij} = \sum_{k=1}^m \Delta\tau_{ij}^k \tag{4-16}$$

$$\Delta\tau_{ij}^k = \begin{cases} \dfrac{Q}{L_k} \\ 0 \end{cases} \tag{4-17}$$

式中，Q 为常数，表示蚂蚁所经过路径上的信息素总量；L_k 为在当前迭代中，第 k 只蚂蚁所经过的路径长度；$\Delta\tau_{ij}$ 为所有蚂蚁释放在路径 (i,j) 上的信息素总和；$\Delta\tau_{ij}^k$ 为蚂蚁 k 释放在路径 (i,j) 上的信息素。引入信息素更新系数，$\Delta\tau_{ij}' = f(i,j)\displaystyle\sum_{k=1}^m \Delta\tau_{ij}^k$

（8）若满足条件 $NC \geqslant NC_{max}$，则执行（9），否则执行 $NC = NC + 1$，跳转到（2）。

（9）输出最优云数据库数据传输路径，结束。

具体流程如图 4-4 所示。

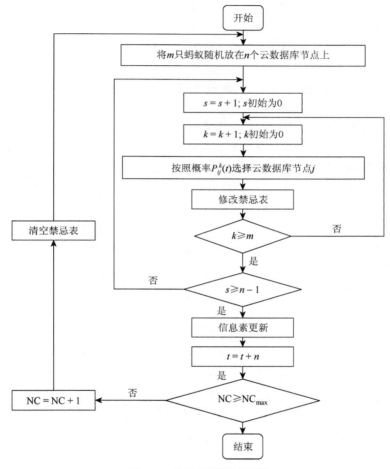

图 4-4　改进蚁群算法流程

4.5　移动云计算联盟数据资源转换

4.5.1　移动云计算联盟数据资源转换目的

数据资源转换是指将抽取的数据依据适当的规则，通过转换、清洗等过程将原本异构的数据进行格式读取的统一（王军民，2008）。移动云计算联盟数据资源分布存储在不同的云成员中，云内部及云与云之间的数据资源存储类型、格式等可能不同，为了实现移动云计算联盟成员间数据资源更好地交互与共享，统一移动云计算联盟内数据资源格式，将各种类型的数据通过数据转换，转换成消除各种不同语义、格式的标准数据资源。因此，本书借助本体描述语言 RDF 构建了一套适用于移动云计算联盟数据资源的数据转换机制。数据资源转换的最终目的，一是实现移动云计算联盟数据资源的共享；二是为用户（联盟外部需求者或联盟内成员）提供一个透明、统一的数据资源服务池。

4.5.2 基于本体的移动云计算联盟数据资源转换流程

本体描述语言 RDF 自身具有较强的规范性与标准性，而且 RDF 的可扩展性和自描述性转换特点，使其能够适应数据资源和环境的各种改变（翟丽丽等，2013）。另外，移动云计算联盟内数据资源种类多样，RDF 能为不同类型的数据资源提供处理平台，因此，提高了移动云计算联盟数据资源转换的自适应功能。基于本体数据资源转换的基本原理就是以 RDF 格式为中介，将从移动云计算联盟不同的云数据库抽取的异构数据资源，按照转换与映射规则形成 RDF 的全局数据模型，进行验证处理之后，将其转换至移动云计算联盟数据库，具体流程如图 4-5 所示。

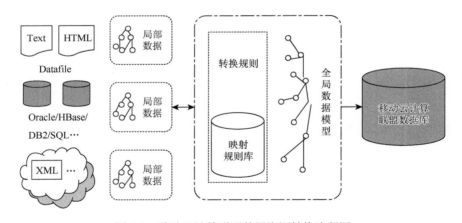

图 4-5 移动云计算联盟数据资源转换流程图

移动云计算联盟数据资源转换描述为以下关系：

$$f(\text{MDataB}, \text{MDataA}, r, \text{DataB}) \rightarrow \text{DataA}$$

式中，MDataB 为移动云计算联盟各成员局部数据模型；MDataA 为移动云计算联盟全局数据模型；DataB 为符合 MDataB 的数据集；r 为局部数据 DataB 到全局数据 DataA 的转换规则；f 为局部数据模型 MDataB、全局数据模型 MDataA、局部数据 DataB 及转换规则 r 到全局数据 DataA 的一种转换关系映射。

4.5.3　移动云计算联盟数据资源转换规则

移动云计算联盟数据资源转换规则主要是对数据映射规则的设计，它是数据资源转换的关键之一。移动云计算联盟成员不同的异构数据资源到目标数据的转换需要元数据映射规则，其能够表达它们之间的映射关系。移动云计算联盟中数据资源的种类丰富复杂，来自不同成员的数据资源之间的云数据存在各种差异，因此，本书设计了一种针对移动云计算联盟的数据资源转换规则（表 4-6），具体规则如下。

（1）移动云计算联盟数据资源中代表字符类型的元数据可以用 string 表达。

（2）移动云计算联盟数据资源中代表实数型及数据值型的元数据可以用 decimal、float 或 double 等表达，根据具体事例进行映射选择。

（3）移动云计算联盟数据资源中代表日期类型的元数据采用 date 表达。

表 4-6　元数据信息映射规则关系

数据资源数据	通用元数据
char	string
varchar	string
numeric	decimal
boolean	bool
tinyint	integer
smallint	integer
bigint	long
real	float
double	double
binary	bytes
varbinary	bytes
time	date
timestamp	date

4.5.4　局部与全局数据模型构建

首先将位于移动云计算联盟最底层的数据资源进行抽取，生成以不同形式出现的局部数据模型,然后运用本体描述语义 RDF 对局部数据模型进行统一集成管理。移动云计算联盟数据资源依据类型被分为结构化数据、半结构化数据、非结构化数据。本书采用 RDF 的语义模型,将各成员的数据资源即局部数据资源模型作如下定义。

定义 1:WDSM(Web data source model)={RDF(S, P, O)},其中,WDSM 是 RDF (S, P, O) 的集合,RDF(S, P, O) 描述了局部 Web 资源的某一个具体数据资源,S 表示主体(subject),P 表示谓词(predicate),O 表示客体(object)。主体 S 可以有多个谓词 P(命名属性),每一个谓词 P(命名属性)也可以有多个客体 O(属性值)。

同理,依据 RDF 语义模型,结构化数据即关系数据语义模型可以定义如下。

定义 2:RDBSM = $\{R(X)\}$ = $\{RDF(r, x, y), r \in R, x \in X, x \rightarrow y\}$,其中,RDBSM 是 $R(X)$ 的集合,$R(X)$ 是关系数据库的任意关系模式,R 是关系模式的名称,X 是关系模式 R 的属性。RDBSM 也是三元组 RDF(r, x, y) 的集合,RDF(r, x, y) 是任意关系模式 $R(X)$ 转换的 RDF 语义表示,其中,r 是任意关系模式 R 的资源表示,x 是 R 的属性集合 X 的一个取值命名属性,y 是 R 的属性 x 的属性取值。

根据上述 RDF 语义模型,可以将移动云计算联盟中结构化数据(关系数据为主)、半结构化数据(XML、HTML 数据)、非结构化数据(图片、视频)消除语义和模式冲突,从而构建全局数据模型。

全局数据模型 GDM(globe data model)作如下定义。

定义 3:GDM = $\left\{ RDF(S, P, O) | RDF(S, P, O) \in \left(\sum_{i=1}^{\infty} WDSM(i) \cup \sum_{j=1}^{\infty} RDBSM(j) \right) \right\}$,

其中,GDM 代表一个三元组 RDF(S, P, O) 的集合,RDF(S, P, O) 代表全局数据模型的某一个具体资源,S 表示主体(subject),P 表示谓词(predicate),O 表示客体(object)。RDF(S, P, O) 是局部数据模型进行有机集成的结果。

运用数据转换与映射技术构建移动云计算联盟成员的各个数据资源,从局部模型到全局模型的映射规则库,实现移动云计算联盟内数据资源聚集化,在便于管理的同时,提供给用户统一的数据接口服务。根据数据映射转换规则可以对不同移动云计算联盟成员的数据资源进行查询等操作,然后将查询结果返回给用户。

4.6 移动云计算联盟数据资源存储

4.6.1 移动云计算联盟数据资源存储网的生成与更新

移动云计算联盟的物理存储域由移动云计算联盟分布在各个不同地理位置的云成员数据中心及其各种服务器组成,其存储着移动云计算联盟企业及其客户的各种数据资源。为了使移动云计算联盟的数据中心朝着规模大、能耗低、绿色的方向发展，实现其移动化、共享化、虚拟化是必然的。云计算的核心虚拟化技术使移动云计算联盟能够独立于各种硬件设施运用数据资源。移动云计算联盟成员都拥有各自的数据中心，其经虚拟化后可以被抽象为不同的数据节点，移动云计算联盟所有的数据节点汇聚成一个虚拟的海量存储网络。随着移动云计算联盟成员企业各种不确定的变化，移动云计算联盟的存储网络也会随之动态改变，如节点的增加、减少或者失效等变化（Zhai et al.，2013）。因此，采用如下算法对移动云计算联盟数据存储网络进行管理与维护。移动云计算联盟数据资源存储网络生成与更新的具体算法步骤如下。

输入：新的数据节点。输出：存储网络。

步骤 1：扫描"心跳"文件，查询是否存在新节点的增减，若无，则原存储网络不变；若增加了新的数据节点，则进行步骤 2，若减少则进行步骤 3。

步骤 2：当移动云计算联盟存储网络增加了新的数据节点，首先判断该节点的位置，并找到该节点物理连接的另一节点，将两节点之间用一条线连接。然后进行步骤 4。

步骤 3：当移动云计算联盟存储网络的数据节点被删除时，首先判断该节点的位置，并找到该节点物理连接的所有节点，将它们之间的所有连线均删除。然后进行步骤 5。

步骤 4：计算存储网络中新增数据节点的负载量，然后将负载节点提交给数据资源调度算法，记录该节点的实际负载量，以供参考。

步骤 5：计算存储网络删除数据节点的具体存储资源内容，如资源名称、属性、数量等。然后进行步骤 6。

步骤 6：根据删除的资源内容，将需要复制的数据资源提交给资源迁移算法与副本管理算法。

步骤 7：循环进行数据节点增减判断，若无新的节点增减，则算法结束。

4.6.2　移动云计算联盟数据资源存储性能分析

移动云计算联盟数据资源具有数据种类多、数据量大、数据访问频繁等动态性特点，这些特点均对移动云计算联盟数据资源存储系统提出了以下几点存储性能要求。

1. 扩展性

移动云计算联盟的数据资源具有海量性，当数据存储量达到一定的规模时，系统能够自动实现较高的扩展性能，通过增加服务节点将数据有效地分布式存储。

2. 高性能

移动云计算联盟存储系统能够满足云用户和各成员对数据资源读写的实时性和查询处理的高性能。

3. 可伸缩性

移动云计算联盟存储系统需具有按需分配存储资源的功能，并能有效解决负载均衡问题，实现系统资源利用最大化。

4. 可靠性

移动云计算联盟数据存储系统必须具有高的可靠性，一旦某一成员的服务器发生故障，系统必须保证迅速恢复其功能；同时，还具有高度的容灾能力，以保证正常的服务不受影响。

5. 并发性

移动云计算联盟数据存储系统能够实现多个云用户同时进行读写等操作，并且保证数据的强一致性，实现系统对并发性的要求。

4.6.3 基于 HBase 的移动云计算联盟数据资源存储

移动云计算联盟数据资源存储系统应具备 4.6.2 节的性能要求,实现对移动云计算联盟数据资源量大的处理能力和共享需求，在此将移动云计算联盟中数据资源类型分为结构化数据、半结构化数据、非结构化数据，基于云存储理念，本书构建了基于 HBase 的移动云计算联盟公共数据库存储数据资源。HBase 是基于HDFS（hadoop distributed file system，分布式文件系统）的面向列存储的分布式存储系统，可以提高数据的可靠性与可伸缩性，对处理大量数据资源具有较强的能力，此外，HBase 还具有高可扩展性和高性能（Sun and Jin，2014）。Hadoop MapReduce 为 HBase 提供了高性能的分布式计算能力，ZooKeeper 为 HBase 提供了稳定的协同服务和容错机制。Hadoop HDFS 为 HBase 提供了高可靠性的数据存储能力。移动云计算联盟数据资源存储架构如图 4-6 所示。

移动云计算联盟数据存储模型不同于关系数据库基于行的存储，而是一种基于列的存储模型，具有多维度映射特点，这种模型是 key-value 键的一种扩展存储模型。一个 HTable 的数据模型实例如表 4-7 所示。

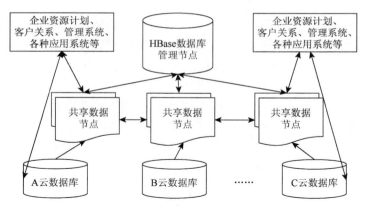

图 4-6　基于 HBase 的移动云计算联盟数据资源存储架构

表 4-7　HTable 数据模型

Row-Key	Columns		
	Name	Value	Timestamp
k_1	c_1	v_1	123 456
	c_2	v_2	123 456
k_2	c_1	v_3	123 456
	c_2	v_4	123 456

　　HTable 由 Row-Key 和 Columns 构成。Row-Key 是每一行数据的唯一标识，Column 是最小的存储单元，Column Family 是多个 Row 的集合，用于存储数据。HBase 的 Column 可以存放基于时间的多个形式数据。在现实的具体应用中，HTable 与分布式哈希表的作用是相同的，（Row-Key，Column Family：Column，Timestamp）->Value。

　　根据 OWL（web ontology language，网络本体语言）本体定义文件，将本体中的类与属性信息存放在 OWLClass 与 OWLCproperty 两张 HTable 表中。OWLClass 表存储每个类的子类、等价类等信息，OWLCproperty 表存储每个属性的定义域、值域、子属性、等价属性、逆属性等信息。采用将 RDF 按类划分的方法，为本体中的每一个类创建两张 HTable 表，表名分别为类名 SPO 与类名 OPS，每张表只有一个列族，名为 P。两张表中的数据是以该类的实例为主语的三元组。类名 SPO 表以主语作为 Row-Key，谓语作为列标签，宾语为 Value；类名 OPS 表以宾语作为 Row-Key，谓语作为列标签，主语为 Value。

4.7　本 章 小 结

　　本章首先分析了移动云计算联盟数据资源的特征及类型，介绍了移动云计算联盟数据资源获取与存储模式。通过设计数据资源的抽取、转换、传输、存储几个主要环节，实现了不同移动云计算联盟成员的数据资源在移动云计算联盟数据库中达到交互与共享。然后在分析移动云计算联盟具有小世界网络特性的基础上，通过构建移动云计算联盟小世界网络模型，分析移动云计算联盟数据资源的获取活动，采用特征路径长度、网络集聚性、数据资源获取效率三个指标对移动云计算联盟获取效果进行评价分析，为移动云计算联盟数据资源获取模式研究提供了理论依据。最后，重点利用本体描述语言 RDF 设计了基于模型的移动云计算联盟不同数据资源之间的转换。

参 考 文 献

廖子贞，罗可，周飞红，等. 2007. 一种自适应惯性权重的并行粒子群聚类算法[J]. 计算机工程与应用，43（28）：166-168.

刘庆和，梁正友. 2011. 一种基于信息增益的特征优化选择方法[J]. 计算机工程与应用，47（12）：130-132.

王军民. 2008. 基于 XML 的异构数据转换的系统与实现[D]. 成都：电子科技大学.

杨善林，周开乐. 2015. 大数据中的管理问题：基于大数据的资源观[J]. 管理科学学报，18（5）：1-8.

翟丽丽，张涛，彭定洪. 2013. 基于本体论的信息系统需求获取[J]. 计算机集成制造系统，19（1）：173-180.

Gartner. 2013. Big data[EB/OL]. http://www.gartner.com/it-glossary/big Data/[2015-03-18].

IBM. 2013. Big data：The new natural resource[EB/OL]. http://www.ibmbigdatahub.com/info graphic/big-data-new-natural-resource [2016-09-12].

Kennedy J，Ebehtart R C. 1995. Particle swarm optimization[C]. Perth：Pocreedings of IEEE International Conference on Neutral Networks：1942-1948.

Manyika J，Chui M，Brown B，et al. 2011. Big data：the next frontier for innovation，competition，and productivity[R]. New York：McKin-sey Global Institute.

NSF. 2012. Core techniques and technologies for advancing big data science & engineering（BIG DATA）[EB/OL]. http://www.nsf.gov/pubs/2012/nsf12499//nsf12499.htm[2016-11-20].

Sun J L，Jin Q. 2014. Scalable RDF store based on HBase and MapReduce[J]. Advanced Computer Theory and Engineering，11（1）：633-636.

Watts D J，Strogatz S H. 1998. Collective dynamics of "small-world" network[J]. Nature，（9）：440-442.

Wikipedia. 2013. Big data[EB/OL]. http://en.wipipedia.org/wiki/Big_data，2013[2016-11-22].

Zhai L L，Wu M L，Zhang S C，et al. 2013. Research on association mining data cleaning for professional field[C]. Harbin：2nd International Conference on Measurement，Information and Control（ICMIC 2013）：563-566.

第5章　移动云计算联盟数据资源聚类

5.1　常见聚类算法及有效性评价函数分析

5.1.1　常见聚类算法分析

现在的主流聚类算法可以大致分为以下几种：划分聚类方法、层次聚类方法、基于密度的聚类方法、基于网格的聚类方法、基于模型的聚类方法和模糊聚类方法。

1. 划分聚类方法

划分聚类方法是一类重要的聚类算法：给定一个包含 N 个数据对象的数据集 $D=\{x_1,x_2,\cdots,x_N\}$，其中 $x_i\in R^d,i=1,2,\cdots,N$，发现 K 个代表点集合（或聚类中心）$M=\{m_1,m_2,\cdots,m_k\}$，使所有对象到其聚类中心的距离平均值最小，即目标函数

$$J=\sum_{k=1}^{K}\sum_{i=1}^{N}r_{ik}\left\|x_i-m_k\right\|^2$$

取值最小。式中，r_{ik} 为第 i 个数据对象属于第 k 个代表点所表示的聚类 C_k 的概率。如果 $r_{ik}\in\{0,1\}$，则称划分聚类方法为硬划分聚类方法，其中 $r_{ik}=1$ 表示第 i 个数据对象包含在第 k 个代表点所表示的聚类 C_k，反之则不包含；如果 $r_{ik}\in[0,1]$，则称划分聚类方法为软划分聚类方法或模糊聚类方法。最常见的划分聚类方法是 K-means 聚类算法。

2. 层次聚类方法

层次聚类方法是对给定的数据对象进行层次分解。根据分解方式的不同，层次聚类方法又可以分为凝聚聚类方法和分裂聚类方法。凝聚聚类方法，按自底向上进行层次分解，开始将每个对象看作一个簇，然后合并相似的对象或簇，直到所有的簇合并为一个，或达到某个终止条件。分裂聚类方法，按自顶向下进行层次分解，开始将所有的对象看成一个簇，然后迭代地将一个簇分裂成为两个簇，直到最终每个对象单独地在一个簇中，或达到某个终止条件。

凝聚聚类方法和分裂聚类方法常用的相异度原则如下。

最小距离：

$$\mathrm{dist}_{\min}(C_i,C_j)=\min_{p\in C_i,p'\in C_j}\mathrm{dist}(p,p')$$

最大距离：

$$\mathrm{dist}_{\max}(C_i,C_j)=\max_{p\in C_i,p'\in C_j}\mathrm{dist}(p,p')$$

平均值的距离：

$$\text{dist}_{\text{mean}}(C_i, C_j) = \text{dist}(m_i, m_j)$$

平均距离：

$$\text{dist}_{\text{avg}}(C_i, C_j) = \frac{1}{n_i n_j} \sum_{p \in C_i} \sum_{p' \in C_j} \text{dist}(p, p')$$

其中，$\text{dist}(p, p')$ 为对象 p 与 p' 之间的距离；m_i 为簇 C_i 的平均值；n_i 为簇 C_i 中的对象个数。

层次聚类方法可以在不同粒度水平上对数据进行探测，而且容易实现相似度量或距离度量。但是，单纯的层次聚类方法的终止条件含糊，而且执行合并或分裂簇的操作不可修正，这很可能导致聚类结果质量很低。另外，因为需要检查和估算大量的对象或簇才能决定簇的合并或分裂，所以这种方法的可扩展性较差。因此，通常在解决实际聚类问题时要把层次聚类方法与其他聚类方法结合起来，层次聚类方法和其他聚类方法的有效结合可以形成多阶段聚类，能够改善聚类质量。

3. 基于密度和网格的聚类方法

划分聚类方法是基于对象间的距离进行聚类，只能发现类球状分布的簇。而基于密度的聚类方法是用密度代替相似性，把数据对象的分布密度作为聚类依据，把密度足够大的区域连接起来，从而可以发现任意形状的类。这种聚类方法还可以过滤孤立点和噪点。常见的基于密度的聚类方法有 DBSCAN（density-based spatial clustering of applications with noise）、OPTICS（ordering points to identify the clustering structure）、DENCLUE（DENsity based CLUst Ering）等。

基于网格的聚类方法，是把空间量化为有限个单元，对量化后的空间进行聚类。这种聚类方法具有较快的处理速度，但是只能发现边界是水平或垂直的聚类，不能检测到斜边界。网格单元的大小直接决定聚类的精度。这种聚类方法不适合高维数据的聚类。

4. 基于模型的聚类方法

基于模型的聚类方法为每个簇假定一个模型，寻找对于给定模型的最佳拟合数据。该聚类方法试图优化给定的数据和某些数学模型之间的适应性。一个基于模型的聚类方法可通过构建反映数据对象空间分布的密度函数来定位聚类，同时采用标准的统计数字自动决定聚类的数目，并考虑孤立点的影响，从而产生健壮的聚类方法。基于模型的聚类方法主要有两类：统计学聚类方法和神经网络聚类方法。

5. 模糊聚类方法

前面介绍的聚类方法可以看成是硬聚类（hard clustering），硬聚类就是每个对象属于并且仅仅属于一个簇，因此每个簇是没有交集的。模糊聚类和硬聚类不同，它采用一个隶属函数来关联对象和簇之间的关系，下面给出一般的模糊聚类过程描述。

模糊聚类方法需要先进行初始化，将数据划分为 K 个模糊组，构建一个隶属矩阵 U，通过隶属矩阵求解每个模糊组的中心点，根据计算出的中心点获得当前划分的目标函数值，将当前获得的目标函数值与上一次获得的目标函数值进行比较，如果满足截止条件则终止算法，否则更新隶属矩阵 U，重复以上步骤。

模糊聚类方法的隶属度范围为 [0,1]，当取值为 1 和 0 时，为硬聚类。

模糊聚类方法的一般模型如下：

$$\min J(U,P) = \sum_{i=1}^{C} \sum_{j=1}^{n} u_{ij}^{m} d_{ij}^{2}$$

$$\text{s.t.} \sum_{i=1}^{C} u_{ij} = 1 (1 \leqslant j \leqslant n)$$

$$u_{ij} \in [0,1] (1 \leqslant j \leqslant n, 1 \leqslant i \leqslant C)$$

$$0 \leqslant \sum_{j=1}^{n} u_{ij} \leqslant n, \forall i$$

式中，$d_{ij}^{2} = \|x_j - p_i\|^2 = (x_j - p_i)^{\mathrm{T}}(x_j - p_i)$ 表示样本 x_j 到聚类中心 p_i 的欧氏距离；C 为聚类数；m 为加权指数（$m>1$）。

5.1.2　常见的聚类有效性函数评价

1. 基于数据集几何结构的聚类有效性函数

聚类分析能够很好地实现，主要依赖于数据集的几何结构特征和密度分布。因此，最早的聚类有效性评价函数大多以距离为评价指标，体现了数据集的几何结构特征。其中，应用较多的距离为欧氏距离和马氏距离。下面介绍几种经典的基于数据集几何结构的聚类有效性评价函数。

（1）Dunn（D）指标：

$$D(\text{NC}) = \min \left\{ \min \frac{\min_{x \in c_i, y \in c_j} d(x,y)}{\max[\max_{x,y \in c_k} d(x,y)]} \right\}$$

式中，NC 为聚类个数。D 指标是利用两个簇之间的最短距离来计算类间的分离度，利用类中最大直径来计算类内紧密度，两者相除得到指标值，分析得到的指标值越大，类间的间隔越大，聚类结果越好。

（2）Calinski-Harabase（CH）指标：

$$CH(NC) = \frac{\dfrac{1}{NC-1}\sum\limits_{i=1}^{NC} nd^2(c_i,c)}{\dfrac{1}{n-NC}\sum\limits_{i=1}^{NC}\sum\limits_{x\in C_i} d^2(x,c_i)}$$

CH 指标是利用各类中心与数据集中心点的距离平方和，将类中各点与类中心的距离平方和的比值作为评价指标，比值越大代表类内越紧密，类间越分散，聚类结果越佳。

（3）I 指标：

$$I(NC) = \left[\frac{1}{NC}\frac{\sum\limits_{x\in D} d(x,c)}{\sum\limits_{i=1}^{NC}\sum\limits_{x\in C_i} d(x,c_i)}\max d(c_i,c_j)\right]^2$$

I 指标主要是将类与类中心距离最大值作为类间分离度指标，通过类中各点与类中心距离之和来衡量类内紧密度。同时，用 $\dfrac{1}{NC}$ 来消除聚类数目带来的影响，其结果越大证明聚类结果越优。

（4）Silhouette（S）指标：

$$S(NC) = \frac{1}{NC}\sum\limits_{i=1}^{NC}\left\{\frac{1}{n}\sum\limits_{x\in C_i}\frac{b(x)-a(x)}{\max[b(x),a(x)]}\right\}$$

$$a(x) = \frac{1}{n_i-1}\sum\limits_{x,y\in c_i,x\neq y} d(x,y)$$

$$b(x) = \min\limits_{j,j\neq i}\left[\frac{1}{n_j}\sum\limits_{x\in c_i,y\in c_j} d(x,y)\right]$$

S 指标通过计算类与类之间各对象两两之间的距离及类中各对象两两之间的距离来衡量聚类质量，指标结果越大，聚类结果越优。

基于数据集几何结构的聚类有效性评价函数能够很好地利用数据结构，但计算量大，表述复杂。随着聚类分析方法的增多，以及模糊聚类方法的出现，单一几何结构的评价方法无法全面地评价聚类结果的优劣。因此，模糊理论成为聚类有效性评价的另一理论依据。

2. 基于模糊划分的有效性函数

自模糊理论提出后，模糊聚类的理论和方法得到迅速发展。模糊划分是应用于聚类有效性评价中的一种方法，主要利用数据特性计算隶属度，用隶属度构建有效性评价指标，对聚类结果进行评价。其中，Bezdek 的划分系数和 Shannon 的划分熵是最有代表性的基于模糊划分的聚类有效性评价指标。

Bezdek 提出的划分系数（PC 指标）：

$$PC(U,c) = \sum_{i=1}^{c} \sum_{j=1}^{n} \frac{u_{ij}^2}{n}$$

Shannon 提出的划分熵（PE 指标）：

$$PE(U,c) = -\sum_{i=1}^{c} \sum_{j=1}^{n} \frac{u_{ij}^2 \log u_{ij}^2}{n}$$

PC 和 PE 指标具有很好的数学性质，但也存在随类数目 c 的增加而单调递增或递减的趋势。该类指标存在以下缺点：关于聚类数目单调；对聚类算法中的参数 m 敏感；只利用到数据集本身而缺乏与数据几何结构的直观联系。

3. 基于数据集几何结构的模糊聚类有效性函数

无论是基于数据集几何结构，还是基于模糊划分的聚类有效性指标，在评价过程中均暴露出各自的不足，为了构建出更好的聚类有效性评价函数，将两种理论结合成为研究的必然选择。

第一个将两种理论结合的是 Xie 和 Beni，他们在 1991 年提出了 Xie-Beni 有效性指标 V_{xie}。

$$V_{\text{xie}}(U,V;c) = \frac{\sum_{i=1}^{c} \sum_{j=1}^{n} u_{ij}^m \left\| x_j - v_i \right\|^2}{n \min \left\| v_i - v_j \right\|^2}$$

式中，U 为隶属矩阵；V 为聚类中心矩阵；c 为聚类数；m 为模糊因子；u_{ij} 为 U 矩阵中的元素；v_i 为 V 矩阵中的第 i 行。

V_{xie} 为类内紧密度与类间分离度的比值，在类内紧密度和类间分离度之间找到一个平衡点，使其达到最小，从而获得最好的聚类效果。

Fukuyama 和 Sugeno 将模糊隶属度和数据几何结构综合，并考虑紧致性和分离性特征，提出了 FS 指标。

$$FS(U,V;c) = \sum_{i=1}^{c} \sum_{j=1}^{n} u_{ij}^m \left\| x_j - v_i \right\|^2 - \sum_{i=1}^{c} \sum_{j=1}^{n} u_{ij}^m \left\| v_i - \overline{v} \right\|^2$$

式中，$\bar{v} = \sum_{i=1}^{c} \dfrac{v_i}{c}$。FS 指标对 m 取值敏感（Zhao et al.，2009），尤其在 m 值较高或较低时，指标将不能给出正确的评价。

　　通过分析比较上述提到的几种聚类算法，本书针对移动云计算联盟数据资源特点，提出了四种改进的移动云计算联盟数据资源聚类方法。首先提出基于广度优先搜索改进的 FCM 算法，利用广度优先搜索算法的全局搜索能力和剔除噪声能力克服了 FCM 算法对初始值和噪声敏感，以及易陷入局部最优问题。在此基础上，考虑到移动云计算联盟数据资源属性噪声问题对联盟数据资源聚类结果的影响，通过引入变异系数赋权法改进 FCM 的目标函数，进一步提高 FCM 算法的抗噪性。然后，提出基于 MapReduce 改进的 CURE 算法，由于联盟数据资源量大、种类多样，利用 MapReduce 函数对原始数据资源进行并行化处理，大大加快了聚类的处理速度。另外，提出了区间数的数据距离表示，使其更适用于联盟复杂的数据资源类型。接着，提出一种基于萤火虫改进的 K-means 聚类算法，该算法主要是利用萤火虫算法的全局搜索能力，避免了 K-means 聚类算法由于本身对初始聚类中心极其敏感，易陷入局部最优问题，同时引入了马氏距离作为距离度量，提高了移动云计算联盟数据资源聚类的准确性。最后，提出一种改进的可能性模糊聚类算法。为了解决噪声数据和一致性的聚类问题，该算法将可能性测度和必然性测度有机结合，得到新的可能度，代替传统的隶属度，构建新的可能性聚类算法。除此之外，对 MPO 聚类有效性函数进行改进得到新的聚类有效性评价函数。

5.2　基于广度优先搜索改进的 FCM 算法

5.2.1　移动云计算联盟数据聚类算法描述

　　对移动云计算联盟数据资源进行聚类划分能够实现联盟数据资源的有效分类，因此选取有效适当的聚类算法对联盟数据资源进行划分是必要的。FCM 算法（Dunn，1973；Bezdek，1981）的优点是理解简单，收敛速度快，局部搜索能力强，适用于大型数据集。但也存在一些缺陷：①不能识别所有形状的簇，仅对团状的簇有效，对噪声敏感；②初始聚类中心随机选取较敏感，易陷入局部最优；③初始化设置的参数较多，而且没有一定的准则可遵循。为了克服这些缺点，Keller 和 Krishnapuram（1993）从隶属度约束条件上进行了改进，提出了 PCM 算法。但该算法只能在所有聚类中心重合时才真正得到全局最优解，为了解决 FCM 和 PCM 中存在的问题，Pal 等（2005）提出了可能性模糊 C-均值聚类模型（PFCM），但该算法需要人为设置的参数较多，对参数有较强的依赖性。此外，王元珍等

（2005）将信息熵理论融入 FCM 算法中，在一定程度上解决了初始参数的设置问题。为了避免 FCM 算法的初始聚类中心随机选取，造成局部最优解问题，很多学者将不同的算法融入 FCM 算法中进行改进，进而提高 FCM 算法的全局搜索能力。例如，融合蚁群遗传算法（Runkler，2005）、粒子群算法（Izakian and Abraham，2011）、萤火虫算法（骆东松等，2013）、模拟退火算法（周开乐等，2014）等，这些方法的改进都使 FCM 算法在性能上得到一定的改善。还有部分学者将属性权重考虑到该算法中，如李丹等（2010）提出了基于属性权重区间监督的 FCM 算法。属性权重的确定间接影响着聚类结果，且较少学者考虑到属性噪声问题或者无关属性对模糊聚类结果的影响，基于此，本书提出了 BFS-VWFCM（breadth-first search-variable weighed fuzzy C-means，广度优先搜索-变异加权模糊 C-均值）算法，该算法能够更好地满足移动云计算联盟数据资源聚类的准确性与抗噪性。该算法的主要思想是利用改进的 BFS 算法的全局搜索能力和剔除噪声能力克服了 FCM 算法对初始值和噪声敏感，易陷入局部最优的问题。在此基础上，考虑到属性噪声问题对聚类结果的影响，通过引入变异系数赋权法改进 FCM 算法的目标函数，进一步提高 FCM 算法的抗噪性（翟丽丽等，2016）。

　　移动云计算联盟数据资源聚类可以抽象描述为，假设集合 $X = \{x_1, x_2, \cdots, x_n\}$ 是移动云计算联盟各成员数据资源的集合，即 $x_i = \{x_{i1}, x_{i2}, \cdots, x_{ip}\}$，$x_{ip}$ 表示数据资源 x_i 的第 p 个资源属性，在移动云计算联盟中 x_i 可以表示数据资源的数据计算能力、数据存储能力、数据分析能力、数据传输能力等属性，$V = \{v_1, v_2, \cdots, v_c\}$ 是 c 个聚类中心，$U = (u_{ij})_{c \times n}$ 是每个成员样本的隶属矩阵，表示第 j 个成员的数据资源 x_j 属于第 i 类的隶属度，d_{ij} 表示 i 类中样本数据 x_j 到第 i 类的聚类中心 v_i 的欧式距离。其中 $u_{ij} \in [0,1]$，$v_i \in R^n$，$2 \leqslant c \leqslant n$，$i = 1, 2, \cdots, n$，$j = 1, 2, \cdots, n$。

　　FCM 算法的目标函数如下：

$$\min J_m(U,V) = \sum_{i=1}^{n} \sum_{j=1}^{c} u_{ij}^m d_{ij}^2 \qquad (5\text{-}1)$$

在式（5-2）的约束下取得极小值：

$$\sum_{j=1}^{c} u_{ij} = 1 \qquad (5\text{-}2)$$

应用拉格朗日乘法，结合式（5-2）的约束条件对式（5-1）求导，得

$$u_{ij} = \frac{1}{\sum_{k=1}^{n} \left[\dfrac{d_{ij}}{d_{ik}} \right]^{\frac{2}{m-1}}} \qquad (5\text{-}3)$$

$$v_j = \frac{\sum_{i=1}^{n} u_{ij}^m x_i}{\sum_{i=1}^{n} u_{ij}^m}$$　　　　　　（5-4）

式中，$d_{ij} = \|x_i - v_j\|$；m 为模糊加权指数，一般取 $m = 2$。

　　FCM 算法其实是一种简单的迭代过程，关键在于给定初始聚类数目和聚类中心，反复更新隶属度矩阵和初始聚类中心，直到目标函数达到不能再收敛为止。实际上，FCM 算法采用梯度下降方法沿着 J 不断减小的方向搜索，其本质是一种局部搜索算法，而且初始聚类中心的随机选取可能会落在局部极小值附近，陷入局部最优，得不到全局最优解。另外，FCM 算法对噪声数据较敏感，主要原因在于其默认全部属性对聚类结果的贡献率相同，未考虑样本属性对类内距离和类间距离的影响。

5.2.2　广度优先搜索

　　广度优先搜索是图的一种遍历路径，是一种分层的搜索过程，能够访问图中所有节点，具有全局搜索能力。故本书采用广度优先搜索的思想，提出了一种改进的广度优先搜索聚类算法，该算法不仅具有全局的搜索能力，还具有排除噪声数据的能力。广度优先搜索的基本思想如下：使用广度优先搜索，在访问起始点 v_0 之后，由 v_0 出发，依次访问 v_0 的各个未被访问的邻接顶点 $v_1, v_2, \cdots, v_n$，然后再顺序访问 $v_1, v_2, \cdots, v_n$ 所有未被访问的邻接顶点；再从这些已访问的顶点出发，访问它们所有还未被访问的邻接顶点，如此下去，直到图中的所有顶点都被访问到，停止访问。

　　定义 1：在待测样本集合 X 中，存在子集合 V，$V \subset X$，x_{ik} 是包含 $k = \{k_1, k_2, \cdots, k_d\}$ 个属性的数据对象，V 中任意两个待测对象关于属性 $k_1, k_2, \cdots, k_d$ 具有较大相似性，称 V 为样本分类基，简称分类基。

　　定义 2：分类基相似度是指表征基内待测对象关于各影响因素相似程度的量，在数值上等于基内任意两个待测对象之间的最小相似度。

　　设分类基 V_i 包含待测对象 $x_{i1}, x_{i2}, \cdots, x_{in}$；$S_i$ 为分类基 V_i 的相似度；S_i^{rk} 为分类基 V_i 中任意两个被测对象的相似度，则 S_i 满足

$$S_i = \min\{S_i^{rk}\}(r \leqslant n, k \leqslant n)$$　　　　　（5-5）

　　改进的聚类算法主要是运用广度优先搜索的思想，将所有样本数据看成加权网络中的各个节点，节点 x_i 和 x_j 边上的权值表示数据 x_i 和 x_j 之间的相似度，用 s_{ij} 表示。计算加权网络中所有边连接的两个节点之间的权值，取节点 x_i 和 x_j 权值最大，

即相似度最大的两个节点，并将其标记为已访问过的节点，记作 $b_1=\{x_i,x_j\}$。将第一个分类基 b_1 作为初始节点，访问与其连接的所有未被访问的其他节点，如果某一个节点与初始分类基 b_1 中的所有节点之间的权值大于预先设定的阈值 S，将其标记为已访问的节点，并将该节点归入分类基中。访问完与初始分类基 b_1 的所有连接节点后，从所有未被标记的节点中选取相似度最大的两个节点归为一类，即将分类基 b_2 作为初始节点，继续访问与其连接的节点，并将每个未被标记，且该节点与分类基 b_2 中所有已访问的节点之间的相似度大于阈值 S，将该节点归入分类基 b_2 中。如此反复搜索下去，各分类基的相似度不断减小，直到小于预先设定的阈值 S 结束搜索或者当所有的节点均被标记到所属的分类基中，结束搜索。如果某节点与所有分类基的相似度都小于阈值 S，即认为该节点为噪声或者孤立点，不能聚类。改进的广度优化搜索聚类算法不仅具有全局的搜索能力，能够识别任意形状的簇，而且可以排除噪声或孤立点对聚类效果的影响。

具体算法如下。

步骤 1：计算加权网络中任意两个节点之间的权值即相似度，记作 s_{ij}。考虑到所有属性因子，待测对象 x_i 与 x_j 的相似度如下：

$$s_{ij}=\frac{\sum_{k=1}^{d}(x_{ik}\omega_k)(x_{jk}\omega_k)}{\sqrt{\sum_{k=1}^{d}(x_{ik}\omega_k)^2\sum_{k=1}^{d}(x_{jk}\omega_k)^2}} \qquad (5\text{-}6)$$

式中，ω_k 为属性因子 k 的权重；$i=1,2,\cdots,n$；$j=1,2,\cdots,n$；d 为属性因子个数；x_{ik} 为 x 关于属性因子 k 对应的属性值。

步骤 2：建立无向加权图，即构建样本相似度矩阵，由式（5-6）可知 $S^{ij}=S^{ji},S^{ii}=1$，故相似度矩阵是关于主对角线对称的。

$$\begin{pmatrix} S_{11} & S_{12} & \cdots & S_{1n} \\ S_{21} & S_{22} & \cdots & S_{2n} \\ \vdots & \vdots & & \vdots \\ S_{n1} & S_{n2} & \cdots & S_{nn} \end{pmatrix}$$

步骤 3：在相似度矩阵中搜索最大相似度值 S^{cr}，若 $S^{cr}\geqslant S$，则将节点 x_c 和 x_r 归为一类，记作 $b_1=\{x_c,x_r\}$，继续搜索 x_c 和 x_r 的相邻节点，当 x_q 满足 $S^{cq}\geqslant S$ 且 $S^{rq}\geqslant S$ 时，将 x_q 归为 b_1，此时 $b_1=\{x_r,x_c,x_q\}$。

步骤 4：以此类推继续搜索，将其他相邻的节点划分到分类基 b_1 中。重复步骤 3，直到所有样本都被标记到所属的分类基中，完成所有分类基的划分。如果某个节点与所有分类基的相似度都小于阈值 S，不能聚类，即为孤立点或者噪声数据，结束搜索。

步骤 5：更新阈值 $S_{l+1} = S_l + \lambda$，$l = 1, 2, \cdots, n$，λ 为常数，表示步长，一般取值 0.02。重复步骤 3 和步骤 4，当 $S_{l+1} \geqslant 1$ 时，停止更新，得到不同的动态分类结果。

上述改进的广度优化搜索聚类算法在确定聚类中心和聚类数目时，在一定程度上会受到阈值 S 选取的影响。在实际问题中，阈值 S 的选取基本均是根据经验设定的，主观性较强，聚类结果的准确性很难得到保证。所以在此基础上为了得到更为精准的聚类中心和聚类数目，Zhao 等（2009）构建了聚类有效评价函数对最优阈值进行选取，从而确定最佳聚类中心和数目。

设 n_i 为 ω_i 类的样本数目，ω_i 类的样本为 $x_k^{(i)}(k = 1, 2, \cdots, n_i; i = 1, 2, \cdots, C_s)$，$C_s$ 为对应 S 值的类数目，$1 < C_s < n$，ω_i 类的中心为 $x^{(i)}$，x 为总体样本的中心。

类中心公式为

$$x^{(i)} = \frac{\sum_{i=1}^{n_i} x_k^{(i)}}{n_i} \tag{5-7}$$

总体样本中心公式为

$$x = \frac{\sum_{i=1}^{n} x_j}{n} \tag{5-8}$$

紧密度定义为

$$\mathrm{Intra\_dis} = \frac{1}{n_i} \sum_{i=1}^{n_i} \left\| x_j^{(i)} - x^{(i)} \right\|^2 \tag{5-9}$$

分离度定义为

$$\mathrm{Inter\_dis} = \left\| x^{(i)} - x \right\|^2 \tag{5-10}$$

聚类有效评价函数为

$$F = \frac{\sum_{i=1}^{C_s} \dfrac{\mathrm{Inter\_dis}}{C_s - 1}}{\sum_{i=1}^{C_s} \dfrac{\mathrm{Intra\_dis}}{n - C_s}} \tag{5-11}$$

初始聚类中心可以表示为

$$v_i = (x^{(1)}, x^{(2)}, \cdots, x^{(i)}) \tag{5-12}$$

　　F 值是由每个样本的分离度与紧密度除以相应权数的比值构成，由式（5-11）可知，F 值越大，类与类之间的差距越大，聚类效果越好。最大的 F 值对应的阈值 S 即为最佳阈值，其对应的聚类结果也是最佳的，即可作为 FCM 算法的初始聚类中心和聚类数目，由此进行迭代可以避免由于初始值的随机选取陷入局部最优。

5.2.3　变异加权模糊 C-均值算法

　　移动云计算联盟数据资源可能包含很多属性不同的数据对象，有些属性对象可能对聚类结果的贡献率较高，被称为可分性高的样本数据；反之，有些属性对象对聚类结果的贡献率极小，被称为孤立点数据或噪声数据。为了提高 FCM 算法的抗噪性，减小噪声数据对聚类结果的影响，本书采用变异系数赋权法确定各属性的贡献率，增加可分性好的属性权重，降低噪声属性权重。

　　设一组数据 $X = \{x_1, x_2, \cdots, x_n\}$，其变异系数 v_x 的计算公式如下：

$$v_x = \frac{S_x}{|\overline{X}|} \tag{5-13}$$

式中，$\overline{X} = \frac{1}{n}\sum_{i=1}^{n} X_i$ 为均值；$S_x = \sqrt{\frac{1}{n-1}\sum_{i=1}^{n}(X_i - \overline{X})^2}$ 为标准差；v_x 为变异系数。

　　各属性因子的权重公式为

$$\omega_k = \frac{v_k}{\sum_{k=1}^{p} v_k} \tag{5-14}$$

式中，ω_k 为第 k 个属性因子的权重；p 为样本属性数目。

　　改进的 FCM 算法的目标函数如下：

$$\min J_m(U,V) = \sum_{i=1}^{n}\sum_{j=1}^{c}[u_{ij}^m d_{ij}^2 \omega] \tag{5-15}$$

式中，$\omega = (\omega_1, \omega_2, \cdots, \omega_p)^{\mathrm{T}}$ 为各属性因子的变异权重。

　　引入拉格朗日乘子的目标函数：

$$J(U,V,\lambda) = \sum_{i=1}^{n}\sum_{j=1}^{c}[u_{ij}^m d_{ij}^m \omega] - \sum_{i=1}^{n}\lambda_i\left(\sum_{k=1}^{c} u_{ik} - 1\right) \tag{5-16}$$

分别对 u_{ik} 和 λ 求导得

$$\frac{\partial J(U,V,\lambda)}{\partial u_{ik}} = \frac{\partial J(U,V)}{\partial u_{ik}} - \sum_{i=1}^{n} \lambda_i \frac{\partial}{\partial u_{ik}} \left(\sum_{k=1}^{c} u_{ik} - 1 \right) \frac{\partial J}{\partial \lambda} = 0$$

为了求解隶属度 u_{ij} 和聚类中心 v_j，将式（5-16）展开得

$$J(U,V,\lambda) = (u_{11}^m d_{11}^2 \omega + u_{21}^m d_{21}^2 \omega + \cdots + u_{n1}^m d_{n1}^2 \omega) + (u_{12}^m d_{12}^2 \omega + u_{22}^m d_{22}^2 \omega + \cdots + u_{n2}^m d_{n2}^2 \omega) + \cdots$$

$$+ (u_{1c}^m d_{1c}^2 \omega + u_{2c}^m d_{2c}^2 \omega + \cdots + u_{nc}^m d_{nc}^2 \omega) - \begin{bmatrix} (\lambda_1 u_{11} + \lambda_2 u_{21} + \cdots + \lambda_n u_{n1}) \\ + (\lambda_1 u_{12} + \lambda_2 u_{22} + \cdots + \lambda_n u_{n2}) \\ + \cdots + (\lambda_1 u_{1c} \ \lambda_2 u_{2c} \ \lambda_n u_{nc}) \\ - (\lambda_1 + \lambda_2 + \cdots + \lambda_n) \end{bmatrix}$$

然后分别对 u_{ij} 进行求导，对 u_{11} 求导并令其导数等于 0，则

$$\frac{\partial J}{\partial u_{11}} = m u_{11}^{m-1} d_{11}^2 \omega - \lambda_1 = 0$$

$$\Rightarrow u_{11} = \left(\frac{\lambda_1}{m d_{11}^2 \omega} \right)^{\frac{1}{m-1}}$$

相应地：

$$\Rightarrow u_{12} = \left(\frac{\lambda_1}{m d_{12}^2 \omega} \right)^{\frac{1}{m-1}}, \cdots, u_{1c} = \left(\frac{\lambda_1}{m d_{1c}^2 \omega} \right)^{\frac{1}{m-1}}$$

由于 $\sum_{k=1}^{c} u_{ik} = 1$

$$\left(\frac{\lambda_1}{m} \right)^{\frac{1}{m-1}} \left[\sum_{k=1}^{c} \left(\frac{1}{d_{1k}^2 \omega} \right)^{\frac{1}{m-1}} \right] = 1$$

因此

$$\left(\frac{\lambda_1}{m} \right)^{\frac{1}{m-1}} = \frac{1}{\sum_{k=1}^{c} \left(\frac{1}{d_{1k}^2 \omega} \right)^{\frac{1}{m-1}}}$$

$$u_{11} = \frac{\left(\frac{1}{d_{11}^2 \omega} \right)^{\frac{1}{m-1}}}{\sum_{k=1}^{c} \left(\frac{1}{d_{1k}^2 \omega} \right)^{\frac{1}{m-1}}}, \cdots, u_{1c} = \frac{\left(\frac{1}{d_{1c}^2 \omega} \right)^{\frac{1}{m-1}}}{\sum_{k=1}^{c} \left(\frac{1}{d_{1k}^2 \omega} \right)^{\frac{1}{m-1}}}$$

相似地

$$u_{2c} = \frac{\left(\dfrac{1}{d_{2c}^2\omega}\right)^{\frac{1}{m-1}}}{\displaystyle\sum_{k=1}^{c}\left(\dfrac{1}{d_{2k}^2\omega}\right)^{\frac{1}{m-1}}}, \cdots, u_{nc} = \frac{\left(\dfrac{1}{d_{nc}^2\omega}\right)^{\frac{1}{m-1}}}{\displaystyle\sum_{k=1}^{c}\left(\dfrac{1}{d_{nk}^2\omega}\right)^{\frac{1}{m-1}}}$$

基于以上隶属度的更新公式为

$$u_{ij} = \frac{\left(\dfrac{1}{d_{ij}^2\omega}\right)^{\frac{1}{m-1}}}{\displaystyle\sum_{k=1}^{c}\left(\dfrac{1}{d_{ik}^2\omega}\right)^{\frac{1}{m-1}}} \tag{5-17}$$

式中，$d_{ij} = \left\| x_i - v_j \right\|$。

同理，将 $J(U,V)$ 进行展开得

$$J(U,V) = \sum_{i=1}^{n} u_{ij}^m \omega \left(\left\| x_i - v_1 \right\|^2 + \left\| x_i - v_2 \right\|^2 + \cdots + \left\| x_i - v_c \right\|^2 \right)$$

对其求一阶导数，并且令其等于 0，则有

$$\Rightarrow v_1 = \frac{\displaystyle\sum_{i=1}^{n} u_{i1}^m x_i \omega}{\displaystyle\sum_{i=1}^{n} u_{i1}^m \omega}$$

相似地

$$v_2 = \frac{\displaystyle\sum_{i=1}^{n} u_{i2}^m x_i \omega}{\displaystyle\sum_{i=1}^{n} u_{i2}^m \omega}, \cdots, v_j = \frac{\displaystyle\sum_{i=1}^{n} u_{ij}^m x_i \omega}{\displaystyle\sum_{i=1}^{n} u_{ij}^m \omega}$$

基于以上聚类中心的更新公式为

$$v_j = \frac{\displaystyle\sum_{i=1}^{n} u_{ij}^m x_i \omega}{\displaystyle\sum_{i=1}^{n} u_{ij}^m \omega} \tag{5-18}$$

5.2.4　基于 BFS-VWFCM 的移动云计算联盟数据资源聚类过程

BFS-VWFCM 算法主要是将改进的 BFS 聚类算法与基于变异加权的 FCM 算

法相结合，将 F 指标融入 BFS 聚类算法与 FCM 算法中，该算法的流程如图 5-1
所示。

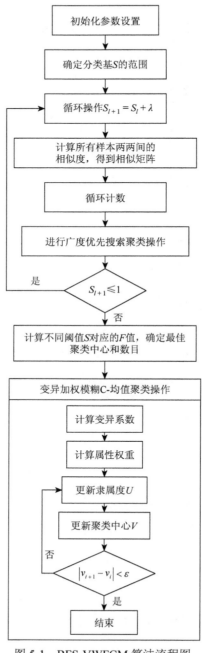

图 5-1　BFS-VWFCM 算法流程图

具体步骤如下。

步骤 1：设置模糊权重指数 m，迭代停止阈值 ε，分类基相似度阈值 S，最大迭代次数为 N，本书取 $N = 50$。

步骤 2：计算样本相似度矩阵。根据式（5-6）计算样本相似度矩阵。

步骤 3：进行广度优先搜索聚类操作。根据预先设定的阈值 S 和步骤 2 得到的样本相似度矩阵，进行上述广度优化搜索步骤 3～步骤 5 操作，将得到不同的聚类结果。

步骤 4：确定聚类中心和聚类数目。根据式（5-7）计算出不同阈值 S 对应的聚类中心和聚类数目，然后根据式（5-11）进行评价，选取最大 F 值对应的阈值 S，其对应的聚类中心用式（5-12）表示。

步骤 5：计算各属性权重。首先根据式（5-13）计算变异系数，然后将其代入式（5-14）得到各属性权重。

步骤 6：更新隶属度矩阵 U。将步骤 4 得到的聚类中心 v 和步骤 5 得到的属性权重 ω 代入式（5-17）得到新的隶属度矩阵 U。

步骤 7：更新聚类中心 V。将步骤 6 得到的隶属度矩阵 U 和步骤 5 得到的属性权重 ω 代入式（5-18）得到新的聚类中心。

步骤 8：计算相邻两聚类中心的距离 E。若原聚类中心与更新后的聚类中心之间的距离 E 小于 ε，则停止；否则转到步骤 6。

5.3　基于改进 CURE 算法的移动云计算联盟数据资源聚类

5.3.1　MapReduce 函数构建

MapReduce 函数主要是实现数据的并行化处理。数据集被 Map 函数划分成若干份，并把每一份分配到不同的节点上执行。Reduce 函数的分布可通过某种分区函数，根据中间结果的键值把中间结果划分成 R 块（Clerc and Kennedy，2002）。这种并行化算法一方面解决了传统 CURE 算法中抽样导致的聚类结果有偏差的问题，并且聚类时间得到有效提升；另一方面也更加适合动态变化中的移动云计算联盟数据资源，当并行化处理的数据资源聚类完成后可以快速投入下一时间节点的成员数据资源处理。首先利用 Map 函数将原始移动云计算联盟数据资源划分为 n 个数据片分配到不同的 Map 节点上，然后将每一个节点的数据片并行化聚类处理，再交由 Reduce 函数将 key 值相同的类合并，具体过程如图 5-2 所示。

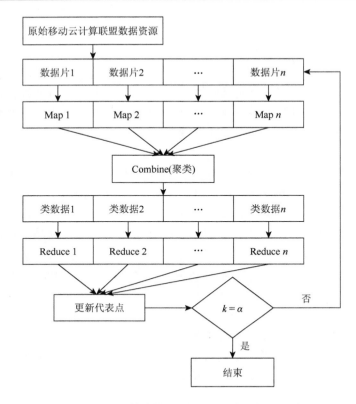

图 5-2　CURE 算法的 MapReduce 并行化处理过程

　　Map 阶段：输入联盟数据集后，首先将每一个数据对象初始化为一个类，并将类的总数记为 Q；然后提前设定聚类个数 k，当类数大于 k 时，利用距离表示函数计算各个类之间的距离，找到距离最近的两个类并将其合并，这时类总数 Q 减 1。

　　Reduce 阶段：Reduce 函数根据 Map 函数的输出，判断 Q 是否大于 k，如果大于 k 则继续聚类，更新代表点，作为下一轮 Map 函数的输入，直到 k 满足条件 $k = \alpha$，终止聚类。

5.3.2　基于区间数的数据距离表示

　　原始的 CURE 算法在计算数据项 p 和 q 之间的距离时，经常采用欧式距离、马氏距离或拉格朗日距离等，这些距离测度度量都是基于确定性数据，数据有确定的数据值或明确的界限，而移动云计算联盟数据资源存在很大的不确定性，其界限模糊且经常存在一些数据缺失现象，为了更好地研究这些数据，需要采用一种新的测度距离表示方法。

在不确定数据的距离表示方法研究中，Chau 等（2005）提出了一种用期望值表示两个不确定性对象之间距离的表示方法，但是在这种方法中对象位置的分布信息被丢失。Kriegel 和 Pfeifle（2005）提出了利用计算数据对象概率判断数据对象是否属于核心对象，并通过密度可达概率是否大于 0.5 判断是否可达，这种方法不利于获得正确的聚类结果。在距离表示中很多学者采用概率密度函数及概率分布的方法，然而这两种函数在实际应用中很难获得，从而脱离了与实际应用的契合（Kao et al.，2010；Cormode and Mcgrego，2008）。在联盟数据资源的处理中，对于任意两个移动数据对象 o_1 和 o_2，它们当前的实际位置很难确定，但其标准差很容易获得，它们之间距离的最大值 $d_{\max}(o_1, o_2)$ 和最小值 $d_{\min}(o_1, o_2)$ 也很容易计算，实际可行性较强。在区间数的计算中，对于给定的区间数 $X = [X_L, X_R]$，$Y = [Y_L, Y_R]$，通常用 $d(X, Y)$ 表示其距离，其距离公式为

$$d(X,Y) = \|X - Y\| = \sqrt{|X_L - Y_L|^2 + |X_R - Y_R|^2} \qquad (5\text{-}19)$$

在联盟数据资源的区间表示中，利用标准差表示其区间，并结合数据自身特点计算距离，具体定义如下。

定义 3（数据区间表示）：标准差可以作为不确定性的一种度量，其在联盟数据资源的实际应用中计算相对方便，设一组联盟数据 $X = (x_1, x_2, \cdots, x_n)$，其标准差 σ 表示为

$$\sigma = \sqrt{\frac{1}{n}\sum_{i=1}^{n}(x_i - \mu)^2} \qquad (5\text{-}20)$$

式中，μ 为其数据的平均值，则数据的区间表示为

$$X_i = [x_i - k\sigma, x_i + k\sigma](1 \leqslant i \leqslant n, k \in R | 0 \leqslant k \leqslant 3) \qquad (5\text{-}21)$$

式中，k 为收缩因子，由 Moore（1965）可知，当 $k = 1$ 时测量数据分布在 $[x_i - k\sigma, x_i + k\sigma]$ 的概率为 68.3%；当 $k = 2$ 时测量数据分布在 $[x_i - k\sigma, x_i + k\sigma]$ 的概率为 95.4%；当 $k = 3$ 时测量数据分布在 $[x_i - k\sigma, x_i + k\sigma]$ 的概率为 99.7%。虽然在移动用户的数据区间表示时概率仍存在不确定性，但是根据 k 值的变换，可以将概率降低到最小，在实际测量中这样的概率是完全可以接受的。

定义 4（数据距离表示）：当联盟数据用区间数表示时，各个数据的距离表示不是单纯的相减关系，其区间存在相离、相接、相交及包含四种位置关系，当其区间数位置关系为相接时，其距离最小值为 0，当其区间数位置关系为其他三种情况时，其距离最小值为 $|x_j - x_i| - 2k\sigma$，无论其区间数为哪种位置关系，其最大值皆为 $|x_j - x_i| + 2k\sigma$。

$$d_{\min} = \begin{cases} |x_j - x_i| - 2k\sigma & (1 \leqslant i \leqslant n, 1 \leqslant j \leqslant n, i \neq j) \\ 0 \end{cases} \quad （5\text{-}22）$$

$$d_{\max} = |x_j - x_i| + 2k\sigma \quad (1 \leqslant i \leqslant n, 1 \leqslant j \leqslant n, i \neq j) \quad （5\text{-}23）$$

由此得到移动云计算联盟内的数据并不是只包括单一的实数，还可以用区间距离表示为

$$d(X_i, X_j) = [d_{\min}, d_{\max}] \quad （5\text{-}24）$$

5.3.3　移动云计算联盟数据聚类步骤

对于移动云计算联盟数据中的任意两个类 u 和 v，$u.\text{mean}$ 表示类 u 的中心点，$u.\text{rep}$ 表示类 u 的代表点，类之间的距离用 $\text{dist}(u,v)$ 表示；对于任意两个数据项 p 和 q，$\text{dist}(p,q)$ 表示 p 和 q 之间的距离，确定预期的聚类数目 k，则改进后的 CURE 聚类过程如下（高长元等，2016）。

步骤 1：利用 Map 函数，将原始移动云计算联盟数据资源划分为 n 个数据片，每一个数据片由一个 Map 函数计算，实现对联盟不同成员数据的并行化处理。

步骤 2：对每个 Map 中的数据片做聚类处理，最初聚类的每一个数据代表一个类，每两个类之间的距离为 $d(p,q)$，其计算公式为

$$d(p,q) = [d_{\min}, d_{\max}] \quad （5\text{-}25）$$

步骤 3：将距离最小的两个类合并，组成新类 w，计算新类的中心点 $w.\text{mean}$，其中 $|u|$ 和 $|v|$ 表示该聚类 u 和 v 中所含数据项的个数。

$$w.\text{mean} = \frac{|u|u.\text{mean} + |v|v.\text{mean}}{|u| + |v|} \quad （5\text{-}26）$$

步骤 4：计算新类的代表点 $w.\text{rep}$，其中 α 为收缩因子，CURE 算法提出者 Guha 和 Rastogi 的研究经验表明，α 取值一般在 0.2～0.7 聚类结果较好，合并后类的个数 $n = n - 1$。

$$w.\text{rep} = p + \alpha^*(w.\text{mean} - p) \quad （5\text{-}27）$$

步骤 5：将合并后的类 w 与未合并的类重新组成数据组，利用 Reduce 函数判断是否达到聚类终止条件，更新代表点，重复步骤 3 和步骤 4，直到聚类数目 k 达到预定值，每个 Map 子聚类结束。

步骤 6：删除异常点。

步骤 7：对 Map 函数输出的每个子类进行聚类，完成移动云计算联盟数据资源的聚类。

5.4 基于改进 K-means 算法的移动云计算联盟数据聚类

5.4.1 过程分析

移动云计算联盟的数据资源种类多样，数据类型复杂，包含不确定性数据、模糊数据、缺失数据等。K-means 算法具有运算简单、适合处理大量数据、运行速度快等特点，符合移动云计算联盟大量数据处理的要求。但 K-means 算法本身对初始聚类中心极其敏感，易陷入局部最优，这将直接影响聚类结果的准确性。因此，选用具有良好全局寻优能力的萤火虫算法对 K-means 算法进行优化，有效地克服了 K-means 算法的不足，同时增强了萤火虫算法的局部搜索能力，并使 K-means 算法初始聚类中心的选取具有科学性。移动云计算联盟原始数据资源的聚类过程具体如图 5-3 所示。

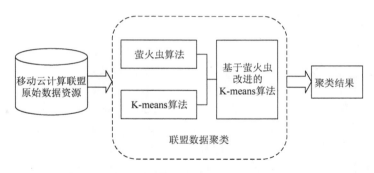

图 5-3 移动云计算联盟原始数据资源聚类过程

5.4.2 基于萤火虫改进的 K-means 初始聚类中心的选取

本书将聚类技术与协同过滤方法结合，对移动电子商务用户聚类，使缩短邻居用户计算的时间和推荐结果更加准确，并且确保推荐系统的实时性和扩展性，选取 K-means 算法与协同过滤方法进行结合，是因为 K-means 算法具有运算简单、算法结合能力强并且适合处理大量数据、运行速度快等优点，符合移动电子商务用户大量数据处理的要求。但是 K-means 算法本身对初始聚类中心极其敏感，易陷入局部最优，这将直接影响聚类效果。因此，本书将 K-means 算法与全局寻优能力较强的萤火虫算法相结合，使 K-means 算法初始聚类中心的选取具有科学性。根据目标用户与聚类中心的相似性计算目标用户归属于哪一类，得出用户聚类结果。

1. 距离度量的改进

传统的聚类方法通常采用的是欧氏距离，在聚类过程中距离表示的是数据资源到聚类中心的距离，也就是该数据资源归属于该类的程度。然而，欧氏距离在计算的过程中需要确保每个维度必须是相同的指标。例如，身高（cm）和体重（kg）这两个单位就属于不同的指标，如果使用欧氏距离就会失效。因此在一些数据集中，采用欧氏距离来度量并不适用。

通过以上分析，考虑到移动云计算联盟数据资源具有不同属性维度，即具有不同指标，欧氏距离并不适用。因此，本书引用马氏距离改进聚类的距离度量，马氏距离不受量纲和测量单位的影响，可以排除变量之间相关性的干扰，是一种计算未知样本集的相似度的最优方法。

对于一个样本集 $x_i(i=1,2,\cdots,n)$，其中 x_i 和 x_j 之间的马氏距离公式为

$$d_{ij} = \sqrt{(x_i - x_j)^{\mathrm{T}} \sum{}^{-1}(x_i - x_j)} \qquad (5\text{-}28)$$

式中，x_i 和 x_j 分别为第 i 个和第 j 个样本的 m 个指标所组成的向量；$\sum$ 为样本总体的协方差。

2. 距初始聚类中心选取的改进

K-means 算法本身对初始聚类中心极其敏感，且极易陷入局部最优导致聚类结果不准确。因此，本书首先选取局部搜索能力较强的萤火虫算法对 K-means 算法进行聚类中心选取的优化，从而提高聚类的准确性。

萤火虫算法通常用于函数优化问题。萤火虫算法优化时，萤火虫会被随机地分散在目标函数的搜索域中，萤火虫在开始时会释放出荧光素，并且每只萤火虫都拥有各自的决策域，萤火虫 i 在它的决策域中会选取荧光素比自己高的萤火虫形成邻域集，然后根据邻域内萤火虫 j 的荧光素强度高低移动。荧光素强度越高表示该区域内萤火虫越密集，即有较好的目标值；反之，则目标值较差。此外，每只萤火虫的决策域半径会根据邻域内萤火虫数量而决定，当邻域内萤火虫数量较少时，萤火虫的决策域半径会增加；反之则会缩小，通过移动萤火虫最终会集中在几个区域内。萤火虫算法主要由以下四个阶段构成（王迎菊和周永权，2012）。

荧光素更新阶段：每只萤火虫的荧光素更新依赖于萤火虫的当前适应度值，即当前荧光素值是前一时刻的荧光素值加上萤火虫当前适应度值的一个比例，再减去随着时间流逝挥发的荧光素值。具体的荧光素更新公式如下：

$$l_i(t) = (1-\rho)l_i(t-1) + \gamma J(x_i(t)) \qquad (5\text{-}29)$$

式中，ρ 为荧光素挥发系数；γ 为介质吸收因子；$J(x_i(t))$ 为荧光素的目标函数值。

移动概率更新阶段：萤火虫在移动时会根据其邻域内各萤火虫的荧光素强度来决定移动的方向。$p_{ij}(t)$ 表示第 t 时刻第 i 只萤火虫向其邻域内第 j 只萤火虫的移动概率，计算公式如下：

$$p_{ij}(t) = \frac{l_j(t) - l_i(t)}{\sum_{k \in N_i(t)} l_k(t) - l_i(t)} \qquad (5\text{-}30)$$

式中，$j \in N_i(t)$，$N_i(t) = \left\{ j : \|x_j(t) - x_i(t)\| < r_d^i(t); l_i(t) < l_j(t) \right\}$ 为 t 时刻第 i 只萤火虫的邻域集合。

位置更新阶段：第 i 只萤火虫由移动概率 $p_{ij}(t)$ 选择移动方向，设移动步长为 s，可以根据式（5-31）计算第 i 只萤火虫在 $t+1$ 时刻的位置。

$$x_i(t+1) = x_i(t) + s\left(\frac{x_j(t) - x_i(t)}{\|x_j(t) - x_i(t)\|} \right) \qquad (5\text{-}31)$$

动态决策域更新阶段：萤火虫算法采取自适应动态决策域，设萤火虫感知范围为 r_s，$r_d^i(t)$ 表示 t 时刻第 i 只萤火虫的动态决策，计算公式如下：

$$r_d^i(t+1) = \min(r_s, \max\{0, r_d^i(t) + \beta(n_t - |N_i(t)|)\}) \qquad (5\text{-}32)$$

式中，β 为邻域变化率；n_t 为邻居阈值，用于控制萤火虫的邻居数量。

在聚类中心优化过程中，每只萤火虫携带的荧光素为 l_i 且会相互影响周围的萤火虫，每只萤火虫都拥有各自的决策域 $r_s(0 < r_d^i \leqslant r_s)$，通过决策域寻找其邻居集 N_i，集合中的萤火虫会向着比自己荧光素强的萤火虫方向移动。最后形成不同的聚类簇，实现聚类中心的优化。详细过程如下。

步骤 1：参数确定。给定聚类类别数 c，联盟数据资源群体规模 N，荧光素浓度 l_0，动态决策域初值 r_0，邻域阈值 n_t，移动步长 s，还有参数 β、ρ、γ。

步骤 2：不同数据资源的影响力计算。根据式（5-29）把数据资源 i 的目标函数值 $J(x_i(t))$ 转化为数据资源的影响力 $l_i(t)$，其中，$J(x_i(t))$ 的公式如下（符强等，2013）：

$$J(x_i(t)) = \frac{1}{1 + \sqrt{(x_i - x_j)^{\mathrm{T}} \sum^{-1}(x_i - x_j)}} \qquad (5\text{-}33)$$

步骤 3：联盟数据资源移动概率计算。数据资源在其动态决策域半径 $r_d^i(t)$ 内，选择影响力比自己高的数据资源作为邻域集 $N_i(t)$；运用式（5-30）计算出数据资源 i 移向邻域集内数据资源 j 的概率 $p_{ij}(t)$；选择数据资源进行移动。

步骤 4：数据资源位置更新。根据式（5-31）进行数据资源位置更新。

步骤 5：数据资源的决策域更新计算。根据式（5-32）更新数据资源动态决策域半径的值。

步骤 6：聚类中心的确定。判断是否达到最大迭代次数，如没达到最大迭代次数，返回步骤 2，如果达到最大迭代次数，迭代终止，输出影响力最高的前 k 个数据资源的位置，作为聚类中心 $V = \{v_1, v_2, \cdots, v_i\}(i = 1, 2, \cdots, k)$。

5.4.3　移动云计算联盟数据资源聚类结果

初始聚类中心优化选取完成后，接下来对移动云计算联盟数据资源进行聚类，其具体过程如下。

步骤 1：从移动云计算联盟数据库中，检索得到所要进行聚类的 m 个资源，记为集合 $U = \{u_1, u_2, \cdots, u_m\}$。

步骤 2：采取 5.4.2 节第 2 部分提出的方法选取聚类中心，记为集合 $V = \{v_1, v_2, \cdots, v_i\}$。

步骤 3：计算联盟数据集合 $U = \{u_1, u_2, \cdots, u_m\}$ 每个数据到聚类中心集合 $V = \{v_1, v_2, \cdots, v_i\}$ 每个中心的相似性 $sim(u_m, v_i)$，把数据 u_m 归属于相似度最高的聚类中心。最终，所有数据资源被划分为 i 类，实现最终的聚类结果。其中，$sim(u, v) = \dfrac{\sum_{u=1}^{m}\sum_{v=1}^{i}(R_{u,c} - \overline{R}_u)(R_{v,c} - \overline{R}_v)}{\sqrt{\sum_{u=1}^{m}(R_{u,c} - \overline{R}_u)}\sqrt{\sum_{v=1}^{i}(R_{v,c} - \overline{R}_v)}}$，$R_{u,c}$ 和 $R_{v,c}$ 分别表示数据 u、v 与数据中心 c 的关系值，$\overline{R}_u$ 和 $\overline{R}_v$ 分别表示数据集 u 和 v 的平均值。

步骤 4：输出最终聚类结果；$U_C = \{U_{C_1}, U_{C_2}, \cdots, U_{C_k}\}$，其中，$U_C$ 为聚类的簇集合；U_{C_k} 为第 k 类别簇集合。

5.5　基于改进的 PCM 算法的移动云计算联盟数据资源聚类

5.5.1　可能性聚类算法及流程分析

1. 可能性聚类算法

随着模糊聚类的发展，为了放松模糊聚类中样本隶属度的约束，Krishnapuram 和 Keller 提出了 PCM 算法，该算法只要满足 $\max_i u_{ij} > 0$，隶属度就不再是对 1 的共享或者划分。通过放松样本隶属度的约束，就能得到代表样本特性的隶属度。典型性是在模糊集理论的应用中对隶属度最常用的解释，通常情况下，噪声和孤立点都是代表性比较差的点，应用基于典型性的隶属度可以自动降低它们的影响从而提高聚类的效果，得出以下 PCM 算法。给定数据集 $X = \{x_1, x_2, \cdots, x_j, \cdots, x_n\}$ 的样本点分为 C 类，最小化目标函数：

$$J_m(T,P) = \sum_{i=1}^{C} \sum_{j=1}^{n} t_{ij}^m d_{ij}^2 + \sum_{i=1}^{C} \eta_i \sum_{j=1}^{n} (1 - t_{ij})^m \qquad (5\text{-}34)$$

式中，$t_{ij} \in [0,1]$，$0 < \sum_{j=1}^{n} t_{ij} < n$；$d_{ij}^2 = \left\| x_j - p_i \right\|^2 = (x_j - p_i)^{\mathrm{T}} (x_j - p_i)$ 为样本 x_j 和聚类中心 p_i 的欧氏距离；$P = \{p_i\}(1 \leqslant i \leqslant C)$，$p_i$ 为聚类中心，C 为聚类的数目；n 为样本点数；$T = \{t_{ij}\}$ 为可能性划分矩阵，$T = \{t_{ij}\}$ 的元素 t_{ij} 为 x_j 对于类 i 的可能值，加权指数是 $m \in [1, \infty)$；η_i 为一个正数或者是惩罚因子，可取

$$\eta_i = K \frac{\sum_{j=1}^{n} t_{ij}^m d_{ij}^2}{\sum_{j=1}^{n} t_{ij}^m} (K > 0) \qquad (5\text{-}35)$$

通常 $K = 1$。最小化 $J_m(T,P)$，由 PCM 算法可以得到：

$$t_{ij} = \frac{1}{1 + \left[\dfrac{d_{ij}^2}{\eta_i} \right]^{\frac{1}{m-1}}}, \quad \forall i,j \qquad (5\text{-}36)$$

$$p_i = \frac{1}{\sum_{j=1}^{n} t_{ij}^m} \sum_{j=1}^{n} t_{ij}^m x_j, \quad \forall i \qquad (5\text{-}37)$$

对于给定一个数据集 $X = \{x_1, x_2, \cdots, x_j, \cdots, x_n\}$，将 X 分为 $c(1 < c < n)$ 个模糊子集，可以最小化目标函数，即

$$J_m(U,T,V) = \sum_{i=1}^{C} \sum_{k=1}^{n} u_{ij}^m t_{ij} d_{ij}^2 + \sum_{i=1}^{C} \eta_i \sum_{j=1}^{n} (t_{ij} \log t_{ik} - t_{ik} + 1) \qquad (5\text{-}38)$$

$$\text{s.t. } 0 \leqslant u_{ij}$$

$$t_{ij} \leqslant 1$$

$$d_{ij} = \left\| x_j - v_i \right\|$$

$$\sum_{i=1}^{C} u_{ij} = 1$$

式中，C 为聚类的数目；n 为聚类数据的数量；u_{ij} 为数据 x_j 属于第 i 个类的隶属度值；t_{ij} 为 x_j 对于第 i 个类的可能值；$m \in [1,\infty]$ 为权重；v_i 为类中心矢量。

2. 可能性聚类算法流程分析

可能性聚类过程主要包括聚类数据（或称为样本或模式）准备、可能性聚类算法选择或构建、可能性聚类结果评价、可能性聚类结果解释。

（1）聚类数据准备。该步骤主要完成两部分内容：数据准备与预处理；特征选择或提取。随着计算机技术和数据库技术的飞速发展，人们获取数据的能力越来越强。创建聚类分析数据集之前，应该考虑是否用采样来减小数据挖掘的尺寸，从数据中选择一个子集或样本进行挖掘，最后仔细检查与净化数据、转换变量和数据过滤等。特征选择是从一组候选特征中选取出有利于区别不同对象的特征，而特征提取是利用一些变换从原始特征中产生有用的、新的特征。它们在聚类应用中都非常重要。简洁的特征选择可以大大减少工作量并且简化后续的设计流程。一般来说，理想的特征选择能区分出属于不同类的数据对象，且对噪声免疫，容易提取和解释。

（2）可能性聚类算法选择或构建。该步骤经常与选择相应的相似性度量及建立的准则函数相结合，然后根据数据对象是否彼此类似将其分组。显然，相似性度量直接影响聚类结果的形成。一旦选定一种相似性度量来构造聚类准则函数，则聚类划分就变成一个数学上的最优化问题，可以利用数学手段解决。还没有哪种聚类算法对所有问题都适用，对于聚类的各种深奥的方法，很难在技术层面上开发一个用来探究如何选择聚类的标准化框架。因此，为了选择或设计出一个适合的聚类方案，细致地研究待解决问题的特征非常重要。

（3）可能性聚类结果评价。给定一个数据集，无论是否存在聚类结构，每个聚类算法都能对此产生一个划分。不同的方法经常得出不同的聚类结果，即使对于同一个聚类算法，参数或输入样本顺序的不同都可能影响最终的聚类结果。因此，对于采用聚类算法产生的聚类结果，利用有效的评估标准提供给使用者一个置信度是很重要的。这些评定应该是客观的且对任何算法都无偏好。同样，它们应该可以揭示数据中隐含多少个类，获得的分类是否有意义，我们选择这些算法而非其他算法的原因等。

（4）可能性聚类结果解释。聚类的最终目的是从原始数据中提供给使用者有意义的启示，由此来有效地解决问题。为了保证提取数据资源的有效性，需要有相关领域的专家解释数据划分，并进行进一步的分析或实验。聚类分析通常不是一次性的过程，在许多情况下，需要一系列试错实验。此外，不存在特征选择和选择合理聚类方案的普遍有效性标准，即使是如何选择适当的标准仍然是一个需要更多努力才能解决的问题。

5.5.2　改进的可能性聚类分析函数构建

1. 可能性与必然性测度

可能性理论由 Zadeh（1968）在其模糊集理论的基础上提出，是处理不确定信息的一种方法，模糊集理论的发展使得该理论具有较完善的理论基础，后经多位学者研究，将可能性理论应用到实际的专家系统和推理系统中。Zadeh 在这方面做了尝试，引入了用于目标识别的可能性分布描述因子。Kim 等引入了可能性聚类算法。Dubois 和 Eyke（2007）在可能性分布和可能性测度两个方面进行了深入研究。

可能性理论通过量化可能性测度和必要性测度，来处理不确定性和不精确性，可以说可能性理论的两个测度是信任函数的扩展，使信任函数具有两重性，这两个测度可看作是信息到人的信息丢失的两个衡量函数，可能性测度对应于（或衡量）信息（数据）从客观真实世界的信息到客体（人）的信息丢失程度，而必要性测度是（衡量）客体（人）获得的信息到描述或决策时的信息丢失程度，可以说可能性理论同人的自然语言传递的信息相似。

定义 5：普通的可能性测度。设 A 是 U 的普通子集，Π_x 是与变量 X 相联系的可能性分布，X 是在 U 中取值，则 A 的可能性测度 $\pi(A)$ 定义为 $[0,1]$ 中的一个数，即

$$\pi(A) = \sup_{u \in A} \pi_x(u) \tag{5-39}$$

式中，$\pi_x(u)$ 为 Π_x 的可能性分布函数，因而这个值可以解释为 X 的取值属于 A 的可能性，并用式（5-40）表示可能性测度。

$$P_{\text{oss}}(X \in A) = \pi(A) = \sup_{u \in A} \pi_x(u) \tag{5-40}$$

定义 6：模糊集的可能性测度。设 A 是 U 上的模糊子集，Π_x 是与变量 X 相关的可能性分布且在 X 中取值，则 A 的可能性测度为

$$P_{\text{oss}}(X \text{是} A) = \pi(A) = \sup_{u \in A} \mu_A(u) \wedge \pi_x(u) \tag{5-41}$$

式中，用"X 是 A"代替"$X \in A$"；$\mu_A(u)$ 为 A 的隶属函数。

定义 7：可能性测度的公理化定义。给定论域 U 及其相应的幂集 $P(U) = 2^U$，可能性测度 P_{oss} 表示为函数 $P_{\text{oss}} : 2^U \to [0,1]$ 且满足如下公理条件：

（1）$P_{\text{oss}}(\Phi)=0$；

（2）$P_{\text{oss}}(U)=1$；

（3）对任何集簇 $\{A_i | A_i \in 2^U, i \in I\}$，其中，$I$ 为任一指标集，存在 $P_{\text{oss}}\left(\bigcup_{i \in I} A_i\right)=$ $\sup_{i \in I} P_{\text{oss}}(A_i)$。

定义 8：必然性测度的公理化定义。给定论域 U 及其相应的幂集 2^U，则必然性测度 N_{ec} 为以下函数 $N_{\text{ec}}:2^U \to [0,1]$，且满足下列条件：

（1）$N_{\text{ec}}(\Phi)=0$；

（2）$N_{\text{ec}}(U)=1$；

（3）对任何集簇 $\{A_i | A_i \in 2^U, i \in I\}$，其中，$I$ 为任一指标集，存在 $N_{\text{ec}}\left(\bigcap_{i \in I} A_i\right)=$ $\inf_{i \in I} N_{\text{ec}}(A_i)$。

2. 可能性聚类函数指标确定

第一步：可能性测度与必然性测度指标的确定，可分步骤说明聚类指标确定过程如下。

步骤 1：计算隶属度函数 $\mu_A(u)$。

步骤 2：构造可能性分布函数（周爱武和于亚飞，2011）$\pi(x)$。

Dubois（Cai et al.，2007）、Dubois 和 Prade（仝雪姣等，2011）将集合 U 的概率分布 P 转化为可能性分布 π 的转化规则定义如下：

$$\pi_1 = 1$$
$$\pi_i = \begin{cases} \sum_{i=1}^{k} p_i, & p_{i-1} > p_i \\ \pi_{i-1}, & \text{其他} \end{cases} \tag{5-42}$$

式中，由于 $p_{i-1} > p_i$，则对于可能性分布 $\Pi(\{x_1,\cdots,x_k\})=\pi_i$，$\sum_{i=1}^{k} p_i$ 是最小的可能性值；当 $p_i = p_{i+1}$ 时，$\pi_i = \max\left(\sum_{j=i}^{k} p_i, \sum_{j=i+1}^{k} p_i\right)$。

步骤 3：根据步骤 1 和步骤 2 得到隶属度函数与可能性分布函数，利用式（5-42）计算可能性测度 $P_{\text{oss}}(A)$ 和必然性测度 $N_{\text{ec}}(A)$。

第二步：可能性的确定。可能性聚类中放松了样本隶属度的约束，只要满足 $\max_i u_{ij} > 0$ 即可，隶属度不再是对 1 的共享或者划分。通过放松样本隶属度的约束，就能够得到代表样本特性的隶属度，使噪点数据具有较小的隶属度值，降低噪点对聚类的影响。但它忽略了模糊隶属度，模糊隶属度可以使类中心和数据紧密联系在一起。扩展范围后的隶属度的可能性聚类容易产生一致性聚类。为了更好地解决噪点和一致性聚类问题，采用可能性理论中的可能性测度和必然性测度，作为区间的上下界，将隶属度的范围从一个值扩展到一个区间，并计算得到可能度，可能度代表一个样本属于一个簇的可能性程度。

设 p_{ij} 是第 j 个样本属于第 i 个类的可能度，$P=\{p_{ij}\}$ 表示可能度矩阵。可能度 $P_{ij}:2^U \to [0,1]$ 且满足如下公理条件：

（1）$P_{ij}(\Phi)=0$；

（2）$P_{ij}(U)=1$；

（3）$P_{\text{oss}}(A_i) \geqslant P(A_i) \geqslant N_{\text{ec}}(A_i)$。

$$p_{ij}=aP_{\text{oss}}(ij)+bN_{\text{ec}}(ij) \tag{5-43}$$

式中，a 和 b 的值根据具体的应用领域确定。

3. 改进的可能性聚类分析函数

在聚类过程中，引入可能性测度与必然性测度，其中，可能性测度是一个样本属于某一类的最大可能性，相反，必然性测度则为一个样本属于某一个类的最小可能性，两者相互约束，通过计算得到最终的一个可能度。可能度代替一般意义上的隶属度，可以避免噪点和孤立点对聚类的影响，并且准确性更强。本书采用武小红和周建江（2008）的方法来改进 PCM 算法。新的 PCM 目标函数定义如下：

$$J_m(P,V)=\sum_{i=1}^{C}\sum_{j=1}^{N}p_{ij}^m d_{ij}^2+\frac{\sigma^2}{m^2 c}\sum_{i=1}^{C}\sum_{j=1}^{N}(1-p_{ij})^m \tag{5-44}$$

式中，m 为加权指数，m 的选择决定了最后的可能性分布，取值范围为 $(1,+\infty)$，本算法中令 $m=2$；C 为聚类的数目；N 为样本数目；d_{ij} 为样本 j 与聚类中心 i 之间的距离度量；c 为模糊子集；$V=(v_1,v_2,\cdots,v_c)$ 为聚类中心；p_{ij} 为第 j 个样本属于第 i 个类的可能度，$P=\{p_{ij}\}$ 为可能度矩阵；σ^2 为协方差矩阵。

$$\sigma^2=\frac{1}{n}\sum_{k=1}^{n}\|x_k-x\|^2$$

式中，$x=\frac{1}{n}\sum_{j=1}^{n}x_j$。

求解优化问题 $\min J_m(P,V)$，可得到如下方程：

$$p_{ij}=\left[1+\left(\frac{m^2 c d_{ij}^2}{\sigma^2}\right)^{\frac{1}{m-1}}\right]^{-1},\forall i,j \tag{5-45}$$

$$fcv_i = \frac{\sum_{j=1}^{N} p_{ij}^m x_j}{\sum_{j=1}^{N} p_{ij}^m}, \forall i \qquad (5\text{-}46)$$

5.5.3　改进的可能性聚类评价函数构建

1. 聚类有效性评价依据

聚类有效性函数主要依靠类内紧密度和类间分离度来确定，类内紧密度表示类内数据的变化差异或者分散程度，类间分离度表示类与类之间的分离程度。在评价和衡量聚类有效性函数时，能够使得类内紧密度最小而且类间分离度最大的聚类是最佳聚类个数。

类内紧密度测度：聚类内数据的紧密性主要通过聚类内距和类内元素属于类的隶属度值来体现，聚类内距主要有以下几种表示方法。

（1）聚类内位置相距最远两点间的距离；

（2）聚类内所有点到离它最远点的距离的平均值；

（3）聚类内所有点到聚类中点的距离的平均值；

（4）聚类内每个点到其他所有点的距离的平均值。

在模糊聚类中：

$$\sum_{j=1}^{n} u_{ij}^m \left\| x_j - v_i \right\|^2 \ (m > 1) \qquad (5\text{-}47)$$

是紧密性测度的常用计算项，它同时考虑距离及隶属度两个因素。

类间分离性测度主要有以下几种表示方法。

（1）聚类之间相距最近的两个点间的距离；

（2）聚类之间相距最远的两个点间的距离；

（3）聚类中心点之间的距离；

（4）聚类中心点到另一聚类内所有点距离的平均值；

（5）聚类内每个点到另一聚类内所有点距离的平均值

$$\sum_{j=1}^{n} u_{ij}^m \left\| v_i - x_j \right\|^2 \ (m > 1) \qquad (5\text{-}48)$$

是分离性测度的常用计算项。

2. MPO 聚类有效性评价指标

在移动云计算联盟环境下的数据资源可能存在噪点和野值，对有效性分析会产生影响，考虑到聚类的紧密性与分离性时也将噪点包含进来，使得有效性指标对噪声和野值敏感。MPO 聚类的有效性评价指标由紧密性度量与分离性度量组成，紧密性度量由模糊隶属度矩阵和聚类数目 c 共同确定，代表类内的紧密程度；分离性度量定义为不同模糊集合间的距离，代表不同聚类之间的分离程度。通过对 PC 指标的改进，考虑 PC 指标中受聚类数目 c 的增加而呈现单调趋势的问题，引入了 u_M 和 $\left(\dfrac{c+1}{c-1}\right)^{\frac{1}{2}}(2\leqslant c\leqslant n)$ 为调整指标，减少聚类数目变化对结果的影响，得到紧密性度量 $\mathrm{Com}(U,c)$：

$$\mathrm{Com}(U,c)=\left(\frac{c+1}{c-1}\right)^{\frac{1}{2}}\sum_{i=1}^{c}\sum_{j=1}^{n}\frac{u_{ij}^2}{u_M}\tag{5-49}$$

式中，$u_M=\min\limits_{1\leqslant i\leqslant c}\sum\limits_{j=1}^{n}u_{ij}^2$，$\sum\limits_{j=1}^{n}\dfrac{u_{ij}^2}{u_M}$ 用来度量类 i 相对于最紧密类的紧密度。$\mathrm{Com}(U,c)$ 代表类内数据的紧密程度，其值越大，代表获得的模糊划分效果越好。

为了在含有噪点和野值的聚类环境下得到正确的划分，得到分离性度量方法：

$$\mathrm{Sep}(U,c)=\frac{1}{n}\sum_{j=1}^{n}\left(\sum_{a=1}^{c-1}\sum_{b=a+1}^{c}O_{abj}(U;c)\right)\tag{5-50}$$

式中，$O_{abj}(U;c)=\begin{cases}1-|u_{aj}-u_{bj}|,&|u_{aj}-u_{bj}|\geqslant T,a\neq b\\0,&\text{其他}\end{cases}$。

在 $O_{abj}(U;c)$ 中，应用阈值 T 来排除聚类边界中那些含糊不定的数据点，而噪点正是这种情况。$\mathrm{Sep}(U,c)$ 通过隶属度矩阵计算得到数据集中所有数据点分离度的总和，$\mathrm{Sep}(U,c)$ 值越小，表明聚类划分效果越好。

MPO 指标为紧密性度量和分离性度量的差：

$$\mathrm{MPO}(U,V)=\mathrm{Com}(U,c)-\mathrm{Sep}(U,c)\tag{5-51}$$

通过对比多种聚类有效性指标可知，MPO 指标能很好地确定聚类个数，并能避免噪点对数据集的影响。但是，MPO 指标中没有利用到数据集的结构信息，对距离不敏感。本书主要在 MPO 指标的基础上加入数据集几何结构特性，避免了单一理论对检验结果的影响；在分离性度量中，删除噪点需要十分小心，删除的力度过大会造成数据的丢失，故在 $\mathrm{Sep}(c)$ 中加入临界值 L，与临界值 T 共同约束噪点范围，避免由数据丢失造成结果不准确。

3. 改进的聚类评价函数指标确定

（1）紧密性测度确定。考虑 MPO 指标与数据集几何结构缺乏直接联系，不能全面评价聚类效果的缺点，将反映聚类内部紧密性程度的几何结构信息融入紧密性测度 $\text{Com}(U,c)$ 中，得到新的紧密度指标 Com'。

$$\text{Com}'(U,c) = \sum_{i=1}^{c} \frac{\sum_{j=1}^{n} u_{ij}^2}{u_M d_M} \left(\frac{c+1}{c-1} \right)^{\frac{1}{2}} \tag{5-52}$$

式中，d_M 为欧式距离，改进后的函数既包含 x_j 对象到聚类中心 v_i 的距离，也包含 x_j 对类 i 的隶属函数值。Com' 值反映了各聚类内数据点的紧密性程度，其结果数值越大表明聚类内各元素越紧密，划分效果越好。

（2）基于噪点双重抑制的分离性度量确定。聚类过程中，噪点和孤立点对聚类结果的影响尤为严重，Hu 等（2011）提到 MPO 指标中利用隶属度临界值 T，能够在概率条件下初步分离出噪点，然而，仅应用概率约束来界定噪点的范围，可能会造成数据的丢失。为了更加准确地确定噪点，本书在隶属度临界值 T 基础上，增加了几何结构的临界值 L，两个临界值共同确定噪点，有效地避免了单一原理下数据的丢失（翟丽丽等，2014）。结合概率条件和几何结构新构建的分离性度量如下：

$$\text{Sep}'(U,c) = \frac{1}{n\sum_{j=1}^{n} \lim_{x\to\infty} \sqrt[3]{\frac{1}{c}\sum_{i=1}^{c} d_{ij}}} \sum_{j=1}^{n} \left(\sum_{a=1}^{c-1} \sum_{b=a+1}^{c} W(U;c) \right) \tag{5-53}$$

其中，

$$W(U;c) = \begin{cases} 0, & \|u_{aj} - u_{bj}\| \leqslant T \text{且} \|d_{aj} - d_{bj}\| \leqslant L_j, a \neq b \\ 1 - |u_{aj} - u_{bj}|, \text{其他} \end{cases} \tag{5-54}$$

设定两个临界值 T 和 L，用来排除聚类边界中那些含糊不定的数据点，根据聚类数据分布的结构不同，T 和 L 的取值可由专家给出，也可根据函数自行定义。通过大量数据实验，初步给出取值为 $T = 0.01$，$L_j = \sqrt[3]{\frac{1}{c}\sum_{i=1}^{c} d_{ij}}$。$W(U;c)$ 为对给定数据点的分离度。$\text{Sep}'(c)$ 值越小，聚类划分效果越好。

（3）改进的聚类评价函数。将紧密性指标与分离性指标进行整合，得到新的聚类有效性评价指标为

$$\text{VS}(U,V) = \frac{\text{Com}'(U,c)}{\text{Sep}'(U,c)} \tag{5-55}$$

一个好的聚类要求较大的 $\text{Com}'(U,c)$ 和较小的 $\text{Sep}'(U,c)$，$\text{VS}(U,V)$ 为一有效性指标函数，$\text{VS}(U,V)$ 值越大表明聚类划分效果越好。

5.6　本　章　小　结

　　本章主要介绍了适用于移动云计算联盟数据资源聚类的四种改进方法,首先提出了基于广度优先搜索改进的 FCM 算法,利用广度优先搜索算法的全局搜索能力和剔除噪声能力克服了 FCM 算法对初始值和噪声敏感,以及易陷入局部最优的问题。在此基础上,考虑到属性噪声问题对聚类结果的影响,通过引入变异系数赋权法改进 FCM 的目标函数,进一步提高了 FCM 算法的抗噪性。然后,提出了基于 MapReduce 改进的 CURE 算法,利用 MapReduce 函数对原始数据资源进行并行化处理,另外,提出了区间数的数据距离表示,使其更适用于联盟复杂的数据资源类型。接着,提出了一种基于萤火虫改进的 K-means 聚类算法,该算法主要是利用萤火虫算法具有全局搜索能力,避免了 K-means 聚类算法由于本身对初始聚类中心极其敏感,易陷入局部最优的问题,同时引入了马氏距离作为距离度量,解决了聚类结果不准确的问题。最后,提出了一种改进的可能性模糊聚类算法,该算法将可能性测度和必然性测度有机结合,得到新的可能度,代替传统的隶属度,构建新的可能性聚类分析函数,基于此,通过分析聚类有效性函数现存问题,对 MPO 聚类有效性函数进行改进得到新的聚类有效性评价函数。

参 考 文 献

符强, 童楠, 赵一鸣. 2013. 一种基于多种群学习机制的萤火虫优化方法[J]. 计算机应用研究, 11 (12): 3600-3602.

高长元, 王海晶, 王京. 2016. 基于改进 CURE 算法的不确定性移动用户数据聚类[J]. 计算机工程与科学, 38 (4): 768-774.

李丹, 顾宏, 张立勇. 2010. 基于属性权重区间监督的模糊 C 均值聚类算法[J]. 控制与决策, 25 (3): 457-460.

骆东松, 李雄伟, 赵小强. 2013. 基于人工萤火虫的模糊聚类算法研究[J]. 工业仪表与自动化装置, 2: 3-6.

仝雪姣, 孟凡荣, 王志晓. 2011. 对 K-means 初始聚类中心的优化[J]. 计算机工程与设计, 32 (8): 2712-2723.

王迎菊, 周永权. 2012. 一种基于荧光素扩散的人工萤火虫方法[J]. 计算机工程与应用, 48 (10): 34-38.

王元珍, 王建, 李晨阳. 2005. 一种改进的模糊聚类算法[J]. 华中科技大学学报 (自然科学版), 33 (2): 92-94.

武小红, 周建江. 2008. 可能性模糊 C-均值聚类新算法[J]. 电子学报, 36 (10): 1996-2000.

翟丽丽, 张雪, 彭定洪, 等. 2014. 基于噪点抑制的聚类有效性评价函数构建[J]. 计算机应用研究, 31 (1): 37-39.

翟丽丽, 张影, 王京. 2016. 基于广度优先搜索的变异加权模糊 C-均值聚类算法[J]. 统计与决策, (15): 9-14.

周爱武, 于亚飞. 2011. K-Means 聚类算法的研究[J]. 计算机技术与发展, 21 (2): 62-65.

周开乐, 杨善林, 王晓佳, 等. 2014. 基于自适应模糊度参数选择改进 FCM 算法的负荷分类[J]. 系统工程理论与实践, 34 (5): 1283-1289.

Bezdek J C. 1981. Pattern Recognition with Fuzzy Objective Function Algorithms[M]. New York: Plenum.

Cai W L, Chen S C, Zhang D Q. 2007. Fast and robust fuzzy c-means clustering algorithms incorporating local information for image segmentation[J]. Pattern Recognition, 40 (3): 825-833.

Chau M, Cheng R, Kao B, et al. 2005. Uncertain data mining: an example in clustering location data[C]. Washington D

C：Proceeding Workshop on the Sciences of the Artificial：199-204.

Clerc M，Kennedy J. 2002. The particle swarm：explosion，stability and convergence in a multi-dimensional complex space[J]. IEEE Transactions on Evolutionary Computation，6（1）：58-73.

Cormode G，Mcgrego A. 2008. Approximation algorithms for clustering uncertain data[C]. New York：Proceedings of the 27th ACM SIGMOD-SIGACT-SIGART：191-200.

Dubois D，Eyke H M. 2007. Comparing probability measures using possibility theory：a notion of relative peaked ness[J]. Science Direct，45：364-385.

Dunn J C. 1973. A fuzzy relative of the isodata process and its use in detecting compact well separated cluster[J]. Journal of Cybernet，（3）：32-57.

Hu Y，Zuo C，Yang Y，et al. 2011. A cluster validity index for fuzzy c-means clustering[J]. The 2nd International Conference on System Science，Engineering Design and Manufacturing Informatization，2：263-266.

Izakian H，Abraham A. 2011. Fuzzy c-means and fuzzy swarm for fuzzy clustering problem[J]. Expert Systems with Application，38（3）：1835-1838.

Kao B，Lee S D，Lee F K F，et al. 2010. Clustering uncertain data using voronoi diagrams and R-tree index[J]. IEEE Transactions on Knowledge and Data Engineering，22（9）：1219-1233.

Keller J M，Krishnapuram R. 1993. A possibilistic approach to clustering[J]. IEEE Trans. Fuzzy Systems，1（2）：98-110.

Kim J，Knish N R，Dave R. 1996. Application of the least trimmed squares technique to prototype-based clustering[J]. PRL，17：633-641.

Kriegel H P，Pfeifle M. 2005. Density-based clustering of uncertain data[C]. Houston：Proc of the 11 ACM SIGKDD International Conferences on Knowledge Discovery and Data Mining：672-677.

Moore R E. 1965. Interval Arithmetic and Automatic Error Analysis in Digital Computing[D]. USA：Stanford University，Doctoral Dissertation：21-25.

Pal N R，Pal K，Bezdek J C，et al. 2005. A possibilistic fuzzy c-means clustering algorithm[J]. IEEE Transactions on Fuzzy Systems，13（4）：517-530.

Runkler T A. 2005. Ant colony optimization of clustering models[J]. International Journal of Intelligent Systems，20（12）：1233-1251.

Zadeh L A. 1968. Probability measure of fuzzy events[J]. Journal of Mathematical Analysis and Applications，23（2）：421-427.

Zadeh L A. 1978. Fuzzy sets as a basis for a theory of possibility[J]. FSS，1：3-28.

Zhao D B，Song L L，Yan J H. 2009. Feature recognition method based on fuzzy clustering analysis and its application[J]. Computer Integrated Manufacturing Systems，15（12）：2417-2423，2486.

第6章　移动云计算联盟数据资产评估

"数据成为资产"是互联网泛在化的一种资本体现，它让互联网的作用不再局限于应用和服务本身，而且具有内在的"金融"价值。数据的功能不再只是体现于"使用价值"方面的产品，而成为实实在在的"价值"。目前，作为数据资产先行者的 IT 企业，如苹果、Google、IBM 等，无不想尽各种方式，挖掘多种形态的设备及软件功能，收集各种类型的数据，发挥大数据的商业价值，将传统意义上的 IT 企业，打造成为"终端＋应用＋平台＋数据"四位一体的泛互联网化企业，以期在大数据时代分得一杯美羹。

数据资产的价值尺度如何衡量？数据要真正资产化，用货币对海量数据进行计量是一个大问题。尽管很多企业都意识到数据作为资产的可能性，但除了极少数专门以数据交易为主营业务的公司外，大多数公司都没有为数据的货币计量做出适当的账务处理。虽然数据作为资产尚未在企业财务中得到真正的引用，但将数据列入无形资产的好处则不言而喻：考虑到研发因素，很多高科技企业都具有较长的投入产出期，对于存储在硬盘上，以吉字节、拍字节为计量单位的数据将直接进入资产负债表；对于通过交易手段获得的数据，则按实际支付价款作为入账价值计入无形资产，这样可以为企业形成有效税盾，降低企业实际税负。

数据资源具有资本一般的增值属性。资本区别于一般产品的特征在于，它具有不断增值的可能性，如果不能为企业带来经济利益，再海量的数据也只是一堆垃圾；企业只有能够利用数据、组合数据、转化数据，其大数据资源才能成为数据资产。资产的特性主要有三部分：资源由企业拥有或控制；能以货币进行计量；未来能给企业带来经济效益。

移动云计算联盟数据资产的特征如下。

（1）动态性。联盟成员企业具有动态性，为联盟数据资源池提供优质、实时的数据资源，因此联盟成员企业数量不固定，联盟数据资源池的数据种类及数据量也在动态变化。

（2）实时性。联盟数据为移动大数据，其具有移动性及碎片性，移动用户能够实时更新数据，且移动用户产生的数据随时间与空间变动，加快了实时更新数据的速度，数据更新的频率越高，数据资源池中数据的活性就越大。

（3）信任性。联盟成员企业之间的信任关系越强，则联盟成员企业越倾向于贡献自身的数据资产，联盟数据资源池中的数据内容越丰富，数据规模越大，反之亦然。

（4）多维度。联盟的移动大数据需要多维度数据融合，该数据内容、数量越丰富，联盟成员企业在使用过程中，越有利于其做出更加精准的判断。

（5）关联性。联盟数据资源池中的数据并不是数据孤岛，这些数据来自移动终端用户，从本质上存在一定的内在联系，通过融合这些数据，可提高联盟数据资产的价值。

6.1　移动云计算联盟数据资产评估方法体系

6.1.1　移动云计算联盟数据资产评估原则

移动云计算联盟数据资产是具备资产的特性，使数据具有明确的所有人，并能以货币的形式计量，为数据所有者带来长期或短期的经济效益的资源。移动云计算联盟数据资产可以分为联盟成员企业数据资产和联盟共享数据资产。移动云计算联盟数据资产评估原则如下。

（1）客观性原则。联盟成立之前，聘请专家或联盟外界独立的第三方机构进行评估。一方面可以通过联盟成员进行专家推荐，一并投票进行选择；另一方面可以通过专业的评估机构进行评估。

（2）动态性原则。依据联盟特性可知，联盟成员数量不固定，联盟数据资源池中数据种类与数据量也不固定。在联盟运行一段时间后，对于联盟新成员，需聘请专家或联盟外界独立的第三方机构重新评估该企业的数据资产价值及联盟数据资产价值。

（3）时效性原则。评估专家或独立的第三方机构有权对联盟数据资源池中的数据每年进行全面的评估，依据评估指标对联盟成员进行退出评定。

（4）权威性原则。为了保证第三方机构及评审专家的权威性，在新成员进入联盟时，要明确评估过程的规则及评估结果的标准。

（5）费用原则。数据资产评估费用通常由联盟管理机构统一进行支付。

6.1.2　移动云计算联盟数据资产评估对象和目的

移动云计算联盟数据资产评估主要包括联盟成员企业数据资产评估及联盟共享数据资产评估。联盟成员企业数据资产评估是指根据企业自身数据资产特点及数据资产影响因素，运用合理的定性与定量分析方法建立模型，客观地评估企业数据资产价值。联盟共享数据资产评估是指评估联盟成员企业提供各自可共享资产所产生的总体价值，即企业间数据资产总体价值评估。联盟成员企业数据资产评估为联盟共享数据资产评估奠定了基础。

评估目的是对评估结果应用范围的说明，评估理论体系中的基本方向，是评估的根本出发点。本书评估联盟共享数据资产，一方面可以充分了解联盟内数据资产情况，提高联盟数据资源池数据的质量；另一方面，能够作为评估联盟整体价值重要的参考指标，同时，为联盟外部企业交易数据资产提供参考依据。

6.1.3　移动云计算联盟数据资产评估方法体系框架

移动云计算联盟数据资产评估体系包括联盟成员企业数据资产评估、联盟共享数据资产评估，以及其所对应的评估目的、评估方法、评估原则、评估对象，如图 6-1 所示。

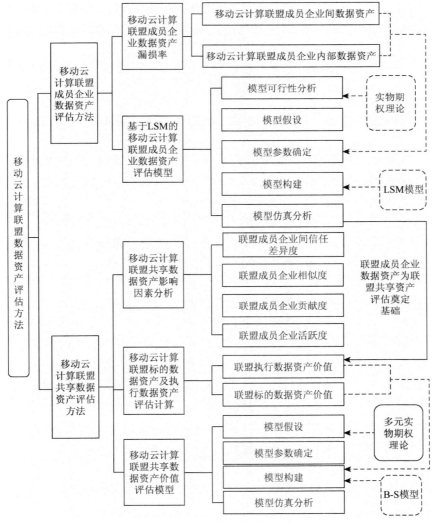

图 6-1　移动云计算联盟数据资产评估方法体系框架

B-S：Black-Scholes

移动云计算联盟成员企业先评估自身数据资产价值,从而确定能够放入联盟数据资源池中的数据资产价值;这些数据资源汇总到联盟数据资源池,形成联盟共享数据资产,再评估联盟共享数据资产的价值,即联盟成员企业数据资产评估结果作为联盟共享数据资产价值评估的基础。

依据联盟成员企业数据资产漏损特性,构建基于漏损率的 LSM 模型,评估联盟成员企业数据资产价值(翟丽丽和王佳妮,2016)。

通过考虑联盟共享数据资产的影响因素,结合密切值法及联盟成员企业数据资产价值,计算联盟标的数据资产及执行数据资产价值,用这两个 B-S 模型的重要参数,构建多资产 B-S 模型,以评估联盟共享数据资产价值(翟丽丽等,2016)。

6.2　移动云计算联盟企业数据资产评估方法

6.2.1　移动云计算联盟成员企业数据资产的实物期权特性分析

(1)随机性。移动云计算联盟成员企业数据资产评估在动态不确定的环境中,联盟各企业的标的数据资产(移动云计算联盟成员企业开发数据资产应用在具体项目,该项目预期现金流的现值服从几何布朗运动)具有主观与客观不确定性。联盟各企业开发数据时需要投入的费用随着技术、人力资源成本等多种因素变化。联盟成员企业数据资产的生命周期不确定,需依据企业的需求而变化。联盟环境的复杂性、不确定性等因素多为随机变动,可能会产生联盟成员企业数据资产价值评估的波动。

(2)条件性。移动云计算联盟数据资产类似专利资产,从某种程度上,对实物期权来说,并不是所有的资产或项目都会评估或执行,在某些条件下,联盟成员企业可以选择开发自身数据资产,也可以选择放弃开发该数据资产。

(3)相互影响性。移动云计算联盟成员企业自身数据资产可以应用在一个项目中,还可能应用在其他项目中,对于企业自身,这些项目存在一定的相关性,使得联盟数据资产的实物期权具有复杂性。

6.2.2　移动云计算联盟成员企业数据资产漏损率分析及计算

1. 移动云计算联盟成员企业数据资产漏损率界定及构成分析

移动云计算联盟成员企业数据资产的漏损特性主要体现如下。

(1)联盟成员企业数据资产的数据更新频率较快,旧数据容易被新数据所替代。

（2）联盟成员企业数据资产的移动性、个性化、碎片性促使数据资产获取途径多样化，易被多家企业同时获得，企业数据资产所独有的特性相对减弱。

（3）联盟成员企业数据资产体积大、结构复杂，需要一定的维护费用，延迟开发会使数据资产贬值。

移动大数据的碎片性、移动性、实时性，使数据生命周期缩短，需对持有数据资产进行动态、实时评估。当联盟成员企业未开发数据资产时，数据价值为持有数据资产价值，有利于企业数据资产价值估算，同时作为联盟成员企业之间进行数据交易的基本依据。当联盟成员企业开发数据资产时，联盟成员企业数据价值为执行数据资产价值，有利于动态、准确地评估联盟成员企业数据资产。LSM模型评估实物期权价值，仅选择最优时间的执行数据资产价值作为实物期权价值，企业数据资产需评估每个时刻的数据资产价值。因此，联盟成员企业持有的数据资产是评估的必要部分。

在实物期权条件下，漏损是指由于各种不确定性因素，标的资产价值与期权价值不完全一致。实物期权评估从金融期权定价过程中衍生发展，评估的对象不仅为实物资产，也可为无形资产。实物资产的无形磨损包括设备制造工艺改进导致的设备价格降低，以及市场上出现的新型设备逐步替代现有设备。移动云计算联盟数据资产类似信息资产及专利资产等无形资产，符合实物资产特性——漏损性，主要体现在以下三个方面：①延迟开发企业数据资产所造成数据资产价值的漏损；②企业之间数据资产重复所形成的价值漏损；③企业数据资产延迟开发时间所产生的存储与维护过程费用所形成的价值漏损。依据上述三个方面，本书提出漏损率包括移动云计算联盟成员企业自身内部漏损率与移动云计算联盟成员企业间漏损率。

2. 移动云计算联盟成员企业间数据资产漏损率计算

联盟成员企业间漏损率（企业外部漏损率）是指联盟成员企业自身数据资产与联盟其他企业的数据资产完全或部分重叠，导致数据资产贬值的程度。

联盟成员企业间漏损率为

$$\beta_{\mathrm{w}} = \frac{C_0 - C_1}{C_0} \qquad (6\text{-}1)$$

综上所述，联盟成员企业数据资产漏损率为 $\beta = \beta_{\mathrm{n}} + \beta_{\mathrm{w}}$，即联盟成员企业内部漏损率与企业间漏损率之和。其中，C_0 为未考虑联盟成员企业间漏损率情况下，企业数据资产价值；C_1 为考虑联盟成员企业间漏损率情况下，企业数据资产价值。C_0 与 C_1 之间的关系如下：

$$C_1 = C_0 e_i \qquad (6\text{-}2)$$

式中，e_i 为 i 企业数据资产占联盟总体数据资产的比例。依据联盟成员企业间漏损率定义及徐绪松和魏忠诚（2007）的研究成果可知，联盟成员企业之间的数据资产并不是相互独立的，它们之间存在完全替代关系、部分替代关系和排斥关系。其关系表达式为

$$R = \begin{pmatrix} a_{11} & a_{12} & \cdots & a_{1m} \\ a_{21} & a_{22} & \cdots & a_{2m} \\ \vdots & \vdots & & \vdots \\ a_{m1} & a_{m2} & \cdots & a_{mm} \end{pmatrix} \qquad (6\text{-}3)$$

式中，a_{ij} 为企业之间数据资产的关系，若两个企业的数据资产为完全替代型，则令 $a_{ij}=1$，$a_{ji}=1$，企业自身数据资产之间的关系为 $a_{ii}=1$；若两个企业之间的数据资产为部分替代型，$a_{ji}=-r$，其中 r 为 i 企业与 j 企业数据资产共有部分在企业 i 所占百分比，同理 $a_{ij}=-h$，其中 h 为 i 企业与 j 企业数据资产共有部分在企业 j 所占百分比；若两个企业之间的数据资产为排斥关系，则 $a_{ij}=0$。

设 $D=[1,1,\cdots,1]$，则 $B=DR$，即

$$B = [1,1,\cdots,1]R = \begin{pmatrix} a_{11} & a_{12} & \cdots & a_{1m} \\ a_{21} & a_{22} & \cdots & a_{2m} \\ \vdots & \vdots & & \vdots \\ a_{m1} & a_{m2} & \cdots & a_{mm} \end{pmatrix} \qquad (6\text{-}4)$$

即 $B=[b_1,b_2,\cdots,b_m]$，b_i 为联盟内 i 企业与其他企业不重复的数据资产，则

$$e_i = \frac{b_i}{\sum_{j=1}^{m} b_j} \qquad (6\text{-}5)$$

联盟成员企业间数据资产漏损率是企业在联盟这种特定环境下需考虑的因素，即考虑联盟内其他成员的数据资产与企业自身数据资产的重复情况。而联盟成员企业内部漏损率则由企业自身因素所导致。

3. 移动云计算联盟成员企业内部数据资产漏损率计算

联盟成员企业自身内部漏损率是指企业延迟开发数据资产使有效期内的超额收益减少，以及数据资产维护过程中所产生的费用所导致数据资产贬值的程度。

假设1：移动云计算联盟成员企业数据资产开发后带来的收益服从均匀分布，联盟成员企业数据资产有效期为 n 年，则联盟成员企业数据资产每推迟执行 1 年，资产就会损耗 $\dfrac{1}{n}$。

假设 2：移动云计算联盟成员企业数据资产维护与损耗费用服从均匀分布，联盟成员企业数据资产有效期为 n 年，则联盟成员企业数据资产每推迟执行 1 年，资产就会损耗 $\dfrac{1}{n}$。

依据上述假设可知，联盟成员企业自身内部漏损率为

$$\beta_n = \frac{1}{n^2} \tag{6-6}$$

由式（6-1）和式（6-6）可知，移动云计算联盟成员企业数据资产漏损率由联盟成员企业间数据资产漏损率和联盟成员企业内部数据资产漏损率组成。公式如下：

$$\beta = \frac{1}{n^2} + \frac{C_0 - C_1}{C_0} \tag{6-7}$$

6.2.3　移动云计算联盟成员企业数据资产评估模型

1. LSM 模型可行性分析

考虑漏损率的评估方法主要为 B-S 模型（Black and Scholes，1973）及二叉树模型（Cox et al.，1979），针对移动云计算联盟的数据资产特性，本书将运用 LSM 方法研究移动云计算联盟成员企业数据资产价值。Longstaff 和 Schwartz 最早提出 LSM 方法，解决了美式期权价格对历史数据依赖性及期权定价灵活性等问题。Stentoft 从量化角度对 LSM 方法进行分析，并提出了该方法可以扩展到多个应用领域。随后 Cortazar 和 Gravet、Urzua 运用改进的 LSM 方法评估多维美式实物期权，扩大了 LSM 方法评估实物期权的范围。其中，R&D（research and development，研究与发展）项目风险投资是 LSM 方法重要的应用领域。Villani 认为 R&D 投资具有巨大的不确定性，而 LSM 方法解决了 R&D 项目多阶段投资预算及项目估值灵活性问题。随后有学者对 R&D 项目的 LSM 方法进行了改进（马俊海等，2008）。另外，一些学者引入伪随机数列模拟标的资产价值，深化了期权定价的精准性及算法效率问题。例如，张卫国等（2011）使用随机 Faure 序列及对偶变数法模拟标的资产价值路径，并运用加权最小二乘进行回归，提高了期权价格的准确性。为了解决具体评估对象定价问题，众多学者扩展了 LSM 方法的应用领域与条件，如可转债定价问题（杨海军和雷杨，2008）、稀有事件问题（刘果和顾桂定，2014）、利率随机条件下美式期权评估问题（刘坚和马超群，2013）。基于上述文献，本书依据实物期权理论，在分析移动云计算联盟成员企业数据资产漏损特性的基础上，构建了基于漏损率的 LSM 模型，以评估移动云计算联盟成员企业数据资产。书中不仅考虑了联盟成员企业数据资产的漏损特性，还考虑

了动态评估持有数据资产与静态评估开发数据资产，全面反映了联盟成员企业数据资产价值。

2. LSM 模型假设

构建 LSM 模型的基本过程是将标的资产价值离散化，模拟多条标的资产在有效期内的样本路径；分别计算每条路径上期权到期日 T 时刻期权的内在价值，依次逆向推导，分别计算每一时刻期权的内在价值与持有价值；在实值期权集合范围内，选择内在价值大于持有价值时的执行期权，得到该路径上最优执行时间及期权价值；重复上述步骤，计算每条路径的最优执行时间及期权价值；最后计算每条样本路径上的最优执行期权现值，再对其求平均加权（吴建祖和宣慧玉，2006）。在移动云计算联盟条件下，企业之间的数据资产具有完全重复、部分重复、互斥三种情况。本书考虑联盟成员企业数据资产漏损率，构建了基于 LSM 的移动云计算联盟成员企业数据资产评估模型。

模型基本假设如下。

（1）移动云计算联盟成员企业数据资产评估者为风险中性者。

（2）无风险利率为常数。

（3）移动云计算联盟成员企业开发数据资产预期现金流的现值服从几何布朗运动。

（4）移动云计算联盟成员企业数据资产开发过程不可逆。

（5）移动云计算联盟成员企业数据资产开发后所带来的总体收益服从均匀分布。

（6）移动云计算联盟成员企业数据资产维护与损耗费用服从均匀分布。

3. 模型参数确定

模型基本参数设置如下。

（1）S：移动云计算联盟成员企业开发数据资产应用在具体项目，该项目预期现金流的现值服从几何布朗运动。

（2）C：移动云计算联盟成员企业数据资产价值。

（3）X：开发数据时需要投入的费用。

（4）γ：固定利率。

（5）T：移动云计算联盟成员企业数据资产有效期。

（6）β：移动云计算联盟成员企业数据资产漏损率。

（7）σ：S 的瞬时波动情况。

4. 模型构建

步骤 1：计算移动云计算联盟成员企业开发数据资产预期现金流的现值 S。

S 服从几何布朗运动：

$$\frac{\mathrm{d}S}{S} = \partial \mathrm{d}t + \sigma \mathrm{d}z \tag{6-8}$$

式中，∂ 为联盟成员企业数据资产的预期收益率；σ 为 S 的瞬时波动率，本书考虑漏损率对预期收益率的影响：

$$\frac{\mathrm{d}S}{S} = (\gamma - \beta)\mathrm{d}t + \sigma \mathrm{d}z \tag{6-9}$$

式中，z 为维纳过程（标准布朗运动），$\mathrm{d}z = \varepsilon\sqrt{\mathrm{d}t}$，$\varepsilon$ 服从标准正态分布；γ 为固定利率；β 为联盟成员企业数据资产漏损率；假设 $f(S,t)$ 为数据资产价值的函数，则 S 符合 Ito（伊藤）随机过程。

$$\mathrm{d}\ln S = \left(\gamma - \beta - \frac{\sigma^2}{2}\right)\mathrm{d}t + \sigma \mathrm{d}z \tag{6-10}$$

为进行蒙特卡罗模拟，对式（6-9）进行离散化，时间在 $[0,T]$ 划分为 n 个子区间，式（6-9）两边同时取对数：

$$\ln S_i - \ln S_{i-1} = \left(\gamma - \varepsilon - \frac{\sigma^2}{2}\right)\Delta t + \sigma\sqrt{\Delta t}\varepsilon_i \ (i \in \{0,1,\cdots,n\}) \tag{6-11}$$

根据式（6-11），可以推导出 S 在 i 时刻的公式为

$$S_i = \ln S_0 + i\left[\left(\gamma - \varepsilon - \frac{\sigma^2}{2}\right)\Delta t + \sigma\sqrt{\Delta t}\varepsilon_i\right] \tag{6-12}$$

步骤 2：计算移动云计算联盟成员企业开发数据资产价值。

将式（6-12）代入 LSM 模型，由于每条路径的最优执行时间可能不同，最后对每条路径的最优执行数据资产价值进行折现及平均加权，在 $[0,T]$ 内，在初始时刻 $t=0$ 执行数据的价值为

$$f(S_{t_*^j}) = \frac{\sum_{j=1}^m \exp(-rt_*^j)I(S_{t_*^j})}{M} \tag{6-13}$$

式中，t_*^j 为 j 路径上的最优执行时间；$I(S_{t_*^j})$ 为 j 路径上 t_*^j 时刻的期权执行价值；M 为路径条数。

步骤 3：计算移动云计算联盟成员企业持有数据资产价值。

模拟过程中，一些路径在 $[0,T]$ 内，不存在最优执行数据资产的时间点，一些路径在 $[0,T]$ 内存在最优执行数据资产的时间点，最优执行时间是从 T，$T-1$，…，0 逆向依次进行比较，获得数据资产最优执行时间则停止比较。本书计算在 i 时刻，M 条路径存在最优执行数据资产的时间点。在 i 时刻，M 条路径中又有 h 条路径

存在持有价值，计算 h 条路径存在持有价值加权平均值，则 i 时刻联盟成员企业持有数据资产价值为

$$V_i = \frac{\sum_{j=1}^{n} C_i^j}{h} \tag{6-14}$$

式中，C_i^j 为 i 时刻 j 路径上持有数据资产价值；V_i 为 i 时刻持有数据资产价值。在 $[0,T]$ 内，联盟成员企业在不同时刻持有数据资产的价值为 $V_1, V_2, V_3, \cdots, V_n$。

步骤 4：计算移动云计算联盟成员企业数据资产价值。

移动云计算联盟成员企业数据资产评估需考虑两种情况：一方面，考虑潜在数据开发情况下的数据资产价值；另一方面，考虑数据未开发情况下的数据资产价值，即联盟成员企业数据资产 C 价值为

$$C = \begin{cases} \dfrac{\sum_{j=1}^{m} \exp(-rt_*^j) I(S_{t_*^j})}{M}, & \text{初始时刻} t = 0, \text{执行数据资产时的价值} \\ \dfrac{\sum_{j=1}^{n} C_i^j}{h}, & [0,T] \text{内} t = i \text{时刻，持有数据资产时的价值} \end{cases} \tag{6-15}$$

评估联盟成员企业数据资产价值，将其作为联盟数据资产评估中联盟执行数据资产价值，为 6.3 节联盟数据资产评估奠定了坚实的基础。

6.2.4 仿真分析

为表明漏损率对数据资产价值的影响，本书采纳 A 企业数据，$S_0 = 50$ 万元，$\gamma = 0.2$，$T = 5$ 个月，$\sigma = 0.3$，$\beta = 0.86$，$X = 5$ 万元，有效期内的时间间隔为 0.05。对比分析漏损率对持有数据资产价值、执行数据资产价值及开发数据资产预期现金流的现值三者的影响。

1. 模型有效性验证

对比分析 1：含有漏损率的 LSM 模型的执行数据资产价值为 $C_{A执行价值} = 43.3453$ 万元，传统 LSM 模型评估的执行数据资产价值为 $C_{A执行价值} = 47.7542$ 万元。结果表明，含有漏损率的 LSM 模型评估的执行数据资产价值比传统 LSM 模型（未含漏损率的 LSM 模型）偏低。

对比分析 2：其他参数不变，含有漏损率的 LSM 模型与传统 LSM 模型的模拟次数都为 100 次，对比其数据资产持有价值变化情况如图 6-2 所示。

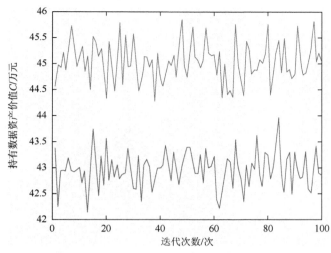

图 6-2　含漏损率与未含漏损率的持有数据资产价值对比

图 6-2 上部曲线为含漏损率的持有数据资产价值变化情况，下部曲线为未含漏损率的持有数据资产价值变化情况。含漏损率的持有数据资产价值在 44.4 万～45.9 万元波动，而未含漏损率的持有数据资产价值在 42.1 万～43.9 万元波动。两者之间大约相差 3 万元。结果表明含漏损率的 LSM 模型评估的持有数据资产价值比传统 LSM 模型偏低。

对比分析 3：图 6-3 与图 6-4 分别表示含漏损率的企业开发数据资产预期现金流的现值（S）与未含漏损率的企业开发数据资产预期现金流的现值（WS）之间的对比关系。

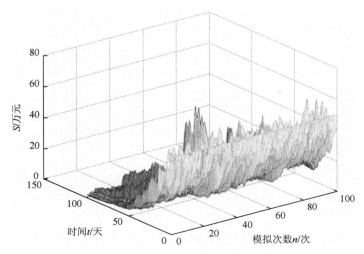

图 6-3　S 与模拟次数及时间之间的关系

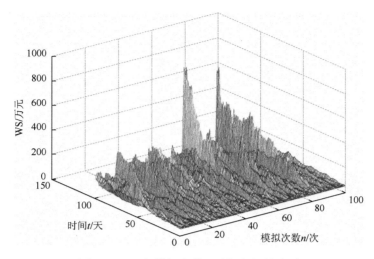

图 6-4　WS 与模拟次数及时间之间的关系

图 6-3 的 $S_0 = 50$ 万元,本书模拟 100 次该路径,每条路径的时间点为 100 次,S 趋势明显偏低,不完全服从几何正态分布。图 6-4 表示 S 服从几何正态分布,与之前假设基本一致。结果表明含漏损率的 LSM 模型评估的 S 比传统 LSM 模型(未含漏损率的 LSM 模型)评估的 WS 偏低。

2. 模型漏损率的敏感分析

假设初始值相同的情况下,漏损率分别为 $\beta = 0.9$、$\beta = 0.5$、$\beta = 0.3$,漏损率对持有数据资产价值的影响情况如下。

图 6-5 中下部曲线为 $\beta = 0.9$ 时,持有数据资产价值在 41.7 万～43.6 万元波动;中部曲线为 $\beta = 0.5$ 时,持有数据资产价值在 42.2 万～44.9 万元波动;上部曲线为 $\beta = 0.3$ 时,持有数据资产价值在 43.6 万～45.6 万元波动。同时,在 $\beta = 0.9$、$\beta = 0.5$、$\beta = 0.3$ 三种情况下,执行数据资产价值分别为 42.6581 万元、43.7574 万元、45.2435 万元。结果表明,漏损率越大,持有数据资产价值与执行数据资产价值越低。

3. 仿真结果分析

依据上述模型漏损率的敏感分析可知:①基于联盟成员企业数据资产的特性,考虑漏损率使评估过程中数据资产价值偏低,漏损率应引起广泛的关注。分析其原因主要如下:本书考虑联盟数据资产的漏损特性,增加了评估过程中的不确定性,使数据资产价值偏低;传统 LSM 方法通常评估独立对象资产价值,本书考虑联盟内其他企业数据资产所有情况,使数据资产价值偏低。上述结果及分析验证

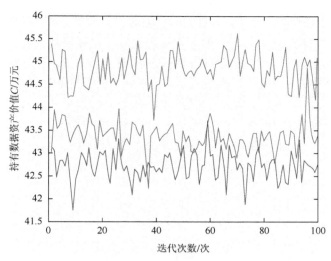

图 6-5　漏损率 β 变化对持有数据资产价值的影响

了联盟成员企业数据资产漏损率的合理性。②联盟成员企业数据资产漏损率越大，联盟成员企业数据资产价值越低。③不同类型企业的漏损率存在差异，企业应采取相应措施，降低漏损率。本书假设 $\beta = 0.9$、$\beta = 0.5$、$\beta = 0.3$ 分别代表移动云计算联盟三种类型企业的漏损率。

（1）移动互联网企业主要包括电信运营商、应用服务商、内容服务商、操作系统开发商、硬件设施提供商。电信运营商控制网络管道，可获得所有移动互联网企业数据；应用服务商主要获取终端用户的生活、娱乐数据；内容服务商自身拥有内容数据；操作系统开发商及硬件设施提供商之间相互依存，直接获取移动终端用户大数据。移动互联网具有开放性，企业数据的独有性较弱，数据迭代速度快，所以漏损率最大。本书假设该类企业 $\beta = 0.9$。

（2）云计算企业主要包括基础设施提供商、平台服务提供商、软件开发商，它在联盟中为移动互联网企业提供 IT 服务，并获得其数据。其对数据的维护费用最低，同时，能够比较全面地获取移动互联网企业的数据，所以数据资产漏损率为中等水平。本书假设该类企业 $\beta = 0.5$。

（3）数据分析企业利用云计算强大的计算能力及云平台环境，为企业提供数据挖掘、分析业务，定向开发企业数据资产，故最优开发时间为零，并依托云计算平台降低数据资产的维护费用。数据资产漏损主要来自同类企业之间的竞争，因此数据资产漏损率最低。本书假设该类企业 $\beta = 0.3$。

由图 6-5 可知，数据分析企业的数据资产价值最高；云计算企业数据资产价值居中；移动互联网企业数据资产价值最低。故漏损率越大，企业数据资产价值越低。云计算企业应利用弹性服务、高效的资源分配效率及强大的计算能力等优势向数据分析领域拓展，使漏损率向 0.3 靠近。移动互联网企业应引入云服务管理数据资产，降低数据采集、维护、开发等成本。漏损率的改变直接影响企业数据开发的最优执行时间及企业开发数据资产预期现金流的现值评估情况，故移动互联网企业应尽快决策是否开发数据资产，减少延迟开发数据资产所带来的损失。另外，移动互联网企业应及时通过联盟了解其他企业数据资产情况，及时调整企业自身数据资产的比例、结构、类型等，加强自身数据资产管理，使漏损率向 0.5 靠近。通过移动云计算联盟平台，促进三类企业之间利用自身的优势互相发展，最终降低联盟成员企业自身数据资产漏损率。

6.3　移动云计算联盟共享数据资产评估方法

6.3.1　移动云计算联盟共享数据资产价值构成

移动云计算联盟共享数据资产由联盟标的数据资产、联盟执行数据资产、联盟共享数据资产波动率、联盟无风险利率、联盟数据资产生命周期五个参数，通过 B-S 模型计算得出。其中前两个参数，针对不同评估对象时，变化最为明显，本书主要研究这两个参数的具体计算方法。

联盟标的数据资产价值是指联盟所有成员企业对放入数据资源池的数据未来所产生的价值。联盟执行数据资产价值是指联盟所有成员企业对放入数据资源池的数据所需要的人力与设备的成本费用。本书考虑信任差异度、相似度、贡献度、活跃度四个因素，结合密切值法计算联盟各成员企业的权重，进而计算联盟标的数据资产价值及联盟执行数据资产价值，这两个 B-S 模型的参数可评估联盟共享数据资产价值。

6.3.2　移动云计算联盟共享数据资产价值影响因素分析

依据联盟数据资产特性，本书提出影响联盟共享数据资产价值的因素主要包括联盟成员企业间的信任差异度及联盟成员企业的相似度、贡献度、活跃度四个因素。

1. 联盟成员企业间的信任差异度

信任问题一直是众多学者研究联盟绩效的关键问题，联盟信任最早借鉴组织间的信任研究成果。方静和武小平（2013）分析了成员之间的信任关系受专用投资资产、惩罚因子、联盟超额收益等因素的影响，构建了联盟成员信任关系的动态演化模型。刘林舟等（2012）提出技术创新型联盟所共享的信息、数据资源所获得的超额收益是建立在信任的基础上。曾伏娥和严萍（2010）提出隐性数据资源及商业信息的交换是花费较少的精力和时间从合作伙伴网络中获取资源，其中信任关系起到关键作用。周青等（2011）提出技术标准联盟伙伴的信任关系对联盟的绩效存在正相关关系。黄俊等（2013）提出联盟双方的差异信任对联盟绩效存在影响。Akbar 等（1998）提出在初始信任建立后，成员还需要在联盟内部通过持续的交往与互动保持和发展信任。联盟成员的信任是一个动态的发展过程，并且信任是联盟成功的关键因素（Cullen et al.，2000）。针对信任问题，众多学者研究了以数据资源或信息、技术共享为目的的联盟，该联盟成员间的信任对联盟整体绩效及联盟成员个体绩效产生了一定影响。

　　移动云计算联盟动态数据资源池中数据专属性越强，联盟成员企业之间的信任程度越高，联盟动态数据资源池中的数据量与维度越大，将影响联盟成员企业向数据资源池中提供的数据的成本估值及期望自身数据价值的增值程度，最终影响联盟共享数据资产的价值。因此，本书考虑联盟成员企业信任度作为衡量联盟数据资产价值的一个重要因素，也是联盟维持与发展的重要依据。

　　移动云计算联盟成员企业间的信任差异度主要包括联盟成员企业间的文化差异及联盟整体的利益分配，以及联盟个别成员企业在合作过程中存在的道德问题。事实上，联盟成员企业间存在信任差异，当双方的资源、地位相差悬殊时，企业之间的信任度差异较大，单方面的信任意义较小（Patzelt and Shepherd，2008）。联盟成员企业间的信任可能会产生非对称性感知的情况，实力强大的一方对联盟拥有控制权，这种信任关系意义较小（Inkpen and Currall，2004）。

　　确定联盟成员企业 i 对企业 j 的信任度。联盟成员企业的信任度可由直接信任度与间接信任度构成，联盟成员企业 i 对企业 j 的信任度是有差距的，若差异过大，那么它们之间的信任是无效的。因此，本书采用信息熵的方法计算联盟成员企业之间的信任差异度，进而计算联盟各成员企业的信任差异度。具体计算公式如下：

$$X_{ij} = |F_{ij} - F_{ji}| \tag{6-16}$$

式中，F_{ij} 为联盟成员企业 i 对企业 j 的信任度；F_{ji} 为联盟成员企业 j 对企业 i 的信任度。

　　运用信息熵的方法，计算联盟各成员企业的信任差异度。

　　构建矩阵：

$$G = \begin{pmatrix} X_{11} & \cdots & X_{1m} \\ \vdots & & \vdots \\ X_{m1} & \cdots & X_{mm} \end{pmatrix}$$

式中，$X_{ij}=X_{ji}$，$X_{ii}=0$，矩阵为对角矩阵。由于上述矩阵的量纲相同，无须标准化处理。

$$P_{ij}=\frac{X_{ij}}{\sum\limits_{j=1}^{m}X_{ij}}(i=1,2,3,\cdots,m;j=1,2,3,\cdots,m)\qquad(6\text{-}17)$$

联盟成员企业 i 的信任差异度熵值为

$$e_i=k\sum_{j=1}^{m}p_{ij}\ln p_{ij}\qquad(6\text{-}18)$$

式中，$k=\dfrac{1}{\ln m}$；$j=1,2,3,\cdots,m$。

2. 联盟成员企业的相似度

联盟成员企业的相似度为联盟成员企业间数据资产的相互重复程度。联盟各成员企业向数据资源池所提供的数据资产之间存在一定的相似性，联盟数据资源池的数据存在重复情况。为了更清晰地分析联盟成员企业所提供的数据量，联盟成员企业的相似度公式表示如下所述。

联盟成员企业间的数据资产并不是相互独立的，它们之间存在完全替代关系、部分替代关系、排斥关系。

$$R=\begin{pmatrix}a_{11}&\cdots&a_{1m}\\\vdots&&\vdots\\a_{m1}&\cdots&a_{mm}\end{pmatrix}$$

式中，a_{ij} 为联盟成员企业 i 与企业 j 数据资产的关系，若两个企业的数据资产为完全替代型，则令 $a_{ij}=1$，$a_{ji}=1$，联盟成员企业自身数据资产之间的关系为 $a_{ii}=1$；若两个联盟成员企业数据资产为部分替代型，$a_{ij}=-r$，其中 r 为联盟成员企业 i 与企业 j 数据资产共有部分在企业 i 所占百分比；同理，$a_{ji}=-h$，其中 h 为联盟成员企业 i 与企业 j 数据资产共有部分在企业 j 所占百分比；若两个联盟成员企业之间的数据资产为排斥关系，则 $a_{ij}=0$。

假设 $D=[1,1,1,\cdots,1]$，则 $B=DR$，即

$$B=[1,1,1,\cdots,1]\begin{pmatrix}a_{11}&\cdots&a_{1m}\\\vdots&&\vdots\\a_{m1}&\cdots&a_{mm}\end{pmatrix}\qquad(6\text{-}19)$$

即 $B=[b_1,b_2,b_3,\cdots,b_m]$，$b_i$ 为联盟成员企业 i 与其他成员企业不重复的数据资产，则联盟成员企业 i 数据资产占联盟数据资产的比例为

$$\beta_i = \frac{b_i}{\sum_{j=1}^{m} b_j}$$　　　　　　　　（6-20）

3. 联盟成员企业的贡献度

联盟成员企业的贡献度为联盟成员企业在联盟数据资源池中受关注的程度。联盟成员企业的贡献度由该企业所提供的数据在一定时间内被访问的次数决定，被访问的次数越多，对联盟其他成员企业的作用越大，这类企业为联盟数据资源池的优质数据资源。同时，该企业在联盟中更具影响力，直接影响企业提供的标的数据资产价值。联盟成员企业 i 的贡献度公式可以表示为

$$B_i = \frac{g_i}{h}$$　　　　　　　　（6-21）

式中，g_i 为联盟成员企业 i 所提供的数据 1 天内被访问的次数；h 为 1 天内联盟所有成员企业访问数据资源池的数量。

4. 联盟成员企业的活跃度

联盟成员企业的活跃度为联盟成员企业所提供数据资产更新的频率，即该成员企业所提供的数据资源一定时间内在数据资源池的更新次数，更新次数越多，为数据资源池提供的活性资源越多。依据上述分析，移动大数据具有实时性，数据挖掘也具有时效性，需要联盟数据资源池的数据进行及时更新，联盟成员企业提供的数据既要存在价值，又要具有活性。联盟成员企业的活跃度公式可以表示为

$$A_i = \frac{d_i}{n}$$　　　　　　　　（6-22）

式中，d_i 为企业 i 在 n 年内更新数据资产的次数。

6.3.3　移动云计算联盟标的和执行数据资产价值计算

移动云计算联盟共享数据资产价值评估的影响因素主要包括联盟成员企业间信任差异度及联盟成员企业的相似度、贡献度、活跃度。密切值法是系统工程中解决多目标决策的常用方法，本书在考虑以上四个因素的基础上，通过密切值法求联盟各成员企业的权重，计算联盟标的数据资产价值及执行数据资产价值。

1. 移动云计算联盟各成员企业权重计算

运用密切值法求移动云计算联盟各成员企业权重的计算步骤如下。

步骤1：构建矩阵。

$$R=\begin{bmatrix} Y_{11} & Y_{12} & Y_{13} & Y_{14} \\ Y_{21} & Y_{22} & Y_{23} & Y_{24} \\ \vdots & \vdots & \vdots & \vdots \\ Y_{m1} & Y_{m2} & Y_{m3} & Y_{m4} \end{bmatrix}$$

式中，Y_{ij}为联盟成员企业i的第j个影响因素的数值。

步骤2：标准化处理。

依据上述矩阵，将这些指标划分为正向指标与负向指标，正向指标为联盟成员企业的相似度、贡献度、活跃度。负向指标为联盟成员企业间的信任差异度。其中，正向指标的标准化处理公式为

$$Z_{ij}=\frac{Y_{ij}-Y_{\min}}{Y_{\max}-Y_{\min}} \tag{6-23}$$

负向指标的标准化处理公式为

$$Z_{ij}=\frac{Y_{ij}-Y_{\min}}{Y_{\min}-Y_{\max}} \tag{6-24}$$

得到如下标准化的矩阵：

$$R'=\begin{pmatrix} Z_{11} & \cdots & Z_{14} \\ \vdots & & \vdots \\ Z_{m1} & \cdots & Z_{m4} \end{pmatrix}$$

式中，Z_{ij}为经过标准化处理的联盟成员企业i的第j个影响因素的数值。

步骤3：确定四个影响因素对应的最佳数值与最小数值。

$$\begin{aligned} Q_j^+ &= \max\{Z_{ij}\} \\ Q_j^- &= \min\{Z_{ij}\} \end{aligned} (1\leqslant j\leqslant 4) \tag{6-25}$$

式中，Q_j^+为第j个影响因素对应的所有企业中最佳数值；Q_j^-为第j个影响因素对应的所有企业中最小数值。

四个因素对应的最佳数值为

$$A^+=(Q_1^+,Q_2^+,Q_3^+,Q_4^+)$$

四个因素对应的最小数值为

$$A^-=(Q_1^-,Q_2^-,Q_3^-,Q_4^-)$$

步骤4：联盟各成员企业的四个因素数值与四个因素对应的最佳数值、最小数值的距离为

$$D_i^+ = \sqrt{\sum_{j=1}^{m}(Z_{ij} - Q_j^+)^2} \quad (1 \leqslant i \leqslant m)$$
$$D_i^- = \sqrt{\sum_{j=1}^{m}(Z_{ij} - Q_j^-)^2}$$

(6-26)

步骤 5：计算密切值。

$$D^+ = \min\{D_i^+\} \quad (1 \leqslant i \leqslant m)$$
$$D^- = \min\{D_i^-\}$$

（6-27）

密切值的公式为

$$E_i = \frac{D_i^+}{D^+} - \frac{D_i^-}{D^-} \quad (1 \leqslant i \leqslant m)$$

（6-28）

对式（6-28）做标准化处理，即

$$F_i = \frac{E_i}{\sum_{i=1}^{m} E_i} \quad (1 \leqslant i \leqslant m)$$

（6-29）

式中，F_i 越小，权重越大，即

$$W_i = \frac{1 - F_i}{m - \sum_{i=1}^{m} F_i} \quad (1 \leqslant i \leqslant m)$$

（6-30）

式中，W_i 为联盟成员企业 i 考虑联盟成员企业间的信任差异度及联盟成员企业的相似度、贡献度、活跃度四个影响因素的权重。

2. 移动云计算联盟标的数据资产价值计算

依据式（6-30）求出 W_i，则联盟标的数据资产价值为

$$S = S_1W_1 + S_2W_2 + S_3W_3 + \cdots + S_mW_m$$

（6-31）

式中，$S_1, S_2, S_3, \cdots, S_m$ 为联盟各成员企业的标的数据资产价值；S 为联盟标的数据资产价值。

3. 移动云计算联盟执行数据资产价值计算

在实物期权评估无形资产过程中，专利资产价值评估中执行价值为开发该专利的初始投资成本。同理，本书在考虑联盟执行数据资产时，将各企业数据资产的维护费用（人力及硬件设施成本）作为联盟各成员企业的执行数据资产，但联盟执行数据资产不能简单相加求和，需考虑联盟成员企业间的信任差异度及联盟成员企业的相似度、贡献度、活跃度四方面因素，分别对联盟各成员企业进行权重分配。其公式如下：

$$K = K_1W_1 + K_2W_2 + K_3W_3 + \cdots + K_mW_m \qquad (6\text{-}32)$$

式中，K 为联盟执行数据资产价值，$K_1, K_2, K_3, \cdots, K_m$ 为企业向联盟数据资源池所提供的数据资产，以及对所需人力与设备（数据的获取、运营与维护成本）付出的费用。依据联盟共享数据资产的特性，本书考虑了上述影响联盟标的数据资产价值及执行数据资产价值的四种因素，有利于联盟成员企业增加自身利益及联盟的影响力，减少虚假上报执行数据资产价值及标的数据资产价值的概率，合理客观地评估联盟共享数据资产价值，有利于促进联盟数据资源共享机制的建立。

6.3.4　基于 B-S 模型的移动云计算联盟共享数据资产评估

1. B-S 模型可行性分析

移动云计算联盟共享数据资产价值评估受诸多因素影响，如联盟成员企业间的信任程度，以及联盟各成员企业标的资产价值及执行数据资产价值的不确定性、新的竞争者加入、经济政策、法律等。这些不确定性因素直接影响联盟数据资源池中数据的内容与数据量，从而影响联盟共享数据资产评估结果。因此，联盟共享数据资产价值评估符合实物期权特性，而 B-S 模型具有计算便捷、模型参数较容易获得等优点，该模型最早由 Black 和 Scholes（1973）基于计算欧式期权的公式，通过推导连续微分方程，解决了无红利支付股票的金融期权定价问题。随后 Myers（1977）指出金融期权模型能够应用于实物范围，提出了实物期权的概念，为资产评估提供了新方法（Stewart，1977）。众多学者运用实物期权评估科技型公司的技术、弱专利、风险项目、专利（于乃书等，1999；夏轶群和陈俊芳，2009）等无形资产价值。数据资产与专利资产特性相似，因此考虑采用 B-S 模型进行评估。针对多资产期权定价模型，Gilli 等（2002）提出了三资产期权定价的 B-S 模型。Weickert 等（2001）最早提出加性算子分裂（additive operator splitting，AOS）算法用于多维偏微分方程。Zhang 和 Yang（2010）提出了改进的 AOS 数值方案，能够快速求解图像处理中多维偏微分方程。

基于上述分析，本书考虑联盟成员企业间的信任差异度及联盟成员企业的相似度、活跃度、贡献度这四个因素对联盟标的数据资产价值及执行数据资产价值的影响，并将这两个模型参数统一到 B-S 模型中。

2. 模型假设

模型基本假设如下：

（1）移动云计算联盟无风险利率 γ 为常数。

（2）移动云计算联盟标的资产 S 服从几何布朗运动。

（3）移动云计算联盟数据资产开发过程不可逆。

（4）移动云计算联盟内部是无套利的环境。

（5）移动云计算联盟共享数据资产评估者为风险中性者。

3. 模型参数设置

模型参数设置如下：

（1）移动云计算联盟共享数据资产漏损率为 ∂，即漂移率。

（2）移动云计算联盟无风险利率 γ 为常数。

（3）移动云计算联盟标的资产 S 服从几何布朗运动。

（4）移动云计算联盟数据资产生命周期为 T。

（5）移动云计算联盟共享数据资产价值为 C。

（6）移动云计算联盟执行数据资产价值为 K。

4. 模型构建

模型具体计算步骤如下。

（1）计算移动云计算联盟标的数据资产价值 S。S 服从几何布朗运动：

$$\frac{\mathrm{d}S}{S} = \partial \mathrm{d}t + \sigma \mathrm{d}z \tag{6-33}$$

式中，∂ 为漂移率；σ 为 S 的波动率，在风险中性条件下，S 符合 Ito 随机过程。

$$\frac{\mathrm{d}S}{S} = \gamma \mathrm{d}t + \sigma \mathrm{d}z \tag{6-34}$$

式中，S 为在数据资产有效期到期时刻 T，联盟标的数据资产的价值。计算 S 代入以下公式：

$$S = S_1 W_1 + S_2 W_2 + S_3 W_3 + \cdots + S_m W_m \tag{6-35}$$

式中，m 为联盟成员企业个数；W_i 为联盟成员企业 i 的权重。

（2）计算移动云计算联盟执行数据资产价值 K。

$$K = K_1 W_1 + K_2 W_2 + K_3 W_3 + \cdots + K_m W_m \tag{6-36}$$

$$d_1 = \frac{\ln\left(\dfrac{S_1 W_1 + S_2 W_2 + S_3 W_3 + \cdots + S_m W_m}{K_1 W_1 + K_2 W_2 + K_3 W_3 + \cdots + K_m W_m}\right) + \left(r + \dfrac{\sigma^2}{2}\right)}{\sigma\sqrt{T}} \tag{6-37}$$

$$d_2 = \frac{\ln\left(\dfrac{S_1 W_1 + S_2 W_2 + S_3 W_3 + \cdots + S_m W_m}{K_1 W_1 + K_2 W_2 + K_3 W_3 + \cdots + K_m W_m}\right) - \left(r - \dfrac{\sigma^2}{2}\right)}{\sigma\sqrt{T}} \tag{6-38}$$

（3）计算移动云计算联盟共享数据资产价值 C。

$$C = (S_1W_1 + S_2W_2 + S_3W_3 + \cdots + S_mW_m)N(d_1)$$
$$- (K_1W_1 + K_2W_2 + K_3W_3 + \cdots + K_mW_m)e^{-rt}N(d_2)$$

（6-39）

联盟共享数据资产价值由联盟标的数据资产、联盟执行数据资产、联盟数据资产生命周期、联盟共享数据资产波动率、联盟无风险利率这五个参数，通过 B-S 模型计算得出。

5. 仿真分析

假设移动云计算联盟各参数，通过 MATLAB 分析联盟共享数据资产价值（C）、联盟数据资产生命周期（T）、联盟标的数据资产价值（S）三者的关系，如图 6-6 所示。

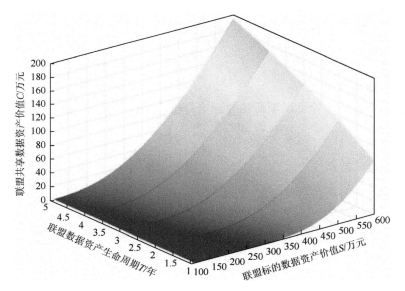

图 6-6　C 与 S、T 三者之间的关系

当时间在 1～5 年变化时，联盟标的数据资产价值的变化范围为 110 万～600 万元，联盟共享数据资产价值的变化范围为 1 万～197 万元。通过上述分析可知，联盟共享数据资产价值与联盟标的数据资产价值成正比，与联盟数据资产生命周期成正比。同理，通过 MATLAB 分析联盟共享数据资产价值、联盟执行数据资产价值、联盟数据资产生命周期三者的关系，如图 6-7 所示。

当时间在 1～5 年变化时，联盟执行数据资产价值的变化范围为 10 万～589 万元，联盟共享数据资产价值的变化范围为 1 万～590 万元。通过上述分析可知，联盟共享数据资产价值与联盟执行数据资产价值成反比，与联盟数据资产生命周期成正比。

仿真结果分析如下。

（1）依据上述结果分析，联盟共享数据资产价值与联盟标的数据资产价值成正比，与联盟数据资产生命周期成正比。联盟管理机构应选取联盟标的数据资产价值高的企业，提高联盟共享数据资源池的数据资源质量。

（2）联盟共享数据资产价值与联盟执行数据资产价值成反比，与联盟数据资产生命周期成正比。联盟管理机构应该培训或提示企业如何注意降低自身的数据资产执行价值。

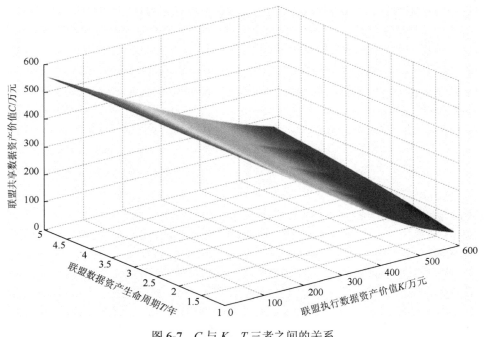

图 6-7　C 与 K、T 三者之间的关系

（3）联盟管理机构应公布联盟成员企业权重的评价过程，使联盟成员企业通过该评价过程，有针对性地提高其在联盟中的地位，进一步优化联盟共享数据资源池的数据资源质量。

6.4　本　章　小　结

本章首先介绍了移动云计算联盟数据资产计量原则、目的及评估方法体系。然后，对移动云计算联盟企业数据资产进行评估，将实物期权理论引入移动云计算联盟成员企业数据资产评估中，通过分析联盟成员企业数据资产的实物期权特性及漏损特性，建立了移动云计算联盟成员企业数据资产评估模型，以评估联盟成员企业数据资产价值。将其作为联盟共享数据资产评估中联盟执行数据资产价值，为联盟数据资产评估奠定了坚实的基础。通过 MATLAB 对该方法进行了仿真分析，并给出了相应的策略建议。接着，对移动云计算联盟共享数据资产进行评估，通过联盟成员企业间的信任差异度及联盟成员企业的相似度、贡献度、活跃度四个因素，运用密切值法确定移动云计算联盟成员企业间的权重，从而计算联盟执行数据资产价值及联盟标的数据资产价值这两个 B-S 模型中的重要参数，弥补了传统 B-S 模型未能解决联盟多个企业的数据资产价值评估问题。最后，对该模型进行仿真分析，提出了在联盟环境下相对应的策略。

参 考 文 献

方静，武小平. 2013. 产业技术创新联盟信任关系的演化博弈分析[J]. 财经问题研究，（7）：37-41.

黄俊，翟浩淼，万妍纾，等. 2013. 联盟共同信任、信任差异与研发联盟绩效风险——基于社会资本理论视角[J]. 科技进步与对策，30（5）：16-21.

刘果，顾桂定. 2014. 基于蒙特卡洛重要性抽样方法的美式期权定价研究[J]. 财经纵横，9：162-164.

刘坚，马超群. 2013. 随机利率下美式期权的 LSM 方法定价[J]. 系统工程，31（10）：10-14.

刘林舟，武博，孙文霞. 2012. 产业技术创新战略联盟稳定性发展模型研究[J]. 科技进步与对策，29（6）：62-64.

马俊海，刘凤琴，楼梦丹. 2008. 企业 R&D 项目评价的蒙特卡罗模拟方法及其应用[J]. 系统工程理论与实践，10：31-39.

吴建祖，宣慧玉. 2006. 美式期权定价的最小二乘蒙特卡洛模拟方法[J]. 统计与决策，1：155-157.

夏轶群，陈俊芳. 2009. 有可替代性和时间贬损的不确定条件技术专利价值评估[J]. 科技进步与对策，（15）：128-130.

徐绪松，魏忠诚. 2007. 专利联盟中专利许可费的计算方法[J]. 技术经济，26（7）：5-7.

杨海军，雷杨. 2008. 基于加权最小二乘模拟蒙特卡洛的美式期权定价[J]. 系统工程学报，23（5）：532-538.

于乃书，刘兆波，张屹山. 1999. 专利权评估的两种方法探讨[J]. 数量经济技术经济研究，（2）：3-5.

曾伏娥，严萍. 2010. "新竞争"环境下企业关系能力的决定与影响：组织间合作战略视角[J]. 中国工业经济，（11）：87-97.

翟丽丽，王佳妮. 2016. 移动云计算联盟数据资产评估方法研究[J]. 情报杂志，35（6）：130-136.

翟丽丽，王佳妮，何晓燕. 2016. 移动云计算联盟企业数据资产评估方法研究[J]. 价格理论与实践，（2）：153-156.

张卫国，史庆盛，许文坤. 2011. 基于全最小二乘模拟蒙特卡洛方法的可转债定价研究[J]. 管理科学，（1）：82-89.

周青，韩文慧，杜伟锦. 2011. 技术标准联盟伙伴关系与联盟绩效的关联研究[J]. 科研管理，32（8）：1-8.

Akbar Z，Bill M，Vincenzo P. 1998. Does trust matter? exploring the effects of interorganizational and interpersonal trust on performance[J]. Organization Science，9（2）：141-159.

Black F，Scholes M. 1973. The pricing of options and corporate liabilities[J]. Journal of Political Economy，81（3）：637-654.

Cox J C，Ross S A，Rubinstein M. 1979. Option pricing：a simplified approach[J]. Journal of Financial Economics，7（3）：229-263.

Cullen J B，Johnson J L，Sakano T. 2000. Success through commitment and trust：the soft side of strategic alliance management[J]. Journal of World Business，35（3）：223-240.

Gilli M，Këllezi E，Pauletto G. 2002. Solving finite difference schemes arising in trivariate option pricing[J]. Journal of Economic Dynamics and Control，26：1499-1515.

Inkpen A C，Currall S C. 2004. The convolutions of trust，control，learning in joint ventures[J]. Organization Science，15（5）：586-599.

Longstaff F A，Schwartz E S. 2001. Valuing American options by simulation：a simple least-squares approach[J]. The Review of Financial Studies，14（1）：113-147.

Myers S C. 1977. Determinants of corporate borrowing[J]. Journal of Financial Economics，5（2）：147-175.

Patzelt H，Shepherd D A. 2008. The decision to persist with underperforming alliances：the role of trust and control[J]. Journal of Management Studies，45（7）：1217-1243.

Stewart C. 1977. Determinants of corporate borrowing[J]. Journal of Financial Economics，5（2）：147-175.

Weickert J，Heers J，Schorr C，et al. 2001. Fast parallel algorithms for a broad class of nonlinear variational diffusion approaches[J]. Real-Time Imaging，7：31-45.

Zhang Y，Yang X Z. 2010. On the acceleration of AOS schemes for nonlinear diffusion filtering[J]. Journal of Multimedia，5：605-612.

第7章 移动云计算联盟数据资源整合

7.1 移动云计算联盟数据资源整合模式框架设计

　　整合在不同领域的解释大体相同，归纳为两个或以上的事物、资源、属性等一切无形或有形资源在满足一定条件或需求的基础上，通过融合、类聚或重组成一个较大整体的发展过程及其结果。数据资源整合是指数据资源优化组合的一种存在状态，是根据特定的需要，对各个独立的数据资源系统中的数据对象、功能结构及其相互关系进行融合、类聚和重组，形成一个效率更高的新的数据资源体系（张晓娟等，2009）。移动云计算联盟数据资源整合就是将分散在不同云提供商、不同结构的数据资源聚集起来，根据特定的需求和一定的技术手段，对联盟各独立的数据资源进行合理配置与优化组合，实现移动云计算联盟数据资源充分利用的过程。

　　移动云计算联盟数据资源整合的目的，一是通过整合移动云计算联盟的数据资源，增强资源共享，优化协调分工，减少交易成本和组织成本；二是使分散在不同云提供商、不同环节的数据资源能够协同聚集起来，提高联盟数据资源的利用率。

　　移动云计算联盟数据资源整合模式反映了联盟中云企业的数据资源系统运行赖以生存的结构、动因和控制方式，以及数据资源系统内各组成要素的相互作用关系，契合移动云计算联盟数据资源整合的战略目标，产生数据资源聚集效应和涌现效应，为数据资源整合提供基础（张影，2016）。移动云计算联盟数据资源整合模式是通过有效的配置与组合分散、零乱的各种数据资源，使不同云企业的数据资源之间不断发生线性或者非线性相互作用，实现交互与创新，为移动云计算联盟数据资源的有效组织与管理提供基础，如图7-1所示。

7.2 移动云计算联盟数据资源配置

　　对于资源优化配置，国内外已有不少学者在不同领域都进行了研究。在制造类资源方面，王时龙等（2012）考虑物料流和信息流对时间和成本的实际影响，以成本和时间最小化、质量最优化为目标构建了资源优化配置模型。在资源分配问题上，崔玉泉等从资源生产效率、规模回报和潜在生产能力三方面考虑并建立

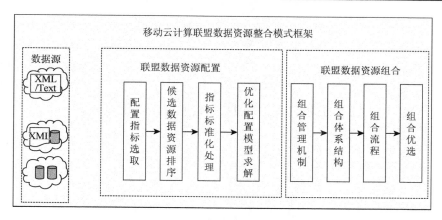

图 7-1　移动云计算联盟数据资源整合模式框架

了随机加权交叉效率资源分配模型。在网格环境下制造资源优化配置相对较成熟，理论方法大致有线性规划理论、帕累托最优理论、多目标方法实现优化配置并用最大继承法求解（张相斌和林萍，2014）。中国台湾学者 Chen 和 Yeh（2010）针对云计算环境中资源会随时间变化而动态变化的问题，采用了分配机制和定价机制以市场为基础的模式分配资源。Zhou（2013）结合纳什均衡理论将资源分配处于平衡状态，并选择最优路径达到优化配置。Ge 等（2012）提出了一种博弈论方法以解决在整个移动云计算系统中能源优化的问题。Khan 等（2014）提出了一种新的高效节能的基于块的共享方案，减少能耗从而提高了设备响应时间。李舒翔和黄章树（2013）对信息产业与先进制造业研究对象运用关联分析与超效率 DEA（数据包络分析）结合研究，提高了准确性，并提出了建议制度。还有不少学者从资源利用和研究方法的角度对资源优化配置进行了较全面的研究。然而，移动云计算联盟的总体目标是实现联盟数据资源的优化配置，提高数据资源的经济效用。

　　数据资源优化配置是指在一定的区域或组织内，利用系统分析理论与优化技术，使有限的数据资源在联盟不同成员之间实现优化分配或者将冗余的数据资源快速精准的优化分配，以获得联盟整体效益、成员个体收益和联盟协调发展的最佳综合效益。移动云计算联盟数据资源配置是通过运用虚拟化技术屏蔽底层数据资源的异构性，把联盟成员分散的各种数据资源优化管理的过程。联盟的功能是使得联盟成员将各自部分资源贡献到一个统一的巨型资源池而不是分散的资源库，其形式是共享式配置方式，将联盟看成一个系统，配置过程中每一个状态都有控制目标。

　　移动云计算联盟由 N 个企业组成，其中，$N = \{B_1, B_2, \cdots, B_i\}(i = 1, 2, \cdots, n)$，企业 B_i 表示第 i 个企业，其中 $i = 1, 2, \cdots, n$。企业 B_i 可以提出数据资源配置请求，而联盟内有负责数据资源配置的角色，联盟在配置过程中有三种情况，第一种情况是直接搜索匹配，在资源池中找到单一或者多类型数据资源组合直接反馈给企业 B_i，此时配置结束。否则进行第二种情况，运用本书构建的动态规划优化配置模型，实施数据资源组合配置，最终满足优化配置需求。第三种情况是将时效性变量作为约束引入构建的动态规划模型，最后优化配置主体企业 B_i 实现联盟数据资源优化配置。图 7-2 为移动云计算联盟数据资源优化配置过程。

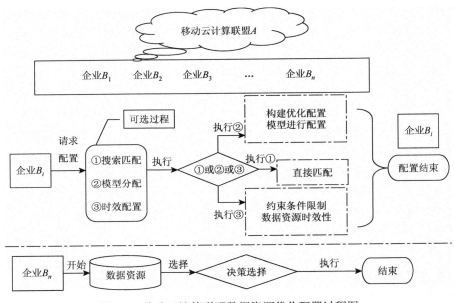

图 7-2　移动云计算联盟数据资源优化配置过程图

考虑到联盟内部数据资源实时性，移动云计算联盟运行时需要构建实时数据平台，其包括实时数据库和关系数据库。实时数据库可以在一定的时间间隔进行数据更新和数据管理；关系数据库可以处理较常规数据的长久存储、增加、删除、修改、查询等。

7.2.1　移动云计算联盟数据资源优化配置指标选取

移动云计算联盟为追求数据资源优化配置，降低配置成本，减少配置响应时间，提高服务质量即最佳满意度，建立了多目标规划函数。移动云计算联盟是由多个独立的企业组建而成的组织，移动云计算联盟资源池可以看成是一个大系统，组建的资源池中的各类数据资源即为多个独立的小系统，数据资源随时间或对象的变化而发生变化，同类数据资源的因素之间发展趋势的相似或相异程度决定了联盟优化配置的选择，这个过程与灰色关联分析思想相吻合。因此，选用灰色关联分析法作为前期数据资源配置筛选，选出衡量数据资源的重要指标，为多目标函数做基础。

　　灰色关联分析方法，是根据同类数据资源的因素之间发展趋势的相似或相异程度，作为衡量因素间关联程度的一种方法。移动云计算联盟内部的各个企业都是独立的系统，数据资源是各个企业抽取的代表对象，通过界定数据资源的各个属性，量化属性之间的差异进行比较，再做选择进行优化配置，此过程和思想与灰色关联分析模型解决问题的思想一致，因此本书根据灰色关联分析综合评价模型选取相应的优化指标。

　　采用灰色关联分析综合评价模型选取优化指标（刘思峰等，2013；苏博等，2008）。下面分别对联盟资源池中的数据资源进行评价和分析：设定移动云计算联盟数据资源优化配置率因子序列 $x_0(k)$ 为参考序列，优化待定选取指标因子序列为比较序列 $x_i(k)$，其中 $k = 1, 2, 3, \cdots, n$；$i = 1, 2, 3, \cdots, m$。这里因子是指标的变化序列，根据灰色关联分析理论，有以下公式成立：

$$\xi(X_0(k), X_i(k)) = \frac{\min\limits_i \min\limits_k |x_0(k) - x_i(k)| + \rho \max\limits_i \max\limits_k |x_0(k) - x_i(k)|}{|x_0(k) - x_i(k)| + \rho \max\limits_i \max\limits_k |x_0(k) - x_i(k)|} \quad (7\text{-}1)$$

式中，$\xi(X_0(k), X_i(k))$ 为移动云计算联盟数据资源优化配置率灰色关联系数；ρ 为分辨系数，$\rho > 0$，通常取 0.5。

$$\xi(X_0(k), X_i(k)) = \frac{1}{n} \sum_{k=1}^{n} r(x_0(k) - x_i(k)) \quad (7\text{-}2)$$

式中，$\xi(X_0(k), X_i(k))$ 为移动云计算联盟所需数据资源优化指标因子和移动云计算联盟数据资源优化配置率灰色关联系数，它体现了该优化指标因子对数据资源优化配置的影响测度。

$$\delta(X_0, X_i) = \frac{\xi(X_0, X_i)}{\sum_{i=1}^{N} \xi(X_0, X_i)} \quad (7\text{-}3)$$

式中，$\delta(X_0, X_i)$ 为所需数据资源服务优化指标因子所占移动云计算联盟数据资源优化配置率的相对权重测度，它反映了该优化指标属性对资源优化配置的相对重要性。

7.2.2　移动云计算联盟候选数据资源排序

　　移动云计算联盟需要提供数据资源的日常合作服务、战略导向服务、软件服务、技术平台服务给联盟内部成员企业，且上述每种数据资源的备选数量为 3 个、3 个、3 个、2 个，候选四种类型数据资源服务的相关数据属性如表 7-1 所示。本

书取 $R_{1,2,3}$、$Z_{1,2,3}$、$S_{1,2,3}$、$H_{1,2}$ 为提供以上四种类型的数据资源进行优化配置，要求为每种任务选择一个类型的数据资源，找到可以完成以上任务并且使得配置效率最优的最佳移动云计算联盟候选数据资源类型。

表 7-1　移动云计算联盟数据资源优化配置候选数据资源相关属性

数据资源对应提供的功能	配置任务对应备选数据资源具体对象	年成本/元	响应时间/s	配置任务对应需求数据资源不可接受各项指标比例/%			
				可适用性	有效性	可复用性	集成性
日常合作服务	R_1	7415	9	92	93	87	90
	R_2	8000	5	95	92	85	94
	R_3	8002	7	94	94	86	92
战略导向服务	Z_1	6136	3	98	94	88	93
	Z_2	8149	4	97	92	86	91
	Z_3	8688	6	96	96	85	90
软件服务	S_1	7800	8	95	96	81	85
	S_2	5280	14	93	92	83	83
	S_3	6400	10	96	97	84	86
技术平台服务	H_1	7200	12	94	95	94	86
	H_2	5460	11	95	93	91	88

注：以上数据均来自 Amazon、Google、Salesforce、Microsoft、Oracle、Xtools、西湖云、新浪、八百客各个网站，并经整理查询获得

本书研究如下：设 $X = \{X_1, X_2, \cdots, X_m\}$ 为配置任务所选择的数据资源的所有类型；设 $I = \{I_1, I_2, \cdots, I_n\}$ 为每个研究任务对应的数据资源测量得到的指标；设 $W = \{W_1, W_2, \cdots, W_n\}^{\mathrm{T}}$ 为指标权重向量，其中 $\sum_{j=1}^{n} W_j = 1$，$W_j \geqslant 0\ (j = 1, 2, \cdots, n)$。$A = [a_{rj}]_{m \times n}$，其中，$a_{rj}$ 为研究对象即数据资源 X_r 在指标 I_j 上的一个取值，在计算时由于各个指标集的量纲不同，所以应该对决策矩阵规范化，A 为已经规范化的决策矩阵（Zhou et al.，2013）。为了确定各指标的权重，可以建立如下模型：

$$\max Z = (Z_1, Z_2, \cdots, Z_m)$$
$$\text{s.t.} \sum_{j=1}^{n} W_j = 1, W_j \geqslant 0 (j = 1, 2, \cdots, n) \tag{7-4}$$

式中，$Z_r = \sum_{j=1}^{n} \dfrac{|a_j^* - a_{rj}| W_j}{1 + |a_j^* - a_{rj}| W_j}$，$a_j^*$ 为指标 I_j 的理想取值，实际配置中可取 $a_j^* = \max\{a_{1j}, a_{2j}, \cdots, a_{mj}\}$。$Z_r$ 为该研究对象 $X_r = \{a_{r1} W_1, a_{r2} W_2, \cdots, a_{rn} W_n\}$ 与理想方案

$X_r^* = \{a_{r1}^* W_1, a_{r2}^* W_2, \cdots, a_{rm}^* W_n\}$ 之间的一个距离，寻找权重向量 W 使得 $Z_1, Z_2, \cdots, Z_n$ 达到最大，这样做的目的就是将各个研究对象更大限度地区分开来，更清楚地找到最优方案。

采用线性综合的方法解上述模型，模型描述如下：

$$\max Z' = \sum_{r=1}^{n} Z_r = \sum_{j=1}^{n} \frac{\left|a_j^* - a_{rj}\right| W_j}{1 + \left|a_j^* - a_{rj}\right| W_j} \tag{7-5}$$

$$\text{s.t.} \sum_{j=1}^{n} W_j = 1, W_j \geqslant 0 (j = 1, 2, \cdots, n)$$

由上述模型可解出 $W = \{W_1, W_2, \cdots, W_n\}$。

7.2.3　移动云计算联盟候选数据资源配置指标标准化处理

1. 可适用性

移动云计算联盟所提供的数据资源服务，具有在约定条件、约定时段下被联盟需要配置数据资源的成员成功访问的能力，可用以下公式表示：$I_a = \dfrac{A}{N}$。其中，A 为所提供服务被成功访问的次数；N 为客户总的访问次数。

2. 有效性

移动云计算联盟具有为联盟成员提供稳定数据资源服务的能力，且有时间约束，可用以下公式表示：$I_r = \dfrac{R}{M}$。其中，R 为被执行成功服务的次数；M 为总使用次数（Zhou et al.，2013）。

3. 可复用性

移动云计算联盟随成员所需数据资源规模的变化需要，重复伸缩变化的能力可用以下公式表示：$I_s = \dfrac{\sum_{i=1}^{k} \text{RS}_i}{k}$。其中，$k$ 为对所需数据资源服务的总使用次数；RS_i 为数据资源服务使用是否成功（肖芳雄，2010），若成功，则 $\text{RS}_i = 1$，否则 $\text{RS}_i = 0$。

4. 集成性

移动云计算联盟所提供的数据资源能与联盟成员企业客户现有系统及应用程

序形成良好的集成能力，以用户的平均打分表示，即 $I_i = \dfrac{\sum\limits_{i=1}^{n} \mathrm{AS}_i}{n}$ 。虽然单个用户的评分具有主观性，但当用户数量较多时，得到的平均值就是可信的，其中 AS_i 为单个用户 i 的评分；n 为总的成员企业用户数（Lin et al.，2011）。

根据 7.2.2 节确定数据资源服务满意程度结果的子层的权重 $W_1 = 0.31$、$W_2 = 0.27$、$W_3 = 0.22$、$W_4 = 0.20$，即数据资源在移动云计算联盟中优化配置的总指标 $I = W_1 I_a + W_2 I_r + W_3 I_s + W_4 I_i$，加权后的配置质量指标属性值如表 7-2 所示。

表 7-2　加权后数据资源服务满意程度属性值表

数据资源对应提供的功能	数据资源候选类型	数据资源配置质量指标值（属性值）	数据资源对应提供的功能	数据资源候选类型	数据资源配置质量指标值（属性值）
日常合作服务	R_1	91.2100	软件服务	S_1	94.6500
	R_2	95.0800		S_2	91.0300
	R_3	92.7200		S_3	96.5100
战略导向服务	Z_1	97.6500	技术平台服务	H_1	93.2300
	Z_2	96.2300		H_2	94.0900
	Z_3	94.8500			

因为不同指标的量纲不同，因此需要对这些指标进行标准化处理，用 $X = \{X_1, X_2, \cdots, X_n\}$ 表示原始数据，$Y = \{Y_1, Y_2, \cdots, Y_n\}$ 表示处理后的数据，$\min X$ 表示一组数据中的最小值，$\max X$ 表示一组数据中的最大值，则标准化过程如下：

$$Y_i = \frac{X_i - \min X}{\max X - \min X} \tag{7-6}$$

归一化处理的数据结果如表 7-3 所示。

表 7-3　归一化数据表

数据资源对应提供的功能	数据资源候选类型	年成本/元	响应时间/s	数据资源服务质量属性
日常合作服务	R_1	0.0309	0.5455	0.0272
	R_2	0.1391	0.1818	0.6118
	R_3	0.0595	0.3636	0.2553
战略导向服务	Z_1	1.0000	0.0012	1.0000
	Z_2	0.9364	0.0909	0.7855
	Z_3	0.1446	0.2717	0.5770

续表

数据资源对应 提供的功能	数据资源候选类型	年成本/元	响应时间/s	数据资源服务质量属性
软件服务	S_1	0.0020	0.4545	0.5468
	S_2	0.0010	1.0000	0.0023
	S_3	0.0025	0.6364	0.8278
技术平台服务	H_1	0.0015	0.8183	0.3323
	H_2	0.0016	0.7273	0.4622

7.2.4　移动云计算联盟数据资源优化配置模型及求解

通过以上理论分析，在众多待选优化指标中根据式（7-3）确定出相对权重测度排名前三位的优化指标因子，分别为提供所需数据资源服务的成本因子、数据资源服务所需的响应时间因子和数据资源服务质量属性因子。因此，选取联盟资源池作为合作伙伴的各个移动云服务商数据资源服务成本，选取以下因素作为优化目标：为移动云计算联盟的建立而新增的软件服务、平台服务、基础设施服务、构建资源池所产生的成本（C）；移动云计算联盟资源池中各个类型的数据资源被提供，对应的数据资源处理及资源池调用所需要的响应时间（T）；联盟中各个类型的数据资源被提供，对应的成员企业所需的数据资源的服务质量（Q）。基于以上优化目标的要求，选择考虑以下因素：数据资源对应的存储及保管的成本、数据资源在资源池中选取调用的响应时间和最终数据资源本身对需求任务的整体匹配的质量，以上因素都由对应的目标函数表示。因此，选择移动云计算联盟数据资源类型的被提供顺序就是为了优化这些目标函数，使得选择的相应数据资源得以充分利用，整体发挥更大的价值，并且可以给联盟中的成员带来更多的利益，达到数据资源的优化配置。因此，移动云计算联盟数据资源优化配置问题是多目标优化问题。

在移动云计算自身特殊服务模式的背景下，移动云计算联盟配置什么类型的数据资源给内部企业提供服务，移动云计算联盟以什么指标衡量数据资源差异性，才能更好地进行配置任务以达到最优配置。移动云计算联盟数据资源优化配置问题可以描述为，假设移动云计算联盟资源池需要向联盟内 n 个成员企业提供数据资源服务，对特定的数据资源服务任务，存在 m 个类型的数据资源等待成为优化配置完成该任务。

1. 模型构建

本书的优化目标就是为每项任务选择一个最佳类型的数据资源，该问题可以描述成如下形式：

移动云计算联盟中配置任务为 M_r $(r=1,2,3,\cdots,n)$；对于配置任务 M_r 存在对应匹配的数据资源为 D_{ij}^r（$i=1,2,3,\cdots,l$；$j=1,2,3,\cdots,m$），D_{ij} 为候选数据资源，表示第 i 类数据资源由第 j 种数据资源提供配置任务；c_{ij}^r 为第 i 类第 j 种候选数据资源配置 r 任务的成本；t_{ij}^r 为第 i 类第 j 种候选数据资源配置 r 任务的响应时间；q_{ij}^r 为第 i 类第 j 种候选数据资源配置 r 任务的服务满意程度。

多目标优化的基本模型为

$$G(x)=\min[g_1(x),g_2(x),\cdots,g_n(x)] \tag{7-7}$$
$$\text{s.t. } f_r(x)\geqslant 0$$

式中，$f_r(x)$ 为约束条件；$g_r(x)$ 为目标函数，为解决联盟内需求数据资源的企业与联盟资源池中数据资源之间的优化配置问题，并保证配置的有效性，移动云计算联盟需要满足以下几个目标函数。

（1）定义 0~1 变量。

$$\alpha_{rj}=\begin{cases}1, & \text{如果选择}D_{ij}^r \\ 0, & \text{否则}\end{cases} \tag{7-8}$$

式中，α_{rj} 为 j 种候选数据资源配置 r 任务；D_{ij}^r 为配置任务 r 由第 i 类第 j 种候选数据资源承担。

$$\sum_{r=1}^{n}\alpha_{rj}=1\ (j=1,2,3,\cdots,m)$$

（2）定义目标函数。根据以上问题描述，选定服务成本、响应时间和服务满意程度作为本书的三个目标函数。

移动云计算联盟中候选数据资源的服务成本 C 最小：

$$\min C=\sum_{j=1}^{m}\sum_{r=1}^{n}\sum_{i=1}^{l}c_{ij}^r D_{ij}^r \alpha_{rj} \tag{7-9}$$

移动云计算联盟中候选数据资源的响应时间 T 最小：

$$\min T=\sum_{j=1}^{m}\sum_{r=1}^{n}\sum_{i=1}^{l}t_{ij}^r D_{ij}^r \alpha_{rj} \tag{7-10}$$

移动云计算联盟中候选数据资源的服务满意程度 Y 最优，为了总目标一致性，函数转换成不满意度 Q 最小，不满意度公式用 $Q=1-Y$ 表示，因此目标函数如下：

$$\min Q=\sum_{j=1}^{m}\sum_{r=1}^{n}\sum_{i=1}^{l}(1-q_{ij}^r)D_{ij}^r \alpha_{rj} \tag{7-11}$$

（3）多目标优化模型的解决。对于多目标优化问题，可将多目标优化函数转换为一个总目标优化函数，为此可采用如下目标形式：

$$\min g(x)=\omega_1 C+\omega_2 T+\omega_3 Q \tag{7-12}$$

式中，ω_k 为权重，它决定移动云计算联盟各个属性的组成侧重，ω_k 应满足
$\sum_{k=1}^{3} \omega_k = 1$。

（4）约束条件。

移动云计算联盟为每个配置任务至少选择一种数据资源。

$$f_r(x) = \begin{cases} c_{rj} = (0, C] \\ t_{rj} = (0, T] \\ q_{rj} = (0, Q] \\ D_{ij}^r = [2, +\infty) \\ r = [1, n] \\ j = [1, m] \end{cases} \tag{7-13}$$

2. 模型求解

基本遗传算法的操作步骤如下。

（1）编码。对于 0～1 整数规划，变量只涉及 0、1 两个值，所以直接采用二进制编码。

（2）产生初始种群。初始种群是遗传算法寻优的出发点，种群规模的大小决定了初始的搜索空间规模。针对问题规模选取种群规模 $N = 10$。初始种群是随机产生的，对于提供某服务的数据资源（如日常运营服务），其产生的公式如下：

$$x_1 = \text{round}(\text{rand}) \tag{7-14}$$

$$x_j = \text{round}\left(\left(1 - \sum_{i=1}^{j-1} x_i\right) \times \text{rand}\right) \tag{7-15}$$

式中，round() 表示取整；rand 表示产生一个 [0,1] 的随机数，假设一个个体的编码如下：

0	0	1	0	0	1	1	0	0	1	0

则表示选择了第三个日常合作数据资源、第三个战略导向数据资源和第一个软件数据资源、第一个技术平台数据资源。

（3）计算适应度。在数据规范化到 [0,1] 之后，目标函数的取值范围为 $g(x) \leqslant 3$，因此适度函数可以取 $\text{fitness}(x) = -g(x) + c$，其中 $c > 3$ 即可。实际计算中取 $c = 5$。

（4）选择。选择是为了保证最佳的数据资源个体类型能够插入到下一代的新

群体中。这里采用轮盘赌法和最优保留策略相结合的方法（胡大伟和陈诚，2007）。轮盘赌法是根据个体的适应度计算累加适应度，可以用公式表示为

$$\text{fit}_i = \frac{\text{fitness}_i}{\sum_i \text{fitness}_i}$$

式中，分子为该个体的适应度，分母为整个种群的适应度之和。随机产生种群规模个数，如果 $\text{fit}_{i-1} \leqslant \text{rand} \leqslant \text{fit}_i$，则第 i 个个体被选择参加遗传操作。最优保留策略是指保存当前的最优解对应的个体不参加遗传操作，待其他个体参加遗传操作后，用该个体替代此时种群中适应度最低的个体，这样就保证了种群进化过程中优良个体的数目越来越多。

（5）交叉和变异。针对数据资源类型的选择问题，为了满足约束条件，采取了分区间整体交叉的策略。在 [1,11] 内随机产生三个数，看这三个数据落入以下哪个区间范围：[1,3]、[4,6]、[7,11]，从而确定哪部分需要做交叉操作，交叉的概率 $p = 0.9$。变异是采用多点变异，同样采取了在 [1,11] 内产生的三个随机数，根据数据的范围确定需要发生变异部分的编码。变异的概率根据模拟退火算法的思想设定，进化初期变异概率小，随着不断的进化，逐步提高变异的概率。

（6）重复执行（3）～（5）直到满足终止条件，终止条件为迭代的次数小于设定的最大迭代次数。这里迭代次数 $T = 50$。

3. 结果分析

根据建立的模型利用 MATLAB 编程对该问题进行求解。①初始种群的分布如图 7-3 所示。②适应度和迭代次数关系分布如图 7-4 所示。③迭代 $N = 20$ 时目标函数值的分布如图 7-5 所示。

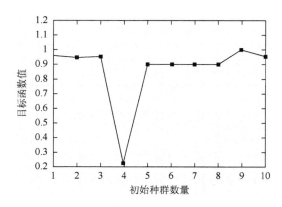

图 7-3　初始种群分布图

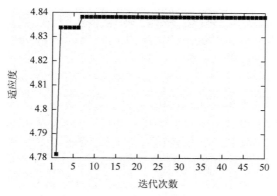

图 7-4　适应度和迭代次数的关系图

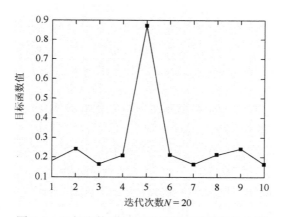

图 7-5　迭代次数 $N=20$ 时目标函数值的分布图

7.3　移动云计算联盟数据资源服务组合

7.3.1　移动云计算联盟数据资源服务组合管理模式框架

移动云计算联盟由于数据资源服务数量众多，且服务致力于全球需求用户开放，必然存在多用户共同请求服务的情形。因此，亟须解决如何快速地实现移动云计算联盟数据资源服务组合的最优化问题。由于大数据服务平台是一个较为前沿的概念，国内外对数据服务组合方面的研究还处于探索和起步阶段。张鹏等（2011）建立了复合数据服务更新代价模型，设计了基于数据服务的数据组合视图优化算法，为用户推荐优化的数据服务组合方案。合肥工业大学过程优化与智能决策教育部重点实验室从多源信息资源的角度出发，为保证云计算的高效运行、资源优质共享和服务即时提供，构建了云环境下的信息资源管理框架及匹配模型（罗贺等，2013；徐达宇等，2012）。关于服务组合的相关研究成果可以归纳为以下几方面。

（1）Web 服务的发现与匹配，如基于 Web 语义的服务发现与匹配（Paliwal et al.，2007）、基于本体论的 Web 服务发现机制（Paolucci et al.，2002）、用户行为特征的资源分配策略（周景才等，2014）。

（2）服务组合模型，如基于 QoS 的服务组合（Caroso et al.，2004；Zeng et al.，2004）、基于面向多任务的云制造服务组合（刘卫宁等，2013）、基于 Agent 的组合云服务模型（Gutierrez-garcia and Sim，2013）。在服务组合中，侧重面向单一用户的复杂任务，如部分学者主要从顺序结构、选择结构、并行结构、循环结构四种组合方式进行多目标建模，建模考虑的因素可以划分为可量化指标和非量化指标，可量化指标一般指成本、时间、利益；非可量化指标针对不同环境存在不同的指标，如可组合性、可靠性、稳定性、组合信任性等。这种组合问题可以归结为典型的 NP 问题，如何从海量的组合方案中选取最佳的组合方案也是研究学者关注的重点。尚光安和蒋哲远（2014）采用启发式算法对云联盟服务组合问题进行求解；尹超等（2012）采用灰色关联度分析方法对面向新产品开发的云制造服务组合优选模型进行求解；温涛等（2013）采用改进粒子群算法对 Web 服务组合问题进行求解。

基于以上分析，本节开展对移动云计算联盟数据资源服务组合问题的相关探索：首先，重点阐述基于 Agent 的移动云计算联盟服务特征、体系结构与服务流程；然后，将移动云计算联盟数据资源服务划分为单一任务和多任务，重点对面向多任务请求的移动云计算云联盟组合优选问题进行多目标建模，并且运用量子多目标进化方法对模型进行求解；最后，通过仿真实验证明算法的可行性与有效性。

本节从生命周期的研究视角出发，构建移动云计算联盟数据资源服务组合的管理模式。将移动云计算联盟数据资源服务组合分为四个管理阶段：数据资源服务组合分析、数据资源服务组合部署、数据资源服务组合执行与监控、数据资源服务组合评价，具体如图 7-6 所示。

7.3.2　移动云计算联盟数据资源服务组合原则及目的

1. 组合成本与服务质量平衡

移动云计算联盟在进行数据资源服务组合时既要考虑联盟组合成本，又要顾及数据资源组合的服务质量，所以移动云计算联盟数据资源服务组合要满足组合成本与服务质量平衡的原则。

2. 可组合性

可组合性是指移动云计算联盟不同成员的不同数据资源之间无格式、语义等差异，可以形成不同类型的组合方案。

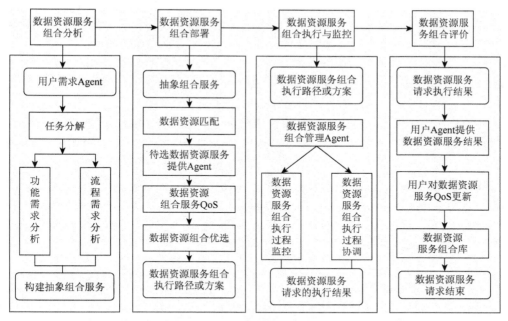

图 7-6　基于生命周期的移动云计算联盟数据资源服务组合管理模式框架

3. 可用性

可用性是指某一数据资源在移动云计算联盟向需求者提供服务时能够保证正常使用与调度。

4. 可靠性

可靠性是指移动云计算联盟不同数据资源组合的服务在一定的时间内必须保证能够提供可靠与稳定的性能服务。

5. 智能灵活性

智能灵活性是指移动云计算联盟在组合来自不同成员提供的数据资源时，根据需求者的需求智能灵活地选择最优的数据资源服务进行组合。

在移动云计算联盟中，云成员的各种资源分布是不均匀的，呈现出动态、不确定的变化。因此，移动云计算联盟数据资源服务组合旨在用户（需求者）需求不确定、动态的环境下，为其提供一种按需使用和释放的数据资源服务，进而满足不同需求者的各种需求。

7.3.3　基于 Agent 的移动云计算联盟数据资源服务组合体系结构

本节基于用户需求的视角，运用 Agent 智能和交互的特点（翟丽丽等，2007），构建基于多 Agent 的移动云计算联盟数据资源服务体系结构。为了提供给用户最佳的智能优质服务，本节将 Agent 部署于移动云计算联盟的各个服务节点。每一个 Agent 负责自己所属的云服务节点，并且管理该节点的全部数据资源（张影等，2016）。为了更好地满足用户对数据资源服务的请求，移动云计算联盟的每一个成员所能提供的各种不同的数据资源服务会被封装成最小单位的原子服务 Agent，以达到移动云计算联盟数据资源服务的智能调用与组合。基于多 Agent 的移动云计算联盟数据资源服务（data resource server，DRS）体系结构主要包括云用户 Agent（cloud consumer agent，CCA）、数据资源服务代理 Agent、云数据资源服务提供者 Agent（cloud data resource server provider agent，CDRSPA）、云数据资源服务管理 Agent（cloud data resource server management agent，CDRSMA），以及三种基本的服务库即数据资源服务本体库、数据资源服务组合库和数据资源服务代理库，如图 7-7 所示。

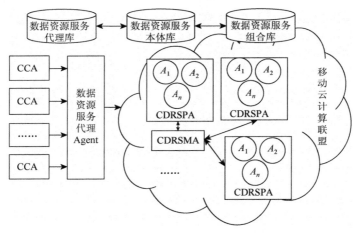

图 7-7　基于 Agent 的移动云计算联盟数据资源服务组合体系结构

　　（1）四种云 Agent。CCA 主要负责根据用户对数据资源服务的请求智能生成服务组合需求任务，然后将信息传递给数据资源服务代理 Agent 进行交互。数据资源服务代理 Agent 主要负责将用户的请求任务传递给移动云计算联盟，实现用户与移动云计算联盟数据资源服务提供者之间的通信，并且智能地筛选满足用户的最优组合方案，实时智能地更新 DRS 代理库。CDRSMA 主要负责接收和分解数据资源服务代理传递需求任务，并且根据一定的规则生成相应的数据资源服务组合方案，进而更新数据资源服务组合库。CDRSPA 负责管理云数据资源服务提供者的各种数据资源，更新数据资源服务本体库的信息。
　　（2）三种基本服务库。DRS 本体库主要存储移动云计算联盟中已注册的云数据资源服务提供商的基本服务信息及相关原子服务信息等；数据资源服务组合库主要存储各种数据资源服务组合方案的集合；数据资源服务代理库存储用户的各种数据资源服务请求信息、各 Agent 的基本服务信息、数据资源服务状况、数据资源服务的可用性、数据资源服务的可组合性等信息。三种基本服务库之间均采用 OWL-S 语言进行描述。

7.3.4　移动云计算联盟数据资源服务组合流程

（1）用户 Agent 根据用户输入的请求参数自动生成用户 Agent 需求任务，然后在数据资源服务本体库中查询是否存在已注册的数据资源服务请求，若存在匹配的数据资源服务，Agent 则筛选最优的数据资源服务，并且调用提供该服务的 Agent 接口，将其与数据资源服务代理 Agent 进行交互，然后执行具体的服务给用户。

（2）若用户输入的数据资源服务请求在数据资源服务本体库中未查到，则判断该任务属于多任务组合问题，需要 CDRSMA 对需求任务进行分解。首先在数据资源服务组合库中搜索满足需求的组合方案，若匹配成功，筛选最优的组合方案，返回数据资源服务组合方案。若匹配不成功，数据资源服务提供 Agent 就会自动将符合的数据资源提供到 CDRSMA 中，根据用户的需求自动生成数据资源服务组合集合；然后对数据资源服务组合库进行更新，筛选最优服务的组合方案，且调用接口提供给数据资源服务代理 Agent 执行具体的服务方案，如图 7-8 所示。

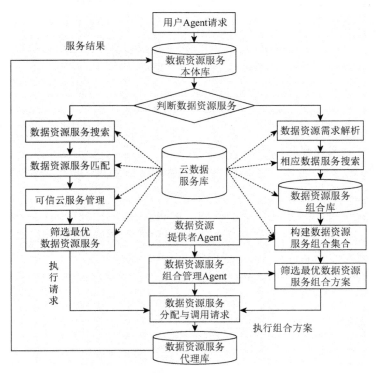

图 7-8　移动云计算联盟数据资源服务组合流程图

7.3.5　移动云计算联盟数据资源服务组合优选

移动云计算联盟数据资源服务组合方案优选的目的是根据需求者（联盟成员或联盟外用户）的需求选取一组数据资源服务组合方案，该方案能够满足用户 QoS 最佳和移动云计算联盟效益最大，构建多任务的移动云计算联盟数据资源服务组合优选模型，并采用量子多目标进化算法对该模型进行求解。

1. 模型描述

移动云计算联盟数据资源服务组合优选问题形式化可以描述如下。

（1）移动云计算联盟数据资源服务描述。移动云计算联盟结构可以看作是多个云服务提供商（cloud server provider agent，CSPA）组成的集合，即 MCCF = $\{CSPA_1, CSPA_2, \cdots, CSPA_n\}$。在移动云计算联盟中，每一个云成员 Agent 都具有提供一定数据资源服务的能力（data resource server，DRS），即 DRS = $\{s_1, s_2, \cdots, s_m\}$，其中 s_i 表示一种数据服务能力，它可以是数据计算能力、数据存储能力、数据传输能力、数据分析能力、数据处理能力等。s_{ij} 表示第 j 个云服务提供商所能提供的第 i 种数据服务能力。s_{ij}^k 表示第 j 个云服务提供商所具有的第 i 种数据服务能力被选取到数据服务组合 DRS_k 中。其中，$i = 1, 2, \cdots, m; j = 1, 2, \cdots, n$。

（2）QoS 描述。首先从用户角度考虑，执行满足用户 QoS 最佳寻求最优数据资源服务的组合方案。$q_u(s_{ij})$ 表示移动云计算联盟中的任意云服务提供商 s_{ij} 所能提供的某种数据服务维度的 QoS 水平。其中，s_{ij} 所能提供的整体 QoS 水平可以表示为 $Q(s_{ij}) = \{q_1(s_{ij}), q_2(s_{ij}), \cdots, q_u(s_{ij})\}$，$q_u$ 一般表示服务的时间、成本、数量、质量、可用性、可靠性等。其中，$u = 1, 2, \cdots, U$，U 表示第 U 种数据资源服务 QoS 难度。$q_u(T_w)$ 表示移动云计算联盟的任意数据服务任务请求 T_w 给定的某种维度的 QoS 约束。云用户的每一任务 t_w 均需要一定的数据服务能力 $Q(T_w) = \{q_1(T_w), q_2(T_w), \cdots, q_u(T_w)\}$ 组合去完成任务。其中，$w = 1, 2, \cdots, t$。

（3）移动云计算联盟效用函数描述。本书在考虑云用户 QoS 最佳的同时，也考虑了移动云计算联盟整体利益最大化，从两方面寻找最优数据资源服务组合方案。采用移动云计算联盟效用函数表示移动云计算联盟完成任务 T_w 可以获得的效用 V_w，$V_w = P(T_w) - F(T_w) - C(T_w)$，$P(T_w)$ 表示移动云计算联盟完成任务 T_w 所获得的相应利益，$F(T_w)$ 表示完成任务 T_w 所需的数据资源服务成本，$C(T_w)$ 表示完成任务 T_w 的通信开销。

2. 模型构建

多任务移动云计算联盟数据资源服务组合问题可理解为对于云任务集合 T_w，

寻找 w 个最优组合方案，在保证云用户 QoS 的前提下，考虑移动云计算联盟的整体利益尽可能实现最大化，构建如下多目标优化组合模型：

$$\max \sum_{w=1}^{t} \overline{Q}(\text{DRS}_w) \tag{7-16}$$

$$\max \sum_{w=1}^{t} V_w \tag{7-17}$$

$$\text{s.t.} \begin{cases} \overline{Q}(\text{DRS}_w) \geqslant \overline{Q}(T_w) \\ \overline{Q}(\text{DRS}_w) = f_{\text{SAW}}(Q(\text{DRS}_w)) \\ \overline{Q}(T_w) = f_{\text{SAW}}(Q(T_w)) \end{cases} \tag{7-18}$$

式中，式（7-16）表示从云用户的角度考虑，执行用户的 w 个任务请求的 w 个数据资源组合服务总体 QoS 值最佳的目标函数。式（7-17）表示从移动云计算联盟整体效益考虑，执行用户的 w 个任务所获得整体效益最佳构建的目标函数。式（7-18）表示移动云计算联盟整体 QoS 值大于完成任务所需的整体 QoS 值和基于简单加权法（simple additive weighting，SAW）的 QoS 值标定。

3. 模型求解

一般针对多目标求解问题传统的解决方案是将其转化为单目标求解问题，广泛应用的方法主要有模糊评价法、分层优化法、多目标权重法等。但是考虑到移动云计算联盟多任务问题的复杂性，即多个组合方案的存在及联盟个体数据资源服务能力拆分与组合的任意性，都可能使问题产生很多不同的解，若采用一般方法在有限的时间内很难找到最优解或者次优解。进化算法是一种模拟自然进化过程的随机优化方法，大量研究成果表明进化算法较适合求解多目标优化问题。由于量子计算收敛快、搜索能力强，一些学者将量子计算与多目标进化算法相结合，形成量子多目标进化算法（quantum-inspired multi-objective evolutionary algorithms，QMEA）（Kim et al.，2006）。因此，本书采用量子多目标进化算法对移动云计算联盟数据资源的组合问题进行求解。

本书考虑到移动云计算联盟数据资源服务组合方案的实际生成问题与一般的多目标函数优化不同，采用了量子比特幅编码的染色体见式（7-19），然后对概率幅编码的染色体进行"测量"，进而获得一个确定的由二进制表示的解。该解实质上对应着任务的一种分配方案，如式（7-20）所示，即每个任务由某几个候选云数据资源服务集组合完成，生成组合方案 C。其中，k 表示编码每个基因的量子比特数，m 表示量子比特幅编码的染色体基因个数，相当于任务的个数。假设移动云计算联盟中可以执行某个具体任务的候选成员数据为 n，则 $k = \lceil \log_2 n \rceil$，$k$ 向

上取整。α、β 称为一个量子比特的概率幅，且 $|\alpha|^2 + |\beta|^2 = 1$。通过这种量子编码映射方式解决面向多任务的移动云计算联盟数据资源服务组合问题，所得到的确定解代表了一种任务分配和数据资源服务组合方案。

$$p' = \begin{pmatrix} \alpha'_{11} \big| \alpha'_{12} \cdots \big| \alpha'_{1l} \big| \alpha'_{21} \big| \alpha'_{22} \cdots \big| \alpha'_{2l} \big| \cdots \big| \alpha'_{m1} \big| \alpha'_{m2} \cdots \big| \alpha'_{ml} \\ \beta'_{11} \big| \beta'_{12} \cdots \big| \beta'_{1l} \big| \beta'_{21} \big| \beta'_{22} \cdots \big| \beta'_{2l} \big| \cdots \big| \beta'_{m1} \big| \beta'_{m2} \cdots \big| \beta'_{ml} \end{pmatrix} \tag{7-19}$$

$$p_i^j = \underbrace{\frac{\alpha'_{11} \big| \alpha'_{12} \big| \cdots \big| \alpha'_{1l}}{\beta'_{11} \big| \beta'_{12} \big| \cdots \big| \beta'_{1l}}}_{K_1 K_2 \cdots K_{l1}} \quad \underbrace{\frac{\alpha'_{21} \big| \alpha'_{22} \big| \cdots \big| \alpha'_{2l}}{\beta'_{21} \big| \beta'_{22} \big| \cdots \big| \beta'_{2l}}}_{K_1 K_2 \cdots K_{l2}} \quad \cdots \quad \underbrace{\frac{\alpha'_{m1} \big| \alpha'_{m2} \big| \cdots \big| \alpha'_{ml}}{\beta'_{m1} \big| \beta'_{m2} \big| \cdots \big| \beta'_{ml}}}_{K_1 K_2 \cdots K_{lm}} \quad \longleftarrow \text{染色体}$$

$$\Downarrow \qquad\qquad\qquad \Downarrow \qquad\qquad\qquad \Downarrow \qquad\qquad \longleftarrow \text{二进制} \tag{7-20}$$

$$C_x \qquad\qquad\qquad C_y \qquad\qquad\qquad C_z$$

具体求解步骤如下。

（1）初始化种群 $Q(t)$ 并设定相关参数。设定最大进化次数 Maxgen，$(\alpha_i, \beta_i) = \left(\dfrac{1}{\sqrt{2}}, \dfrac{1}{\sqrt{2}} \right)$。

（2）按照二进制竞赛选择，从种群中选出个体用量子旋转门 $U(\theta)$ 更新；量子门更新策略：构造量子门是量子多目标进化算法的主要问题，因为它直接影响量子多目标进化算法性能的好坏。传统的量子遗传算法中采用量子旋转门，即 $U = \begin{bmatrix} \cos\theta & -\sin\theta \\ \sin\theta & \cos\theta \end{bmatrix}$，$\theta$ 为旋转角度。由于传统的旋转门操作不改变相应基因位的值收敛为 1 或者 0 的情况，易产生早熟现象。故借鉴 Tao 和 Zhao（2010）在解决机器人联盟问题上取得的良好效果，采用进化方程自动调整量子门更新策略。

（3）对更新的个体进行量子变异操作。为了避免算法陷入局部最优解，采用量子变异算子改善其性能，使其尽可能地搜索到整体目标空间，随着种群中的个体不断进化，就不断减少参与变异的个体数目，变异概率 p 如式（7-21）所示，Currentgen 表示当前运行代数，Maxgen 表示最大进化次数。

$$p = 1 - \frac{\text{Currentgen}}{\text{Maxgen}} \tag{7-21}$$

（4）根据种群中各个个体的概率比特幅对每个个体进行测量，得到相应的一组确定解。

（5）用贪婪修正法修正 $p(t)$ 中的不可行解，然后对其进行评价。

（6）通过非支配排序和拥挤距离排序重建存档集合 $A(t)$，$A(t) \subseteq M_f(P(t) \bigcup A(t-1)$，生成目标解集 $O(t)$，其中 $O(t) \subseteq P(t) \bigcup A(t)$。

（7）通过量子门更新 $O(t-1)$ 得到 $O(t)$。

（8）进行迭代循环 $t \leftarrow t + 1$，重复步骤（2）～（7），直到最大进化次数 Maxgen 终止，得到最优解 $O(t)$。

7.4　本 章 小 结

　　本章首先设计了移动云计算联盟数据资源整合模式，通过联盟不同数据资源之间的优化配置与合理组合，提高联盟数据资源利用率，进而实现联盟共享数据资源增值。然后，通过灰色关联综合评价分析法提取数据资源成本、响应时间、服务满意度作为研究指标，构建了多目标移动云计算联盟数据资源优化配置模型，并采用遗传算法进行求解。接着，以生命周期的视角分析了移动云计算联盟数据资源服务组合的管理机制。最后，提出了一种基于 Agent 的移动云计算联盟数据资源服务组合体系结构，针对多任务组合情形，构建了移动云计算联盟数据资源服务组合优选模型，并运用量子多目标进化算法进行了有效求解。

参 考 文 献

胡大伟,陈诚. 2007. 遗传算法和禁忌搜索算法在配送中心选址和路线问题中的应用[J]. 系统工程理论与实践,（9）：171-176.

李舒翔, 黄章树. 2013. 信息产业与先进制造业的关联性分析及实证研究[J]. 中国管理科学, 21（11）587-593.

刘思峰, 蔡华, 杨英杰, 等. 2013. 灰色关联分析模型研究进展[J]. 系统工程理论与实践, 33（8）：2041-2046.

刘卫宁, 刘波, 孙棣华. 2013. 面向多任务的制造云服务组合[J]. 计算机集成制造系统, 19（1）：199-209.

罗贺, 孙锦波, 胡笑旋, 等. 2013. 云商务环境下的多源信息服务资源分配模型[J]. 计算机集成制造系统, 19（10）：2644-2651.

尚光安, 蒋哲远. 2014. 一种 Multi-Agent 的云联盟服务组合模型[J]. 微电子学与计算机, 31（9）：1-6.

苏博, 刘鲁, 杨方廷. 2008. 基于灰色关联分析的神经网络模型[J]. 系统工程理论与实践,（9）：98-104.

王时龙, 宋文艳, 康玲, 等. 2012. 云制造环境下的制造资源优化配置研究[J]. 计算机集成制造系统, 18（7）：1396-1405.

温涛, 盛国军, 郭权, 等. 2013. 基于改进粒子群算法的 Web 服务组合[J]. 计算机学报, 36（5）：1031-1046.

肖芳雄. 2010. 面向 QoS 的 Web 服务组合建模和验证研究[D]. 南京：南京航空航天大学.

徐达宇, 杨善林, 罗贺. 2012. 云计算环境下的多源信息资源管理方法[J]. 计算机集成制造系统, 18（9）：2028-2039.

尹超, 张云, 钟婷. 2012. 面向新产品开发的云制造服务资源组合优选模型[J]. 计算机集成制造系统, 18（7）：1368-1378.

翟丽丽, 于瑞雪, 范军涛. 2007. 基于多 Agent 的虚拟企业生产运作研究[J]. 科技与管理,（1）：17-20.

张鹏, 王桂玲, 季光, 等. 2011. 基于数据服务的数据组合视图的优化更新[J]. 计算机学报, 34（12）：2345-2353.

张相斌, 林萍. 2014. 网格环境下企业制造资源的逆优化配置模型[J]. 系统工程学报, 29（2）：246-256.

张晓娟, 张于涛, 张洁丽, 等. 2009. 我国信息资源整合的研究热点分析[J]. 情报学报,（5）：791-800.

张影, 翟丽丽, 王京. 2016. 大数据背景下的云联盟数据资源服务组合模型[J]. 计算机集成制造系统, 22（12）：2920-2929.

张影. 2016. 移动云计算联盟数据资源整合机制研究[D]. 哈尔滨：哈尔滨理工大学.

周景才, 张沪寅, 查文亮, 等. 2014. 云计算环境下基于用户行为特征的资源分配策略[J]. 计算机研究与发展, 51（5）：1108-1119.

Cardoso J, Sheth A, Miller J, et al. 2004. Quality of service for workflows and Web service processes[J]. Journal of Web Semantics, 1 (3): 281-308.

Chen Y M, Yeh H M. 2010. Autonomous adaptive agents for market-based resource allocation of clound computing[C]. Qingdao: IEEE International Conference, China, (6): 2760-2764.

Ge Y, Zhang Y, Qiu Q. 2012. A game theoretic resource allocation for overall energy minimization in mobile cloud computing system[J]. IEEE Symposium on Low Power Electronics and Design, 11 (9): 279-284.

Gutierrez-garcia J O, Sim K M. 2013. Agent-based cloud service composition[J]. Journal of Applied Intelligence, 38 (3): 436-464.

Khan A N, Kiah M L, Ali M, et al. 2014. BSS: block-based sharing scheme for secure data storage services in mobile cloud environment[J]. The Journal of Supercomputing, 70 (2): 946-976.

Kim Y, Kim J H, Han K H. 2006. Quantum-inspired multi-objective evolutionary algorithm for multi-objective 0/1 knapsack problems[J]. IEEE Congress on Evolutionary Computation, 20 (7): 2601-2606.

Lin C F, Sheu R K, Chang Y S, et al. 2011. A relaxable service algorithm for QoS-based Web service composition[J]. Information and Software Technology, 53 (12): 1370-1381.

Paliwal A, Adam N, Bornhovd C. 2007. Web service discovery: adding semantics through service request expansion and latent semantic indexing[C]. Vienna: Proceedings of the International Conference on Service Computing: 106-113.

Paolucci M, Kawmura T, Payne T, et al. 2002. Semantic matching of web service capabilities[R]. London: First International Semantic Web Conference on the Semantic Web: 333-347.

Tao F, Zhao D M. 2010. Correlation-aware resource service composition and optimal-selection in manufacturing grid[J]. European Journal of Operational Research, 201 (1): 129-143.

Zeng L, Benatallah B, Ngu A H, et al. 2004. QoS-aware middleware for web service composition[J]. IEEE Transaction on Software Engineering, 30 (5): 311-327.

Zhou W, Wen J, Gao M, et al. 2013. A QoS preference-based algorithm for service composition in service-oriented network[J]. OPTIK: International Journal for Light and Electron Optics, 124 (20): 4439-4444.

第8章　移动云计算联盟数据资源推荐

8.1　移动云计算联盟数据资源推荐模式框架

8.1.1　移动云计算联盟数据资源推荐内涵

移动云计算联盟资源协同过滤推荐是资源推荐系统的核心部分，主要通过联盟成员的偏好，对移动云计算联盟中联盟成员的需求数据资源进行排序，提高联盟成员对共享数据资源的满意度，减少移动云计算联盟成员主动搜索和选择需求数据资源的时间，加快移动云计算联盟数据资源共享的过程，提高移动云计算联盟数据资源共享的效率。

8.1.2　移动云计算联盟数据资源推荐要素分析

1. 移动云计算联盟数据资源推荐主体要素

移动云计算联盟数据资源推荐的主体主要由软件企业、云计算相关产业、电信运营商及相关企业、大学和科研机构、金融机构、政府等组成。

（1）软件企业。软件行业是以发展、研究、经营、销售软件产品或者软件产品的相关服务为主的高新技术组织形式，是移动云计算联盟必不可少的主体之一。其通过与云技术企业、电信运营商和联盟内相关成员的合作，对积极调动联盟内部的数据资源，开拓市场，提升整体的竞争力和影响力，有着至关重要的作用。

（2）云计算相关产业。云计算相关产业是移动云计算联盟中最重要的组成部分，也是联盟中的核心主体。在云计算相关产业中包含大量的云计算企业，包括云服务提供商、云应用开发商、云平台提供商、云数据库厂商、中间件厂商、云计算数据中心、云硬件提供商、云安全厂商等。移动云计算联盟是在云计算相关产业的基础上发展起来的，在一定范围内形成相当规模的网络，并参与联盟的主要活动（翟丽丽和王佳妮，2016）。

（3）电信运营商及相关企业。主要包括三大运营商及相关企业，如终端开发商、存储厂商、网络设备商、终端零件商、终端解决方案厂商、终端设备厂商等，这些企业具有大量的移动数据资源，它们与云计算相关产业形成了移动云计算联盟的两大支柱，并且在整个联盟中起着支撑作用，使联盟能够在跨地域的范围内发展起来。

（4）大学和科研机构。为联盟提供相关的人才、培训及创新成果等，是联盟发展的后备力量，能够促进联盟的理论发展，提高联盟内部人员素质，同时联盟具有教育和培训的职能，为其得到人才提供便利。

（5）金融机构。联盟的发展需要不断的资金运转，因此金融机构是联盟必不可少的主体之一，另外，金融机构具有大量的金融数据和交易数据等资源。

（6）政府。政府为联盟提供更多的政策支持，同时也为联盟创造出适合发展的宏观环境，构建健全的法律法规等。

2. 移动云计算联盟数据资源推荐客体要素

移动云计算联盟数据资源推荐客体要素是资源，其主要资源有数据资源、技术资源、信息数据资源、人力资源、资金资源、实物资源等。

（1）数据资源、技术资源、信息数据资源。其主要为联盟中的虚拟资源，包括专利技术、科技文献、云存储空间、数据资源池、档案、数据分析信息、成员间的隐形经验等。

（2）人力资源。整个联盟的工作人员，如联盟的会议组织人员、联盟日常活动计划人员、信息平台设施的设计维修人员，以及各联盟成员的技术人员、行政人员等。

（3）资金资源。其主要是指可供联盟长远发展的共享资金，可以是联盟成员的加入资金，也可以是联盟内外的捐助资金、政府拨款、成员会费等，用于维持联盟的日常运作、活动经费、设备维护与更新等。

（4）实物资源。在移动云计算联盟中实物资源主要包括成员之间的公路、厂房设备、交通工具、硬件设施、实验器材、终端设备、云计算基础设施等。

3. 移动云计算联盟数据资源推荐环境要素

移动云计算联盟数据资源推荐环境要素主要由所处的社会环境和政府的相关法律法规政策、联盟内部文化、联盟契约及规定所构成的由上而下三个层次组成。其中，联盟契约及规定用来确定和约束联盟成员的关系与行为，确保联盟成员承担相应的责任和义务，联盟的制度应该及时调整，以便更好地促进联盟的发展；联盟内部文化对联盟起支撑作用，联盟应该加大对诚信文化的培育，以联盟成员共赢为原则，利益均沾，采取激励机制，鼓励创新。另外，联盟的发展离不开政府的支持和推动，了解政府的财政政策、金融政策、产权法规，对制定相应的资源推荐策略和维护联盟的自身利益有重要帮助。

8.1.3　移动云计算联盟数据资源推荐模式框架设计

在移动云计算联盟的发展过程中，成员会不断地增加，相应带来的数据资源也不断地增长，当联盟内部的数据资源数量巨大时，会在一定意义上为联盟的数据资源查找带来很大的不便，因此，根据成员需要而进行的数据资源信息推荐就显得尤为必要。移动云计算联盟的数据资源信息推荐活动是一个动态的推荐过程，主要对来自联盟内部的各种企业、类型、层次、属性的数据资源进行获取、存储、推送和检验，将传统意义上的数据资源利用的被动式查找变为主动式的信息推荐，使联盟资源的使用更具效率，同时，也提升了整个联盟的资源使用率。与传统的数据资源共享不同，移动云计算联盟的数据资源推荐在联盟内部的各成员间为单向流动，通过获取企业或成员价值较高的数据资源，将数据资源存储于数据库中，与所需的成员进行需求信息的匹配后，再将数据资源推送给成员，最后通过评价方法评估推荐完成后的推荐准确情况。移动云计算联盟的推荐本质是通过资源在成员企业间的流动和扩展将联盟内的资源利用价值最大化，使整个联盟成员受益，更好地发挥联盟企业技术创新优势，并提高联盟成员的竞争力。同时，数据资源推荐也是一种资源管理体制，是联盟成员共同作用的结果。

本书根据移动云计算联盟数据资源的特点，建立了由数据资源获取、数据资源预处理、数据资源存储、数据资源推送和数据资源推送效果检验构成的推荐模式。及时掌握用户的个性化需求能够更加清晰地明确用户偏好，实现更精准的推荐（杜巍和高长元，2017）。在移动云计算联盟中，首先要明确联盟成员的数据资源偏好和数据资源缺口；然后对联盟内部的数据资源进行获取、存储，并对数据资源的特性进行分析，同时以社会化标签的形式加以标注；接着，通过算法实现对成员可能需要的数据资源进行推算分析，将结果进行筛选排序后推送给成员，待其选择；最后，根据数据资源的推送效果评估得到推送后资源使用情况的反馈，以便对之后数据资源的推送进行调整。移动云计算联盟数据资源的推荐过程可分为以下几个阶段：数据资源获取、数据资源预处理、数据资源存储、数据资源推送和数据资源推送效果检验，以上过程有着严格的逻辑联系，彼此影响，相互衔接。

1. 数据资源获取

联盟要查找并获取联盟内部的数据资源。认识联盟的各种数据资源属性与特点，有利于联盟做出更准确的数据资源判断，明确资源需要。

2. 数据资源预处理

为了剔除虚假信息的危害，建立了移动云计算联盟成员行为数据的特征体系，构建了基于互信息特征的移动云计算联盟成员行为数据托攻击检测算法。

3. 数据资源存储

数据资源的获取与存储可以通过数据库来实现，将数据资源的概况展现在成员面前，并将数据资源的信息内容放入数据库中，等待系统的分析与处理。

4. 数据资源推送

数据资源推送是整个资源推荐过程的核心，在分析成员偏好信息后，利用推荐系统手段，将有潜在需求的数据资源推送给联盟成员，以供联盟成员挑选。

5. 数据资源推送效果检验

在数据资源推送完成后，需要对推送数据资源的使用效果进行检验，分析推送结果的采用情况，以便调整推送的需求分析，便于做出更好的推荐。

从移动云计算联盟的角度，本书研究了数据资源推荐过程，揭示了成员间的数据资源推荐规律。因此，移动云计算联盟数据资源推荐体系的构建要在了解联盟数据资源要素之间的关系基础之上，研究数据资源流动方向及推荐的内部原理，并在此基础上构建以提高资源使用价值、提升联盟竞争力为目标的一套体系，如图 8-1 所示。

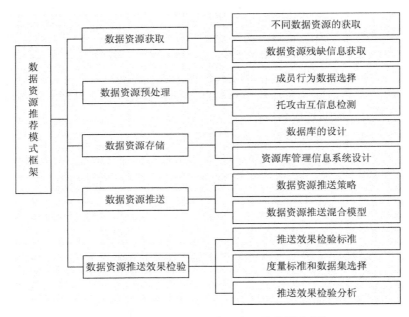

图 8-1　移动云计算联盟数据资源推荐模式框架

8.2　移动云计算联盟数据资源获取

8.2.1　移动云计算联盟高价值数据资源获取特征

1. 移动云计算联盟高价值数据资源特性分析

在移动云计算联盟数据资源体系中，高价值的数据资源识别对联盟数据资源的使用效率及联盟成员的对外竞争力特别重要，然而，联盟中的数据资源复杂多样，且每种数据资源对联盟的价值也并不相同，同时贡献度也存在一定的差异，所以，对于联盟中有着重要作用的数据资源，其联盟数据资源识别不但要找出高质量的数据资源，还要对其中高价值的数据资源进行行为挖掘，重点获取利用。这些高价值的数据资源通常有以下特性。

1）竞争性

它们的存在会提高联盟的决策能力和竞争能力，为联盟及成员带来竞争的优势。

2）价值性

它们产生的价值收益大大超出了获取成本。

3）可控性

联盟数据资源的多数所有权是企业所掌控的，大多数数据资源无法被直接支配，所以在移动云计算联盟中数据资源服从联盟协定，应尽最大可能被联盟调用与支配，避免高价值数据资源的流失。

2. 移动云计算联盟高价值数据资源获取特征分析

移动云计算联盟的数据资源获取是联盟内部成员明确各自所需数据资源后，通过各自的途径查找并获取数据资源的过程。对于资源推荐系统来说，数据资源的获取过程是整个推荐过程的重要步骤，在联盟成员获得数据资源后，通过对数据资源的使用情况及对使用的效果进行评分，并在联盟平台进行效果检验，联盟系统进而依据评分和检验情况对联盟成员完成下一步的数据资源推送。数据资源获取对联盟的资源使用和推送都起到很大作用，针对移动云计算联盟的特点，将移动云计算联盟数据资源获取特征表述如下。

1）激发性

当数据资源进入联盟中时，数据资源被联盟运用和吸收，成为联盟中的共享数据资源，其影响也进一步在联盟中扩大，而在被联盟中的某些企业使用后，联盟平台可根据使用信息对该数据资源进行分析和预测，并且可发现其他适合该企业的数据资源，进行数据资源的推荐，继而激发出其他数据资源的使用，使得联盟数据资源获取的连锁效用增大。

2）不规律性

联盟的成长过程始终处于动态的状态，且联盟的数据资源状态复杂，这就导致联盟的数据资源获取不可能随时间的变化而规律增长，而是随着联盟成员的增多，数据资源种类的增加，各种组织形式的变化和成员关系的改变呈现出不规则的扩大。

3）联盟主体

由于本书是对联盟内部的整体体系进行研究，尽管数据资源获取时，联盟中的成员会增加，联盟内的数据资源、数据资源提供者和使用者也会增多，数据资源效用及效果都会增加，但是联盟作为主体是不会改变的。

8.2.2　移动云计算联盟数据资源信息矩阵构建

在联盟成员获取资源并且将资源予以运用后，针对联盟资源推荐体系的流程要求，联盟成员应该就该资源的使用情况及价值进行反馈打分，这样既有利于联盟管理者及时了解联盟的资源使用情况，也能更好地掌握联盟成员的资源使用偏好，并对接下来针对不同成员的资源推荐活动有着独特的数据铺垫的实际意义。在成员对资源评分的基础上，形成联盟成员与联盟资源的对应关联评分矩阵，依据评分矩阵中的数据评分找到一个与该成员最为相似的最近邻居集，利用邻居集中的成员评分计算出该成员潜在的偏好或是能够对该成员产生利益的未知资源，以推荐集的形式推荐其中可能性最高的几种资源。因此，移动云计算联盟数据资源信息矩阵是移动云计算联盟资源推荐活动的基础，矩阵的构建将直接影响整个资源推荐的进行。

移动云计算联盟数据资源信息矩阵是推荐系统技术中的重要组成部分之一，系统会根据矩阵计算成员之间的相似性，然后根据邻居成员（即相似成员）对资源的评分值预测成员对某种资源可能存在的偏好程度，而这个过程正是在移动云计算联盟数据资源信息矩阵中进行的（表 8-1），在该矩阵的基础上进行降维、聚类或者相似度的计算，对产生的预测评分较高的但被联盟成员运用率不是较高的资源进行排序，最后将序位较高的资源推荐给成员。具体步骤如下。首先定义成员-数据资源评分矩阵 $R_{m \times n}$：m 行代表 m 个成员，n 列代表 n 个数据资源；r_{ij} 代表成员 i 对数据资源 j 的评分值。然后定义成员-数据资源评分矩阵 $T_{n \times k}$：n 行代表第 n 个数据资源，k 列代表第 k 个成员，

$a_{ij} \in \{0,1\}$ 代表成员是否评价过该数据资源，如果具备则属性为 1，否则为 0，如表 8-1 所示。

表 8-1　移动云计算联盟数据资源信息矩阵表

成员	数据资源				
	数据资源 1	数据资源 2	数据资源 3	⋯	数据资源 k
成员 1	0	1	1	⋯	0
成员 2	1	0	1	⋯	1
⋮	⋮	⋮	⋮	⋮	⋮
成员 m	1	0	1	⋯	1

8.2.3　基于标签信息熵的移动云计算联盟数据资源残缺信息获取

随着移动云计算联盟的发展，联盟成员的不断增多带来数据资源数量的不断增长（张影等，2016），使得成员评分矩阵也相应地得到扩充成为高维度矩阵。同时，某些成员的数据资源获得往往是大批量多样化的，对相应的数据资源评分过程可能会造成疏忽，使评分矩阵中的数据不够完整，导致联盟数据稀疏。本书针对这一问题采用了一种基于标签信息熵的方法，利用数据资源中所带标签的信息量不同的原理，对数据评分矩阵中的缺失值进行填充。

1. 标签

标签是一种通过成员对数据资源的主观方式进行标注的符号性标注，有着很强的随意性、灵活性，对数据资源的标签化是联盟成员共同参与的联盟活动，其中，标签的添加者既可以是数据资源的提供者也可以是数据资源的使用者（赵宏晨等，2016）。

标签由成员、数据资源、标签三部分组成。成员可以用多个标签来标记一个数据资源，一个标签也可以标记多个数据资源，所以，标签可以从多个角度对数据资源进行描述，使数据资源的表述更具灵活性。

标签是体现资源特性很好的方式，添加标签后可以直接关联到对应的资源，增加资源被搜索到的机会，成员可以轻松地查找到自己使用相同标签的资源，也可以找到同样对该资源进行相同标记的使用者。同时，标签可揭示资源的本质属性，成员在使用联盟资源的过程中，通过标注标签的方法，从联盟使用者的角度对数据资源的本质属性进行描述，更能发掘成员偏好，提高数据资源使用质量。

2. 信息量

在香农提出信息论之前，信息量一直被认为是无法衡量的事物（Goldberg et al.，1992）。信息论中认为信息的输出是随机的，信源中不同的信号都携带一定的信息，根据信号的出现概率 $P(x)$ 表示一个特定信号的信息量，公式如下：

$$I(x) = -\ln P(x) \tag{8-1}$$

式中，$I(x)$ 为某一信号所带的信息量。

3. 信息熵

实际上信息和熵是两种对立的概念，因为熵是体系的混乱度或无序度的数量，但是获得信息却使不确定性减少，为此香农把熵的概念引入信息论中，称为信息熵。信息熵是指各信号信息量的数学期望，表示整个系统的平均信息量。信息熵从统计角度描述了信源的特征，代表着总体的不确定性程度。

$$H(X) = -\sum_{i=l}^{n} P(X_i) \ln P(X_i) \tag{8-2}$$

移动云计算联盟中数据资源包含大量的标签，这些标签中包含大量联盟数据资源的信息，但是标签与标签之间所含信息量并不相等，对资源的区别程度也有大有小，通过标签信息熵计算资源不同标签中所含信息量的大小，并利用改进的 Jaccard 系数相似度算法进行资源相似性的计算，完成资源矩阵的数据填充。

传统的 Jaccard 系数相似度算法默认为标签所表现出来的概率相同，同时忽略影响力对资源之间的作用（Balabanovic and Shoham，1997）。实际上不同的标签由于标签出现的概率不同，具有不同的影响力。为改进 Jaccard 系数相似度算法，本书以属性的信息熵作为属性的加权，构造加权 Jaccard 系数相似度。

（1）定义矩阵。首先定义成员-数据资源评分矩阵 $R_{m \times n}$：m 行代表 m 个成员，n 列代表 n 个数据资源；r_{ij} 代表成员 i 对数据资源 j 的评分值。然后定义数据资源-标签评分矩阵 $T_{n \times k}$：n 行代表第 n 个数据资源标签，k 列代表第 k 个数据资源标签，$a_{ij} \in \{0,1\}$ 代表数据资源是否具备该标签，如果具备则标签为 1，否则为 0（表 8-2）。

表 8-2　移动云计算联盟数据资源标签矩阵表

数据资源	标签				
	标签 1	标签 2	标签 3	···	标签 k
数据资源 1	0	1	1	···	0
数据资源 2	1	0	1	···	1
⋮	⋮	⋮	⋮	⋮	⋮
数据资源 m	1	1	0	···	1

（2）基于标签信息熵的相似性计算。对于数据资源标签矩阵中的一个标签 a_m，将其值域范围生成 $V(a_m)=\{v_{m1},v_{m2},\cdots,v_{mk}\}$，$v_{mk}$ 表示标签的第 k 标签值。随后定义标签 v_{mk} 出现的概率如下：

$$P(v_{mk})=\frac{\left|\mathrm{sum}(v_{mk})\right|}{\mathrm{totalsum}}\qquad(8\text{-}3)$$

式中，$\mathrm{sum}(v_{mk})$ 为系统中有标签 a_m 的值为 v_{mk} 的数据资源总数量；$\mathrm{totalsum}$ 为所有数据资源的总数量，进而定义标签 v_{mk} 的信息量为

$$I(v_{mk})=-\ln(P(v_{mk}))\qquad(8\text{-}4)$$

之后得到标签 a_m 的信息熵，即

$$H(a_m)=-\sum_{k=1}^{\max k}P(v_{mk})\ln(P(v_{mk}))\qquad(8\text{-}5)$$

以上信息大多因为体现出更多的区分度而得到更多的加权。构造数据资源标签的加权 Jaccard 系数相似度如下：

$$\mathrm{ksim}(i,j)=\frac{\displaystyle\sum_{m=1}^{\max m}H(a_m)\times S(i,j,a_m)}{\displaystyle\sum_{m=1}^{\max m}H(a_m)}\qquad(8\text{-}6)$$

式中，$\mathrm{ksim}(i,j)\in[0,1]$；$\max m$ 为推荐数据资源拥有的标签数目；$S(i,j,a_m)$ 定义如下：

$$S(i,j,a_m)=\begin{cases}0,\ \text{如果} \mathrm{attr}(i,a_m)\neq \mathrm{attr}(j,a_m)\\1,\ \text{如果} \mathrm{attr}(i,a_m)=\mathrm{attr}(j,a_m)\end{cases}\qquad(8\text{-}7)$$

式中，$\mathrm{attr}(i,a_m)$ 为 i 关于标签 a_m 的值；$S(i,j,a_m)$ 为关于 i,j 的标签 a_m 的值，如果相同则为 1，不同则为 0。

（3）伪矩阵的预测信息填充。对于当前数据资源 i，确定 $\mathrm{ksim}(i,j)>\eta$，η 为相似度阈值，设所有评分值不为零的资源邻居集合为 $\mathrm{ksimneighb}(u,i)$，从而采取以下预测评分方式：

$$p_{ui} = \frac{\sum\limits_{j \in \text{ksimneighb}(u,i)} \text{ksim}(i,j) r_{uj}}{\sum\limits_{j \in \text{ksimneighb}(u,i)} \text{ksim}(i,j)} \qquad (8\text{-}8)$$

通过以上方法进行数据资源评分，r_{uj} 表示为矩阵中所缺少的成员 u 对资源 j 的评分值进行预测，从而完善评分矩阵，建立伪评分矩阵。

（4）稀疏资源信息的填充。传统评分矩阵中，由于数据评分稀疏会有未能评分的数据空缺，通常会在缺省值的位置将值设为空，也有学者利用中位数或众数的方法进行填充，但是这样会影响推荐质量，造成数据预测结果的偏差，而通过以上方法进行数据资源评分预测后的矩阵数据填充会使数据的来源更具说服性，即

$$m_{ui} = \begin{cases} r_{ui}, & \text{已评过分的资源} \\ p_{ui}, & \text{未评过分的资源} \end{cases} \qquad (8\text{-}9)$$

之后建立数据填充矩阵 $M_{m \times n}$，将预测值填入其中。

8.3　移动云计算联盟数据资源预处理

8.3.1　移动云计算联盟行为数据选择

移动云计算联盟数据资源共享平台上，存储了移动云计算联盟成员信息及成员之间资源共享的行为数据信息。每一条移动云计算联盟成员行为数据都代表了移动云计算联盟成员之间一次成功的资源共享行为，具体包括移动云计算联盟成员信息数据、共享资源信息数据、移动云计算联盟成员对于共享资源的满意度信息数据三个方面。其中，移动云计算联盟成员信息数据来源于移动云计算联盟成员的档案，包含该企业的特征、规模、移动云计算产业链的位置和该企业所拥有的资源等信息数据资源。共享资源信息数据主要是指移动云计算联盟成员将自身拥有的资源进行共享的部分，包括该部分资源的数量、特征、当前是否被使用等信息数据资源。移动云计算联盟成员对于共享资源的满意度信息数据主要是指在移动云计算联盟数据资源共享平台上，每一个移动云计算联盟成员对于其获取和使用的数据资源进行评分的信息数据资源。

移动云计算联盟数据资源共享平台上的联盟成员行为数据对于研究移动云计算联盟中的数据资源共享行为，以及移动云计算联盟成员对于共享数据资源的偏好具有重要意义。通过对移动云计算联盟成员行为数据的挖掘，能够提高移动云计算联盟成员数据资源共享的满意度和移动云计算联盟数据资源共享的效率。移动云计算联盟成员行为数据产生于移动云计算联盟数据资源共享的过程，每一次成功的资源共享过程都会产生联盟成员对于其获取和使用资源的评价，但是实际

过程中，由于两个联盟成员具有利益关系，会帮助彼此进行虚假的数据资源共享和生产符合联盟成员特定目的的评价结果，或者联盟成员基于自身的利益对某一联盟成员共享的数据资源进行故意的恶意评价，对整个移动云计算联盟数据资源共享过程造成不良影响。因此，为了提高移动云计算联盟数据资源共享平台的效率和稳定性，必须将虚假的移动云计算联盟成员行为数据剔除。移动云计算联盟虚假行为数据对于移动云计算联盟推荐算法的准确性和鲁棒性有着重要影响。

移动云计算联盟成员真实的行为数据，对挖掘移动云计算联盟成员的偏好十分重要，并且这类行为数据往往十分稀疏，如何有效地利用这部分行为数据，从移动云计算联盟成员和共享数据资源两个角度进行特征挖掘成为提高移动云计算联盟推荐算法性能的关键。针对移动云计算联盟成员行为数据高稀疏性和包含虚假信息的实际情况，首先采用托攻击检测算法依据联盟成员偏好的一致性识别那些虚假的行为数据，然后对稀疏的真实行为数据通过引入信息熵和互信息化的处理，分析每一个资源的特征信息量，进而对移动云计算联盟成员行为数据进行信息提取。

8.3.2　移动云计算联盟行为数据托攻击互信息检测

参照现有推荐系统托攻击检测理论和互信息理论，引入移动云计算联盟成员互信息特征体系的概念，提出一种基于互信息特征体系的移动云计算联盟托攻击检测算法，将移动云计算联盟中虚假的数据资源共享行为及对共享数据资源虚假的评分行为，定义为对移动云计算联盟资源推荐算法的攻击行为；将移动云计算联盟中制造虚假行为信息的联盟成员，定义为攻击移动云计算联盟成员。

首先，针对移动云计算联盟成员特点，提取攻击移动云计算联盟成员特征概貌；然后，构建移动云计算联盟成员概貌特征空间，通过计算移动云计算联盟成员概貌特征之间的距离对联盟成员进行特征聚类，选取移动云计算联盟共享数据资源评分数据库中适量真实成员特征作为测试数据集，依据特征聚类中选自测试数据集的移动云计算联盟成员特征概貌，计算得到攻击移动云计算联盟成员类；最后，依据移动云计算联盟成员评分偏离度寻找攻击移动云计算联盟成员类所攻击的目标数据资源类，通过对攻击目标数据资源类的特征分析提取每一类中攻击成员特征概貌。

1. 移动云计算联盟特征关系定义

一组攻击移动云计算联盟成员特征概貌通常都是由同一攻击模型生成，导致攻击移动云计算联盟成员特征概貌之间高度相似和相关。据此，针对攻击移动云计算联盟成员的特征，提出如下三个检测特征。

（1）移动云计算联盟成员评分随机缺失特征。一般来说，正常的移动云计算联盟成员评分是依据自身偏好生成的，是独特的并且不具备随机缺失特征，而攻击移动云计算联盟成员的评分信息是基于特定模型依据统计规律生成的，所以他们的评分信息具有很高的随机缺失值。移动云计算联盟成员的评分随机缺失值（resource missing at random，RMAR）的计算公式如下：

$$RMAR(i_1,i_2,\cdots,i_n) = \frac{2}{n(n-1)}\sum_{j=1}^{n}\sum_{k=j+1}^{n} w(i_j,i_k)\left(K-\left|r_j-r_k\right|\right) \qquad (8\text{-}10)$$

式中，n 为一个移动云计算联盟成员特征概貌评分资源数目；$i_1,i_2,\cdots,i_n$ 为一个移动云计算联盟成员特征概貌的评分资源；$w(i_j,i_k)$ 为资源 j 和 k 的相似性；K 为一个常数值，同时，令 K 为数据集中资源的最大评分；r_j，r_k 分别为该成员对资源 j 和 k 的评分。

（2）移动云计算联盟成员评分选取一致性特征。评分选取一致性特征（resource consistency at random，RCAR）综合考虑评分资源自身特征及其相似资源的评分，计算公式如下：

$$RCAR(i_1,i_2,\cdots,i_n,r_1,r_2,\cdots,r_n) = \frac{2}{n(n-1)}\sum_{j=1}^{n}\sum_{k=j+1}^{n} w(i_j,i_k)\left(K-\left|r_j-r_k\right|\right) \qquad (8\text{-}11)$$

（3）移动云计算联盟成员的特征主元和特征 PC3U。移动云计算联盟成员的特征主元和特征 PC3U 体现了移动云计算联盟成员对于其所评分的每一联盟资源特征聚类贡献度，计算公式如下：

$$PC3U_i = \sqrt{(PC1_i^2 + PC2_i^2 + PC3_i^2)} \qquad (8\text{-}12)$$

2. 移动云计算联盟托攻击检测算法

1）移动云计算联盟成员特征和攻击成员特征概貌聚类

采用经典的 K-means 聚类算法，其执行步骤如下。

（1）设定初始移动云计算联盟成员类的个数和每一类中心成员，其中，类中心成员随机选择 k 个移动云计算联盟成员。

（2）依据每一个类中心成员对移动云计算联盟成员进行分类，计算得到每个移动云计算联盟成员与类中心成员的距离。

（3）重新确定当前移动云计算联盟成员类的个数和每一个类的中心成员。

（4）依据重新确定的类别中心成员，对移动云计算联盟成员分类。

移动云计算联盟成员特征距离的计算公式如下：

$$d(x,y) = \|x - y\| = \left(\sum_{i=1}^{n} (x_i - y_i)^2 \right)^{\frac{1}{2}} \tag{8-13}$$

式中，x 和 y 分别为两个移动云计算联盟成员 n 维数据特征向量。

2）攻击移动云计算联盟成员类寻找其所攻击目标数据资源并提取攻击成员特征

攻击移动云计算联盟成员可提高或者降低其所攻击资源被推荐的概率，进而生成虚假的移动云计算联盟成员特征，但是攻击移动云计算联盟成员所攻击的数据资源评分与正常数据资源评分明显不同。因此，本书提出了移动云计算联盟成员和移动云计算联盟资源的评分偏离度特征，对攻击移动云计算联盟成员进行检测，计算公式如下：

$$\mathrm{UIRD}_i = \frac{1}{|S|} \sum_{u \in S} \sqrt{(r_{u,i} - \overline{r_i})^2} \times \sum_{u \in S} (r_{u,i} - \overline{r_u}) \tag{8-14}$$

$$\mathrm{Dev}_i = \sum_{u \in S} (r_{u,i} - \overline{r_u}) \tag{8-15}$$

$$\mathrm{Std}_i = \frac{1}{|S|} \sum_{u \in S} \sqrt{(r_{u,i} - \overline{r_i})^2} \tag{8-16}$$

式中，集合 S 为移动云计算联盟成员类中具有数据资源 i 评分形成的集合；$r_{u,i}$ 为成员 u 对数据资源 i 的评分；$\overline{r_u}$ 为成员 u 对数据集 S 上的每个数据资源的平均评分；$\overline{r_i}$ 为数据资源 i 在数据集 S 上的平均评分。攻击移动云计算联盟成员所攻击的目标数据资源具有最大的资源评分背离度 UIRD_i。Dev_i 体现了数据资源 i 与数据集 S 上其他数据资源评分之间的偏差；Std_i 体现了数据资源 i 在数据集 S 上的整体评分。一个攻击移动云计算联盟成员生成的攻击资源评分通常为极值，因为这样的评分具有最优的攻击效果。因此，攻击移动云计算联盟成员所生成的攻击资源的虚假评分背离度较大，于是可以检测出攻击移动云计算联盟成员特征。

8.4　移动云计算联盟数据资源推送

8.4.1　移动云计算联盟数据资源推送过程及特点

个性化推送技术目前已经被广泛运用在很多领域中，其中以电子商务领域的发展最为引人瞩目，国外学者将个性化推送技术描述为："它是利用电子商务网站向客户提供资源建议和信息，帮助成员决定应该购买什么产品，模拟销售人员帮助客户完成购买的过程"（Resnick and Varian，1997）。移动云计算联盟的数据资源推送可以理解为联盟根据不同成员的信息和偏好，将数据资源分析结果推荐给成员，并帮助成员使用的过程。

整个移动云计算联盟数据资源推送的核心过程主要包括三个部分：成员偏好输入过程、推送算法过程、推送内容输出过程。联盟推送平台将成员的偏好建模信息结果与成员偏好的信息结果进行匹配，然后利用推送算法进行筛选得到成员可能感兴趣的资源，最后推送给成员。

1. 成员偏好输入过程

为了能够反映成员各方面不同的偏好，推送平台应该为每个成员建立一个模型，该模型通过获取、存储和修改成员的偏好，能及时地对成员的偏好进行分类，更好地提取和理解成员的特征及需求，实现成员所需的功能。联盟平台根据成员的偏好进行推送，所以成员偏好输入具有非常重要的作用（图 8-2）。

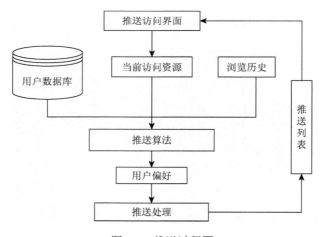

图 8-2　推送过程图

模型的输入数据（即成员信息）通常有以下几种。

（1）成员属性。其主要是成员的名称、行业、地址、注册类型、经营的范围、生产规模、专利等。这类信息通常为成员的基本信息，联盟成员需要按照联盟规定主动填写，确保信息的完整与正确，且具有极高的可信价值。

（2）成员显式输入信息。这些是成员在使用系统中主动提供的部分，如成员提供的关键字，成员所感兴趣的主题内容，成员的反馈信息，以及成员的标注信息等。这类信息往往也具有很高的真实性，但是成员通常缺少向系统表达自己喜好的主动性，使得平台的实时性和灵活性较差。

（3）成员隐式输入信息。其主要包括标记书签、Web 日志，以及成员页面的浏览次数、停留时间和是否有收藏行为、浏览页面时的速度快慢、资源使用历史等，这类信息获取的方法可以减少成员不必要的负担，对成员的正常使用过程不存在干扰，但是也存在不能对成员偏好及时反应的缺点。

2. 推送算法过程

目前主要的推送技术有基于协同过滤的推送算法、基于内容过滤的推送算法、基于混合过滤的推送算法、基于数据资源的推送算法及基于关联规则的推送算法等（Bezerra and Carvalho，2004），这些方法的主要内容与对比将在 8.4.2 节进行详细描述。

3. 推送内容输出过程

该过程主要是指系统给联盟成员推荐内容，主要形式有推荐建议，如单个建议、多项建议和建议列表。例如，Top-N（成员可能感兴趣的 N 项建议）；评分，如其他成员对该数据资源的评分、评价，其他成员对该数据资源的文本评价。

在移动云计算联盟的数据资源推送中，尽管与传统的推送系统有着很多相似的特点，但也有着很多独特的性质，吸取传统推送技术特性的同时也考虑了联盟的移动平台特性，具体如下。

（1）移动性。移动性可以分为成员的移动性、终端移动性及无线技术普及性。由于移动办公设备的普及，联盟中的部分成员其移动办公相比传统办公方式占据很大的比例，成员在访问联盟平台时的位置很可能不是固定的，所以联盟进行资源推送的过程应该充分考虑联盟成员的移动性。使用移动终端是成员访问联盟平台的方式之一，联盟成员可以用移动终端随时随地进行移动办公，处理相应的工作事物或者连接到其他设备进行资源的访问和分享。无线设备的普及是指现有的 Wi-Fi、蓝牙、4G 等技术在现实生活中的广泛应用，这些技术的出现在一定程度上推动了移动技术的变革，同时也标志着移动网络时代的到来，无论是为网络提供便利还是为创造新的场景应用都起着重要的作用。

（2）位置性。移动的推送相对于传统的推送对应用场景的要求比较灵活，使得针对推送时的位置要求比较高。如果资源的位置刚好符合成员的位置要求，那么联盟成员很容易接受资源推送的结果。

（3）高效性。无论是移动推送还是传统推送，都采取同一种信息处理方式即大规模矩阵信息计算处理，在此基础上进行信息的挖掘与加工，虽然移动方式的数据处理会带来数据呈几何态势的增长，但是移动云计算联盟中的云计算技术可以顺利解决这种问题。同时，也可以采用分布式的处理方法进行成员与成员之间的数据交换，利用聚类算法减小数据维度，完成推送任务。

（4）多样性。多样性主要包括推送的个体多样性、总体多样性、时序多样性。

个体多样性体现出系统寻找冷门资源的能力；总体多样性强调面对不同的成员推送的内容也应该有所不同，尽量区分成员和成员之间的不同。许多成员偏好都是建立在静态数据基础之上，而新资源、新的成员动态、新的成员情景及新的偏好变化都是影响推送质量的可能因素，所以时序的多样性变化也是联盟所必须考虑的内容。

8.4.2　移动云计算联盟数据资源推送算法

推送算法是联盟推送体系中的核心部分，直接决定联盟推送质量的高低。在推送系统中，推送算法是该领域研究最为活跃和集中的部分。目前关于推送算法的研究有很多，学术界并没有对推送算法最优达成一致，最被大家认可的推送算法有以下几种：基于协同过滤的推送算法、基于内容过滤的推送算法、基于混合过滤的推送算法等。本书中主要运用基于协同过滤的推送算法，所以重点对协同过滤算法进行分析研究。

1. 基于协同过滤的推送算法

基于协同过滤的推送算法还可分为基于内存的协同过滤推送、基于资源的协同过滤推送及基于模型的协同过滤推送。

该推送算法的思想是通过相应的伙伴关系或者相似的成员数据评分进行推送查找，如当系统发现某两个成员对一些资源的评分较为相似，则意味着他们的资源需求的偏好可能相似，那么他们对其他资源的评分也应该是相似的（翟丽丽等，2016a）。所以，该方法往往先找到有成员相似的邻居成员，然后根据邻居成员的评分推测推送成员的评分，最后找出评分较高的一项资源推送给成员，如图 8-3所示。

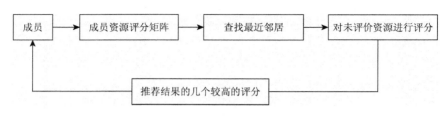

图 8-3　基于协同过滤的推送算法过程图

由图 8-3 可知，该算法的关键步骤就是查找成员的邻居成员，找到的邻居成员与推送成员的相似度越高，也就意味着推送的结果可能越好。相似度计算一般在 8.2.3 节所提到的成员与评分矩阵中进行。

传统成员相似性的度量方法主要有以下三种。

（1）余弦相似性。成员评分看作为 n 维资源空间上的向量，如果成员对资源没有进行评分，则将成员对该资源的评分设为 0，成员间的相似性通过向量间的余弦夹角度量（翟丽丽等，2016b）。设成员 i 和成员 j 在 n 维资源空间上的评分分别为向量 $\vec{i}$ 和 $\vec{j}$，则成员 i 与成员 j 的直接相似度 $\mathrm{sim}(i,j)$ 为

$$\mathrm{sim}(i,j)=\cos(\vec{i},\vec{j})=\frac{\vec{i}\cdot\vec{j}}{\|\vec{i}\|\cdot\|\vec{j}\|} \tag{8-17}$$

（2）相关相似性。设成员 i 和 j 共同评分过的资源集合用 I_{ij} 表示，则成员 i 和成员 j 之间的相似性 $\mathrm{sim}(i,j)$ 通过 Peason 相关系数度量为

$$\mathrm{sim}(i,j)=\frac{\sum_{c\in I_{ij}}(R_{i,c}-R_i)(R_{j,c}-R_j)}{\sqrt{\sum_{c\in I_{ij}}(R_{i,c}-R_i)^2}\sqrt{\sum_{c\in I_{ij}}(R_{j,c}-R_j)^2}} \tag{8-18}$$

式中，$R_{i,c}$ 和 $R_{j,c}$ 分别为成员 i 和成员 j 对资源 c 的评分；R_i 和 R_j 分别为成员 i 和成员 j 对资源 c 的平均评分。

（3）修正的余弦相似性。在余弦相似性度量方法中没有考虑不同成员的评分尺度问题，修正的余弦相似性度量方法通过减去成员对资源的平均评分改善了该缺陷，设成员 i 和 j 共同评分过的资源集合用 I_{ij} 表示，I_i 和 I_j 分别表示成员 i 和成员 j 评分过的资源集合，则成员 i 和成员 j 之间的相似性 $\mathrm{sim}(i,j)$ 为

$$\mathrm{sim}(i,j)=\frac{\sum_{c\in I_{ij}}(R_{i,c}-R_i)(R_{j,c}-R_j)}{\sqrt{\sum_{c\in I_i}(R_{i,c}-R_i)^2}\sqrt{\sum_{c\in I_j}(R_{j,c}-R_j)^2}} \tag{8-19}$$

在得到相应的成员相似度评分后下一步就是相应的成员评分预测。根据相似邻居的偏好对目标成员进行推送，推送算法如下：

$$P_{u,i}=R_u+\frac{\sum_{a=1}^{n}(R_{a,i}-R_a)\mathrm{sim}(u,a)}{\sum_{a=1}^{n}|\mathrm{sim}(u,a)|} \tag{8-20}$$

式中，R_u 和 R_a 分别为成员 u 和成员 a 对资源的平均评分；$\mathrm{sin}(u,a)$ 为成员 u 和成员 j 的相似系数，表示成员 a 对资源 i 的评分；n 为成员的个数。通过这种方法预测最后可能的评分结果，并将最后产生结果中评分较高的推送给成员。

2. 基于内容过滤的推送算法

基于内容过滤的推送算法由信息检索领域演化而来，该算法的思路是通过分析成员已经选取的资源，找到成员选择资源的一些属性的相似对象进行推送，该

方法的第一步是找到推送成员使用过资源的内容特征,然后与待推送资源相匹配,将其中匹配度较高的资源推送给成员。计算函数如下:

$$\text{sim}(c,s) = \frac{\sum_{i=1}^{k} W_{i,c} W_{i,s}}{\sqrt{\sum_{i=1}^{k} W_{i,c}^2} \sqrt{\sum_{i=1}^{k} W_{i,s}^2}} \qquad (8\text{-}21)$$

式中, $\text{sim}(c,s)$ 为成员与推送对象之间内容的相似性; $W_{i,c}$ 和 $W_{i,s}$ 分别为成员 c 和 s 对内容特征 i 的偏好程度。

在这个过程中,成员模型的生成与推送对象的特征描述起到关键作用。目前,对象特征的提取技术较为成熟,但是对于非文本化的内容,内容推送算法还没有大量的运用。

3. 基于混合过滤的推送算法

因为各种算法都存在某些优缺点,所以在实际应用中针对不同的情况将不同的推送算法进行组合以达到推送目的,从而更加贴近和满足成员的需求。理论上可以进行最优组合的算法有很多,最多的是将协同过滤和内容过滤进行组合。具体思路有将推送结果进行组合和将推送算法进行组合。推送结果的组合就是将推送的结果以线式或者非线式的方法组合得到一个推送结果,并利用某种标准进行结果的判断,然后排序推送给成员。推送算法的组合主要以某种推送算法为框架,在处理某个局部问题过程中利用另一种算法以达到优化的目的,继而完成最终推送。

4. 其他算法

除以上几种推送算法外,还有基于关联规则的推送算法、基于数据资源的推送算法、基于效用的推送算法等。

8.4.3 基于互信息的移动云计算联盟数据资源协同过滤推送

1. 基于互信息的移动云计算联盟数据资源协同过滤推送算法基本思想

传统协同过滤算法在相似度度量方面,考虑了两个项目之间的公共评分,但是忽略了项目的类别信息对于相似度计算的影响。另外,在预测用户评分的计算中,传统协同过滤算法采用用户的平均评分衡量用户自身的偏好,然而由于在评分项目中,每一个项目与目标项目相关性存在差异,尤其是处于不同类别的项目对目标项目评分的影响具有很大的差异(Haubl and Trifts, 2000)。同时,在项目评分中，较高评分和较低评分所占比例很小，但是很能体现用户的偏好，大量处于中间部分的评分，往往只是用户的默认评分，对于评分预测影响不大。因此，在用户自身评分计算和相似度度量方面都应该考虑用户-项目评分矩阵中不同项目之间的类别关系。

综合以上分析，针对移动云计算联盟数据资源推送，在相似度度量方面应该通过移动云计算联盟成员已评分数据资源的类别信息提取移动云计算联盟成员的偏好特征，并结合成员-数据资源评分矩阵中的评分信息计算不同移动云计算联盟成员之间的相似度，进而得到移动云计算联盟成员的邻居集合，获得移动云计算联盟成员邻居集的预测评分；在计算移动云计算联盟成员自身评分时，要依据移动云计算联盟成员已评分项目的类别信息进行加权计算。最后，通过融合因子计算移动云计算联盟成员对于目标项目最终的预测评分。

移动云计算联盟成员的评分信息通常包括两部分：显式评分和隐式评分。显示评分主要是指移动云计算联盟成员对数据资源进行评分，评分信息能够从成员-数据资源评分矩阵中直接获得；隐式评分则主要是指移动云计算联盟成员的数据资源共享行为，如移动云计算联盟成员的数据资源共享频率、数据资源共享时间等。隐式评分中移动云计算联盟成员没有做出任何评分，一般通过观察移动云计算联盟成员的行为获取其偏好。

2. 移动云计算联盟互信息特征加权

移动云计算联盟互信息特征如下。

（1）数据资源信息熵。在香农信息论中，熵用来表示对信息不确定性的度量，采用数值的形式表达信息含量的多少。假设 X 是一个资源，$p(x)$ 为 X 概率密度函数，则 X 的信息含量可以用信息熵 $H(X)$ 表示，计算公式如下：

$$H(X) = p(x)\log p(x) \tag{8-22}$$

依据信息熵的定义，定义一种基于资源类别信息的熵，用来表示数据资源的类别信息对移动云计算联盟成员评分偏好的影响。每一个数据资源在不同的分类标准或者分类角度下，通常会具有若干类别信息，即可能同时属于不同的类别。因此，类别信息熵应该能够同时体现类别和评分信息，计算公式如下：

$$H(X) = p(x)\log p(x) = \frac{i \times r_i}{n \times r_{\max}} \log \frac{i \times r_i}{n \times r_{\max}} \tag{8-23}$$

式中，r_i 为移动云计算联盟成员对数据资源 X 的评分；i 为数据资源 X 含有类别的个数；n 为所有类别的个数；$r_{\max}$ 为采用的评分制里的最高分。

传统的协同过滤算法认为在移动云计算联盟成员的所有评分项中，具有相同评分且属于同一类别的项目具有较高的相似度。属于同一类别的两个数据资源，因为数据资源可能还具有其他类别信息，即处于聚类结果中多个类别共有的区域，所以由此计算的相似度具有一定的误差。类别信息熵将移动云计算联盟成员的评分作为数据资源每个类别的评分，通过与所有类别的最高分之和的比，表示数据资源含有的类别信息量。

（2）评分类别互信息。资源互信息是一个资源包含另一个资源的信息量的度量，可以用于衡量两个资源间相互关联的强弱程度，即表示两个资源间共同拥有信息的含量。对于两个数据资源 X 和 Y，它们的概率分布分别为 $p(x)$ 和 $p(y)$，联合分布为 $p(x,y)$，则数据资源 X 和 Y 的互信息为 $I(X,Y)$，计算公式如下：

$$I(X,Y) = p(x,y)\log\frac{p(x,y)}{p(x)p(y)} \qquad （8-24）$$

通过将成员-数据资源评分矩阵中的数据资源评分信息与数据资源自身包含的类别信息进行综合，提出基于评分和类别的资源综合互信息，计算公式如下：

$$I(X,Y) = \frac{i_{xy} \times r_{xy}}{\sum_x \sum_y i \times r} \log \frac{\dfrac{i_{xy} \times r_{xy}}{\sum_x \sum_y i \times r}}{\dfrac{i_x \times r_x}{n \times r_{\max}} \times \dfrac{i_y \times r_y}{n \times r_{\max}}} \qquad （8-25）$$

式中，i 为数据资源 X 和 Y 的类别个数；r_x 和 r_y 为数据资源 X 和 Y 的评分；i_{xy} 和 r_{xy} 分别为数据资源 X 和 Y 的公共类别的个数和公共评分；$\sum_x i \times r$、$\sum_y i \times r$、$\sum_x \sum_y i \times r$ 分别为数据资源 X 的类别评分信息的和、数据资源 Y 的类别评分信息的和、数据资源 X 和 Y 包含的所有类别评分信息的和。

在计算两个资源的相似程度时，已有的算法通过计算两个资源相同评分的数量占所有评分的比例衡量它们的相关程度，这种方法忽略了移动云计算联盟成员由于惰性而采取默认评分，即评分制中的中间评分进行评分，并且剔除了大量虽评分不同但同样能够表示对于两个资源很鲜明的喜欢或者厌恶的评分，即在评分制中较高分和较低分邻近的分数，造成相似度度量产生误差，这种现象在评分宽度较大的评分制中比评分宽度较小的评分制对于资源相似度度量的误差影响大（翟丽丽等，2017）。例如，在 10 分制中，9 分和 10 分尽管不相同，但是同样能够表示移动云计算联盟成员对于两个资源的喜欢程度；如果两个资源具有很多 5 分的共同评分，按照已有方法会具有很高的相似度，实际上很可能是移动云计算联盟成员惰性的默认态度导致的。采用基于类别和评分的资源互信息计算数据资源间的相似程度，充分考虑评分矩阵中评分信息的同时，将已有评分的类别信息融入相似度的计算过程中，这样就把两个数据资源的相似度度量细化到资源的类别，同时考虑每一个评分对数据资源相似度的影响。

对于移动云计算联盟成员自身评分，采用所有评分均值的方法，降低了已有评分体现移动云计算联盟成员偏好的效果。因为决定移动云计算联盟成员偏好的评分只是那些能够显著体现移动云计算联盟成员偏好的评分，如最高分和最低分及其附近的评分，所以为了提高预测的精确性，针对移动云计算联盟成员自身评分，采用资源特征权重的方法进行优化。依据目标数据资源的类别信息，计算数据资源与目标数据资源的互信息相似度，并以互信息相似度作为权重加权计算移动云计算联盟成员自身评分。

移动云计算联盟成员互信息特征权重的计算公式如下：

$$r_u = \frac{\sum_i^n \frac{2I(X,X_i)}{H(X)+H(X_i)} \times r_i}{\sum_i^n \frac{2I(X,X_i)}{H(X)+H(X_i)}} \qquad (8\text{-}26)$$

式中，$I(X,X_i)$ 的计算方法如式（8-25），X 为目标数据资源，X_i 为已评分数据资源；n 为已评分数据资源的个数；r_i 为数据资源 i 的评分数；$H(X)$ 和 $H(X_i)$ 为目标数据资源 X 和已评分数据资源 X_i 的信息熵。

3. 移动云计算联盟互信息协同过滤推送步骤

（1）移动云计算联盟互信息相似度计算。采用互信息方法计算资源间的相似度，依据相似度的定义，需要将互信息进行归一化处理，即使其值限定在[0, 1]。高鹏提出的互信息相似度的三种归一方法如下：

$$\frac{I(X,Y)}{\max\{H(X),H(Y)\}}, \frac{I(X,Y)}{\max\{H(X),H(Y)\}}, \frac{I(X,Y)}{H(X)+H(Y)} \qquad (8\text{-}27)$$

在资源间的相似度计算过程中，由于每个数据资源的评分信息量会很少，即数据资源的评分很稀疏，资源类别数量单一，造成该资源与其他资源的相似度过大或者过小，所有对于分母的选择，使用两个资源的平均熵 $\dfrac{H(X)+H(Y)}{2}$，得到的互信息相似度计算公式如下：

$$\text{SIM}(u,v) = \frac{2I(u,v)}{H(u)+H(v)} \qquad (8\text{-}28)$$

式中，$H(u)$ 和 $H(v)$ 分别为资源 u 和 v 的信息熵；$I(u,v)$ 为资源 u 和 v 的综合信息。

（2）移动云计算联盟互信息评分预测。协同过滤算法预测移动云计算联盟成员对于目标资源的评分，通常包括两部分：体现移动云计算联盟成员自身偏好的成员的已有评分（Breese et al.，1998），通常采用移动云计算联盟成员评分资源的所有评分的均值表示；移动云计算联盟成员最近邻评分或者目标资源相似资源评分，以相似度作为权重的加权计算评分。

　　针对依据最近邻评分的预测评分,采用改进后的资源互信息相似度进行计算,计算公式如下:

$$r_{vi} = \frac{\sum\limits_{v \in N(n)} \dfrac{2I(u,v)}{H(u)+H(v)}(r_{vi} - \overline{r}_v)}{\sum\limits_{v \in N(n)} \dfrac{2I(u,v)}{H(u)+H(v)}} \qquad (8\text{-}29)$$

　　移动云计算联盟成员对于目标数据资源的最终评分计算公式如下:

$$r = r_u + r_{vi} \qquad (8\text{-}30)$$

　　(3)移动云计算联盟推荐数据资源生成与排序。依据移动云计算联盟成员对数据资源的需求信息,通过计算候选数据资源的预测评分,产生数据资源推荐集合,并对每一个推荐的数据资源按照预测评分进行排序,综合移动云计算联盟成员所需数据资源的数量,确定数据资源推荐结果列表的长度,选取推荐列表中预测评分排在前 20%的候选数据资源向移动云计算联盟成员推荐。

　　对推荐列表中,移动云计算联盟成员选择的数据资源进行二次推荐,即在候选推荐数据资源集合中寻找其相似度最高的邻居集合,计算其预测评分并按照第一次推荐列表中被移动云计算联盟成员选择的资源比例,向其进行二次推荐。

8.4.4　基于灰色关联度聚类与标签重叠的协同过滤数据资源推送

　　联盟推送的模型影响因素可以通过成员和推送平台两方面来考虑。在成员方面,当联盟成员对于自己所需求的数据资源的类型及特点十分了解时,对于推送平台这类的决策辅助工具也就更加信任,使用方面及反馈的信息也就越来越精准。然而,当成员拥有的数据资源及类似数据资源信息较少时,成员出于对机会成本的考虑很可能对选择推送结果的决策较为保守,需要更多的技术及信息支持,所以联盟成员对推送结果的质量和决策影响往往与对风险的预知有关,当联盟成员对预知的风险所掌握的信息量越大时,对于决策的确定性也会相应地增加。在推送平台方面,数据资源推送模型的影响因素与联盟资源数据有很大关联性,比较常见的问题有模型算法的冷启动问题、稀疏性问题和可扩展性问题等(Lingras and Yao,1998)。

　　冷启动问题通常是指一个新的数据资源出现在联盟数据资源列表中没有任何资源评价和评分,或者新的联盟成员没有任何数据矩阵的资源评分,而造成资源数据矩阵中系统无法对其进行分析和推送(Church and Hanks,1989),面对这类问题联盟通常会要求进入成员或者被引进联盟的数据资源对自身的信息和资源信息进行详细的结构化描述。利用这些信息对新数据资源和新成员进行预测。

除冷启动问题外，资源推送模型还存在数据稀疏性和可扩展性，以及成员评分对相似性计算的至关重要性问题。在现实生活中，成员和数据资源之间的数量都非常大，有时会出现极度稀疏的情况，使得成员评分准确率严重降低（Ogura et al.，2011）。另外，之前大多数推送算法研究中，在计算成员相似度时，往往通过计算成员之间共同评分的资源获取结果，然而，不同数据资源之间的相关性有可能存在不确定性，两个成员的共同评分资源中可能有一些数据资源不会对预测产生影响，但是得到的最终结果评分却是将这一部分评分包含在内，在很大程度上影响了推送的精度。

数据的扩展性问题主要表现在联盟中的成员及数据资源数量很多，并且数量都在不断地增长，但是一般的协同过滤算法不能适应这种数据的膨胀，导致推送结果的准确性和偏差都越来越大，但是传统的推送算法面对这种情况时遇到了瓶颈性的障碍，在很大程度上影响了推送算法的质量（Guo and Wang，2013）。

针对以上问题，利用灰色关联度聚类算法，在数据集稀疏的情况下进行降维运算处理，在此基础上，通过标签重叠法计算资源的相关相似性，改善传统的相似性计算，提高算法的精度。

在基于灰色关联度的聚类算法中，通过利用不同成员评分的灰色关联度的序列进行数据的技术分析，根据统计序列的几何形状分析成员之间的关联度情况，然后依据几何图形得出相应的结果，通常以灰色关联度的几何形状观察关联度情况，曲线形状比较接近的成员，其关联度通常比较大，可检测出若干个成员是否大致属于一类，而不会因为某一个评分的缺失造成结果信息的损失。使用灰色关联度聚类的具体算法如下。

（1）将每一个成员的评分矩阵看作是一个序列，则设待估矩阵为

$$X_i(k) = \{X_i(1), X_i(2), X_i(3), \cdots, X_i(n)\}(i = 1, 2, 3, 4, \cdots, n) \qquad (8\text{-}31)$$

为计算各序列的关联度，首先应将各成员序列的数值进行标准化，即该序列的所有数值分别除该成员序列的平均值，而后得到成员数据标准值，分别为 $\overline{X}$ 和 $X_i'(l)$，具体公式如下：

$$\overline{X} = \frac{\sum_{k=1}^{N} X_i(k)}{N} \qquad (8\text{-}32)$$

$$X_i'(l) = \frac{X_i(l)}{\overline{X}}$$

成员标准值的序列如下：

$$X_i'(k) = [X_i'(1), X_i'(2), X_i'(3), \cdots, X_i'(n)] \qquad (8\text{-}33)$$

（2）计算成员标准值之间在特定资源上的绝对差，进而通过标准值计算成员序列之间的关联系数，X_i' 与 X_j' 在第 l 个资源的绝对差如下：

$$\Delta_{ij}(l) = \left| X_i'(l) - X_j'(l) \right| (l = 1, 2, 3, 4, \cdots, n) \tag{8-34}$$

（3）在得到数据资源的绝对差之后，为实现以量化形式表现成员的关联程度，生成成员之间的关联系数如下：

$$\eta_{ij}(l) = \frac{\min\left(\min\left| X_i'(l) - X_j'(l) \right|\right) + \rho \max\left(\max\left| X_i'(l) - X_j'(l) \right|\right)}{\left| X_i'(l) - X_j'(l) \right| + \rho \max\left(\max\left| X_i'(l) - X_j'(l) \right|\right)} \tag{8-35}$$

式中，ρ 为分辨率，一般 $\rho = 0.5$，式（8-35）中 $\eta_{ij}(l)$ 的均值作为关联度，为

$$R_{ij} = \frac{1}{n}\sum_{l=1}^{n}\eta_{ij}(l) \tag{8-36}$$

（4）利用式（8-36）中生成的关联度组成 $n \times n$ 的关联度矩阵如下：

$$M = \begin{bmatrix} R_{11} & R_{12} & \cdots & R_{1n} \\ R_{21} & R_{22} & \cdots & R_{2n} \\ \vdots & \vdots & & \vdots \\ R_{n1} & R_{n2} & \cdots & R_{nn} \end{bmatrix} \tag{8-37}$$

在此矩阵上进行聚类，其中 $R_{ii} = 1$，$R_{ij} = R_{ji}$，R_{ij} 表示资源 X_i 与 X_j 之间的关联度；设类别用 G_i 表示；E_{ij} 表示 G_i 与 G_j 之间的关联度。

（5）形成关联度矩阵之后，对关联度进行聚类，具体过程如下。

步骤 1：开始设每个数据资源各自为一类，即 $R_{ij} = E_{ij}$。

步骤 2：找出 M 中除对角线外最大的元素，设为 E_{pq}，将 G_p 与 G_q 合并为一个新类，可将新类命名为 G_r。

步骤 3：生成新类后，通过以下方式得到新类与原有类的关联度。分别对比 G_p 和 G_q 与原有类之间的关联度，取其中最大值作为新类 G_r 与原有类之间的关联度，然后消去 G_p 和 G_q 所对应的行和列，加入新类 G_r 与原有类的关联度作为新行和新列，由此得到新矩阵（Breese et al.，1998）。

步骤 4：反复执行步骤 1～步骤 3，直到所有类合并完成。

步骤 5：由以上结果生成聚类图，形成聚类顺序表。

步骤 6：给定入选聚类的阈值，确定类的个数，要求类与类之间的关联度大于阈值。

在聚类基础上，设目标成员所在的类为 S_k，之后对类 S_k 中的成员矩阵进行协同过滤。本书采用一种标签重叠因子计算资源相关性方法，即通过基于标签的数

据资源相似度计算改善预测结果。因为出现在数据资源中的标签数量可能会非常多，但是这些标签有一部分可能会很少被用到，所以本书中的标签用被筛选使用频繁的标签以代替原始标签，当两个数据资源的共同标签越多时，数据资源与数据资源之间的相似性就越大。

$$
Rsim(c,d) = \begin{cases} \dfrac{|T_c \cap T_d|}{MAX(|T_c|,|T_d|)}, & |T_c \cap T_d| \leqslant \delta \\[4mm] 1, & |T_c \cap T_d| \leqslant \delta \end{cases} \tag{8-38}
$$

式中，T_c 为已知数据资源的标签数量；T_d 为待预测评分的数据资源标签；$Rsim(c,d)$ 为已知数据资源 c 与待预测数据资源 d 之间的重叠因子；δ 为共同标签的一个阈值，当两个数据资源的共同标签数溢出这个阈值时，系统则默认它们的相似度为 1。

在得到数据资源的重叠因子后，在传统的协同过滤算法中往往将成员与数据资源的算法以一定比例的形式进行线性组合，但是这种线性组合比例的两部分比重很难确定，而且极具主观性，参照 Guo 和 Wang（2013）的方式，将成员与数据资源的关系以非线性形式进行组合，这样的结果更具备客观性，也减少了相关性较弱资源的干扰，得出成员 i 与成员 j 基于资源 d 的相似性 $\mathrm{sim}_d(i,j)$，其公式如下：

$$
\mathrm{sim}_d(i,j) = \frac{\displaystyle\sum_{c \in I_{i,j}} Rsim(c,d)(R_{i,c} - R_i)(R_{j,c} - R_j)}{\sqrt{\displaystyle\sum_{c \in I_{i,j}} Rsim(c,d)(R_{i,c} - R_i)^2} \sqrt{\displaystyle\sum_{c \in I_{i,j}} Rsim(c,d)(R_{j,c} - R_j)^2}} \tag{8-39}
$$

式中，d 为待评分数据资源；$\mathrm{sim}_d(i,j)$ 为成员 i 与成员 j 基于数据资源 d 的相似性；$R_{i,c}$ 和 $R_{j,c}$ 分别为成员 i 和成员 j 对数据资源 c 的评分；R_i 和 R_j 分别为成员 i 和成员 j 的平均评分；$Rsim(c,d)$ 为数据资源 c 与数据资源 d 之间的重叠因子，这样则加强了成员相关性的计算，由此可以得到更为精确的相似性结果。

根据式（8-39）中得到的基于资源相关性的成员相似性结果，可以得到对成员未评分的计算公式：

$$
P_{u,d} = \overline{r}_{u_t} + \frac{\displaystyle\sum_{u \in \mathrm{neighbor}U_t} \mathrm{sim}_d(u_t,u)(r_{u,d} - r_u)}{\displaystyle\sum_{u \in \mathrm{neighbor}U_t} \mathrm{sim}_d(u_t,u)} \tag{8-40}
$$

式中，$P_{u,d}$ 为对数据资源 d 最终预测的评分；$\overline{r}_{u_t}$ 为 u_t 所有成员评分的平均值；$\mathrm{neighbor}U_t$ 为 U_t 的邻居成员。

针对以上设计，具体算法描述如下。

输入：目标推送成员 U_t，推送资源数 k，邻居数量 n，待预测集 I_d，共有数目阈值 δ。

输出：向目标推荐成员输出 k 个数据资源。

具体方法描述如下。

（1）对每一个成员 u 寻找与成员 U_t 共同评分项并将其收录于 $u\{\ \}$ 中。

（2）从待预测集中选出一个数据资源 d，根据式（8-38），计算数据资源之间的重叠因子 $Rsim(c, d)$。

（3）进行目标推送成员与邻居成员的相似度计算，取相似度大的前 N 个作为邻居成员。

（4）根据评分公式预测目标成员 U_t 对数据资源 d 的评分 $P_{u_t,d}$，直到 I_d 集的待选项为空。

（5）从大到小排序 $P_{u_t,d}$，并将前 k 个数据资源推送集作为目标成员感兴趣的数据资源，推送给目标成员。

8.5　移动云计算联盟数据资源推送效果检验

8.5.1　移动云计算联盟数据推送效果检验的必要性分析

移动云计算联盟是由不同领域的各个企业和机构组成，而且它们之间相互联系，形成了一个巨大的资源活动网络，而资源推送又是这些活动的重要组成部分，因此，移动云计算联盟数据资源推送的效果检验是检验资源被推送准确性和效率的重要步骤，是对资源获取、存储、推送等能力的一个重要检验，也是联盟内部多方协作的一个重要结果。移动云计算联盟作为新型的组织机构丰富了联盟的内涵，而移动云计算联盟推荐系统也对推荐系统领域的理论研究做出了一定的贡献。目前，我国推送效果检验的研究相对于推送算法研究较少，而且研究的方向较广，大部分的研究都比较分散，因此开展移动云计算联盟数据资源推送效果检验的研究很有必要。

就目前现状来看，移动云计算联盟数据资源推送效果检验主要存在以下几个方面的困难。

（1）移动云计算联盟数据资源信息矩阵的稀疏在一定程度上影响了检验算法的适用范围，资源矩阵的稀疏也同样会影响推荐算法的精确性。

（2）推荐结果是由算法计算产生的，结果都较为客观，代表不了成员是否真正喜欢推荐系统的结论。

（3）目前依然无法准确找到检验指标与联盟成员客观行为活动（如访问记录、点击率、页面停留时间等）之间的联系。

综上，本书对不同检验指标的优缺点和使用环境进行分析阐述，以更好地了解资源推送效果检验，并对 8.4.4 节中的算法利用基于 MAE（mean absolute error，平均绝对误差）的检验方法进行检验。

8.5.2　移动云计算联盟数据资源推送效果检验指标分析

目前研究针对推送效果检验的指标很多，不同的指标针对不同的算法进行检验，主要分为以下几大类。

1. 多样性指标

系统有时会将某些资源推荐给该成员，但是该资源可能已经被联盟成员从其他渠道获得了，但是为了使这样的推荐更具有价值，系统的推荐应该更加多样化，其中多样化分为两种：一种是针对相同成员提供不同资源的能力；另一种是针对不同成员提供不同资源的能力。当系统对成员提供不同的资源时，可以设资源集合为 $O_R^M = \{\alpha, \beta, \cdots\}$，同时将成员资源多样性定义为

$$I_u(L) = \frac{1}{L(L-1)} \sum_{\alpha \neq \beta} S(\alpha, \beta) \tag{8-41}$$

式中，$I_u(L)$ 为成员推荐列表资源多样性的贡献度；L 为推荐列表；$S(\alpha, \beta)$ 为 α 与 β 的相似度，对于成员来说资源 α 的多样性贡献度为

$$I_u(\alpha, L) = \frac{1}{L} \sum_{\alpha \pm \beta} S(\alpha, \beta) \tag{8-42}$$

当 I_u 结果越小时，则代表系统推荐的多样性越大。

而对于衡量不同成员资源推荐的多样性时，通常可以采取式（8-43）的方式。

$$H_{ut}(L) = 1 - \frac{Q_{ut}(L)}{L} \tag{8-43}$$

式中，$Q_{ut}(L)$ 表示两个列表中相同资源的个数；$H_{ut}(L) = 1$ 时，则代表推荐列表没有任何重叠；当 $H_{ut}(L) = 0$ 时，则表示两个列表完全一致。

2. 覆盖性指标

覆盖性指标是指推荐的资源所占据全部资源的比例，当一个推荐资源的覆盖率很高时，说明所选取的资源范围较广，它的系统满意度会很高；当一个推

荐资源的覆盖率较低时，证明推荐系统的局限性较大，提供给成员的选择面较窄（刘芳先和宋顺林，2011）。覆盖率分为预测覆盖率和推荐覆盖率。

预测覆盖率的具体表示方式为预测的资源数目 M 与所有资源 N 的比例，即

$$C = \frac{M}{N} \qquad (8\text{-}44)$$

推荐覆盖率表示推荐的资源与所有资源的比例，直接表示为推荐列表的长度与资源总量的比例：

$$C = \frac{N_d(L)}{N} \qquad (8\text{-}45)$$

式中，$N_d(L)$为资源列表中不同资源的数量。当覆盖率很高时，系统的多样性也会同时提高，但是当系统总是给成员提供相同资源时，证明推荐资源的覆盖率往往很低。

3. 准确性指标

准确性指标是推荐算法的基本指标，在很大程度上可度量推荐的准确性，并以此来判断被推荐者的喜欢程度，在本书中主要采取预测评分的方式对书中的算法进行准确的检验，预测评分的检验主要是对预测评分与实际评分的准确度进行检验，通常需要在选定数据集的情况下进行。针对这类指标目前最经典的方法包括标准偏差、MAE 和平均值的标准偏差等。

8.5.3　移动云计算联盟数据资源推送效果检验分析

1. 数据来源

鉴于移动云计算联盟是一个新兴的组织形式，其发展处于雏形阶段，移动云计算联盟数据资源的获取较困难，为了验证本书提出的两种推送算法，选取美国明尼苏达州立大学 GroupLens 小组提供的 MovieLens 数据集，通常在实验中将数据集中的电影评分视为用户对商品的购买行为，以此进行推荐。标签为一个重要的系统应用，方便用户查找、了解、搜索、标注自己所感兴趣的商品或者信息，为用户和系统维护者提供了很大的便捷，该数据集在提供 71 567 个用户偏好的同时，也提供了对 10 681 部电影的 10 000 054 个评分，并且还有附带的 95 580 个电影标签，每个用户平均对 20 部电影进行了 1～5 分的评分。

2. 检验指标

本书主要采用 MAE 方法进行效果检验分析。

　　MAE 的定义为：所有单个观测值与平均算数值偏差的平均值，由于采取了对离差的绝对值化，此结果中出现正负的情况被抵消，预测值与实际值之间的真实误差可以被更加真实地完整体现。

　　MAE 评价方法（翟丽丽等，2014）在评价中通过计算式（8-46）资源的实际评分和预测评分的偏差大小来度量算法的准确性，通常算法性能越好，MAE 数值越小。

$$MAE = \frac{1}{n}\sum_{i=1}^{n}|f_i - y_i| = \frac{1}{n}\sum_{i=1}^{n}|e_i| \qquad (8\text{-}46)$$

式中，f_i 为预测值；y_i 为实际值；$|e_i| = |f_i - y_i|$ 为绝对误差。从这里可以看出 MAE 就是指预测值与真实值之间的平均相差，依据最小二乘法寻找最小值可将 $S_E^2 = \sum_{i=1}^{n} e_i^2$ 分解为两部分，分别如下：

$$S_T^2 = \sum_{i=1}^{n}(y_i - \bar{y})^2 \qquad (8\text{-}47)$$

　　式（8-47）为 y 的观测值总离差。

$$S_R^2 = \sum_{i=1}^{n}(f_i - \bar{y})^2 \qquad (8\text{-}48)$$

　　式（8-48）为 y 的预测值总离差。

　　可通过 R 检验法计算 $r^2 = \dfrac{S_R^2}{S_T^2}$ 是否落在 $H_0 = \{|r| > r_a(n-2)\}$ 进行判断（H_0：线性无关；H_1：线性相关），H_0 表示原假设，H_1 表示备择假设。

3. 基于互信息的资源推送算法实验结果分析

　　MovieLens 依据电影的主题和性质将所有电影分成动作、冒险、儿童、喜剧和犯罪等 19 个类别，每部电影至少包含一个类别特征，也有可能包含多个类别特征。该数据集按照 80%/20%的比例分为若干个子数据集，每个子数据集都分为 u.base 和 u.test 两部分。随机选取其中一个子数据集和电影信息数据集 u.item 进行实验。在实验中，将电影信息数据库 u.item 中的电影类别信息作为用户搜索的关键词，每个电影包含类别的个数在 1～5，每个用户评分的电影个数在 20 以上，通过统计用户所有评分电影的类别，计算得到互信息特征权重，如表 8-3 所示。

表 8-3　互信息特征权重

项目	U_1	U_2	⋯	499	500
C_1	0	0.24	⋯	0	0.08
C_2	0.12	0.17	⋯	0	0.06
C_3	0.09	0	⋯	0.05	0.12
C_4	0.25	0	⋯	0	0.21
⋮	⋮	⋮	W_{ij}	⋮	⋮
C_{16}	0.14	0	⋯	0	0.15
C_{17}	0	0.32	⋯	0.43	0.23
C_{18}	0.21	0	⋯	0.21	0.11
C_{19}	0	0.06	⋯	0.06	0

为了验证该算法对于传统协同过滤算法的改进效果，首先将以下算法进行对比测试。

CF-K：基于 K-means 聚类的协同过滤算法。

CF-P：基于 Pearson 相似度的协同过滤算法。

CF-I：基于互信息的协同过滤算法。

实验 1：在不同邻居数下，三种算法的 MAE 值变化情况。实验结果如图 8-4 所示，CF-I 算法在每一个邻居数下，MAE 值都达到了最小值；并且 MAE 值下降的速率比 CF-K 算法和 CF-P 算法要快；在 CF-I 算法 25 个邻居时，MAE 值下降速率趋于稳定，而 CF-K 算法和 CF-P 算法需要 30 个邻居。

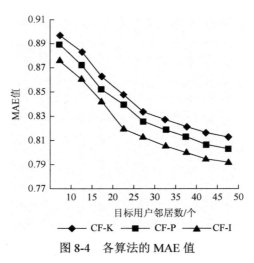

图 8-4　各算法的 MAE 值

实验 2：随着特征权重 U 的增加，CF-I 算法 MAE 值的变化情况。实验结果如图 8-5 所示，在特征权重每次增加 0.1，一直到 0.7 的过程中，CF-I 算法的 MAE 值逐渐变小，在 0.7 达到最小值，随后又逐渐上升，算法在特征权重达到 0.7 时 MAE 值达到最优。

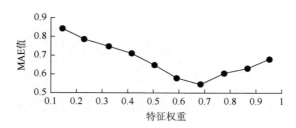

图 8-5　CF-I 算法不同特征权重的 MAE 值

实验 3：依据用户互信息特征权重得到的自身评分与采用平均分方式计算的用户自身评分，可得到随用户评分数的增加，MAE 值的变化情况如图 8-6 所示。

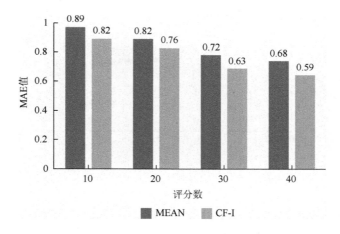

图 8-6　CF-I 算法不同评分数的 MAE 值

4. 基于灰色关联度聚类和标签重叠的资源推送算法实验结果分析

在 MovieLens 数据集中选取 800 名用户对 1000 个商品的评分，每个用户的评分分别为 1～5，并且筛选出 122 个高频度标签，按 9：1 的比例分成训练集和测试集，继而比较改进协同过滤算法和传统协同过滤算法的性能。在计算的过程中有两个关键参数需要选择：聚类的个数 K 和重叠标签阈值 δ。在使用灰色关联度聚类时，聚类中的数目多少会对结果产生很大的影响，在此实验中选用的 K 值分别为 10、20、30、40、50，设定最近邻居数为 20，如图 8-7 所示，当聚类数过大或者过小时，都无法很好地表示项目相似性，预测性能处于较好的阶段时，聚类数在 30 左右。

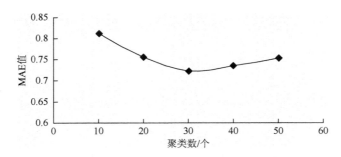

图 8-7　不同聚类数对 MAE 值的影响

重叠标签因子是重要的设定参数，可通过它调节用户相似性，并使系统进行合理运算。如图 8-8 所示，当阈值趋近于 0.75 后，值相对稳定。

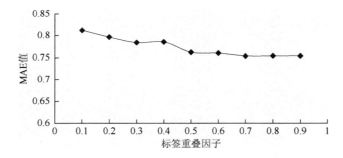

图 8-8　不同标签重叠因子对 MAE 值的影响

首先按照得出的聚类阈值 $\lambda = 0.72$ 为标准值对数据集进行灰色关联度聚类，再通过改进的相似性寻找邻居用户。为检验算法的有效性，在邻居集不断变化的同时检验改进协同过滤算法和传统协同过滤算法 MAE 值的变化情况（表 8-4），当实验中目标用户的最近邻居集以 2 为起始，以步长 4 为间隔增加到 30 时，观察邻居集大小对预测准确度的影响。由图 8-9 可知，改进协同过滤算法具有更小的 MAE 值。因此，改进协同过滤算法可提高推荐质量。

表 8-4　传统协同过滤算法与改进协同过滤算法 MAE 值对比

邻居集大小	2	6	10	14	18	22	26	30
传统协同过滤算法	0.83	0.82	0.815	0.81	0.813	0.795	0.79	0.74
改进协同过滤算法	0.775	0.774	0.753	0.751	0.73	0.72	0.702	0.664

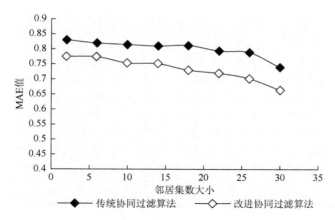

图 8-9　传统协同过滤算法与改进协同过滤算法 MAE 值对比图

8.6　本 章 小 结

本章根据移动云计算联盟数据资源的特点，建立了由数据资源获取、数据资源预处理、数据资源存储、数据资源推送和数据资源推送效果检验构成的推荐模式。在数据资源获取中利用标签信息熵的方法提取了残缺的数据资源，完善了数据资源信息矩阵。在预处理阶段，为了剔除虚假信息的危害，建立了移动云计算联盟成员行为数据的特征体系，构建了基于互信息特征的移动云计算联盟成员行为数据托攻击检测算法。在数据资源推送阶段，首先，从移动云计算联盟成员的特征偏好出发，分析了移动云计算联盟成员互信息特征，利用互信息特征加权改进了移动云计算联盟成员相似度的计算方法，构建了一种基于互信息特征的移动云计算联盟协同过滤推送算法；然后，为了提高推送算法精度，解决数据稀疏性问题，运用灰色关联度聚类和标签重叠因子相结合的方法，构建了另一种移动云计算联盟数据资源推送算法；最后，建立推送效果检验的标准，对推送效果进行检验分析。

参 考 文 献

杜巍，高长元. 2017. 基于个性化情景的移动商务信任推荐模型研究[J]. 情报科学，35（10）：23-29.

刘芳先，宋顺林. 2011. 改进的协同过滤推荐算法[J]. 计算机工程与应用，47（8）：72-75.

翟丽丽，王佳妮. 2016. 移动云计算联盟数据资产评估方法研究[J]. 情报杂志，35（6）：130-136.

翟丽丽，张雪，彭定洪，等. 2014. 基于噪点抑制的聚类有效性评价函数构建[J]. 计算机应用研究，31（1）：37-39.

翟丽丽，邢海龙，张树臣. 2016a. 基于情境聚类优化的移动电子商务协同过滤推荐研究[J]. 情报理论与实践，39（8）：106-110.

翟丽丽，张影，王京. 2016b. 基于广度优先搜索的变异加权模糊 C-均值聚类算法[J]. 统计与决策，（15）：9-14.

翟丽丽，沃强，张树臣. 2017. 制造业大数据联盟资源推送服务算法[J]. 计算机集成制造系统，23（11）：2371-2381.

张影，翟丽丽，王京. 2016. 大数据背景下的云联盟数据资源服务组合模型[J]. 计算机集成制造系统，22（12）：2920-2929.

赵宏晨，翟丽丽，张树臣. 2016. 基于灰色关联度聚类与标签重叠因子结合的协同过滤推荐方法研究[J]. 计算机工程与科学，38（1）：171-176.

Balabanovic M，Shoham Y. 1997. Fab: content-based collaborative recommendation[J]. Communication of the ACM，40（3）：66-72.

Bezerra B L D，Carvalho F D A T. 2004. As ymbolic approach for content-based information filtering[J]. Information Processing Letters，92（1）：45-52.

Breese J S，Heckerman D. Kadie C. 1998. Empirical analysis of predictive algorithms for collaborative filtering[C]. Proceedings of the 14th Conferenceon Uncertainly in Artificial Intelligence：43-52.

Church K W，Hanks P. 1989. Word association norms，mutual information and lexicography[C]. Vancouver：Proceeding of the 27th Annual Conference of the ACL：76-83.

Goldberg D，Nichols D，Oki B M，et al. 1992. Using collaborative filtering to weave an information tapestry[J]. Communications of the ACM，35（12）：61-70.

Guo S D，Wang L I. 2013. The analysis method of maximum based on degree of grey correlation[J]. Mathematics in Practice and Theory，43（6）：195-201.

Haubl G，Trifts V. 2000. Consumer decision making in online shopping environments：the effects of interactive decision aids[J]. Marketing Science，19（1）：4-21.

Lingras P J，Yao Y Y. 1998. Data mining using extensions of the rough set model[J]. Journal of the American Society for Information Science，49（5）：415-422.

Ogura H，Amano H，Kondo M. 2011. Comparison of metrics for feature selection in imbalanced text classification[J]. Expert Systems with Applications，38（5）：4978-4989.

Resnick P，Varian H R. 1997. Recommender systems[J]. Communications of the ACM，40（3）：56-58.